U0161305

合肥工业大学图书出版专项基金资助项目

基于小学生行动调查的城市设计与空间策划

李 早 等编著

合肥工业大学出版社

图书在版编目(CIP)数据

基于小学生行动调查的城市设计与空间策划/李早等编著．—合肥：合肥工业大学出版社，2023.12

ISBN 978-7-5650-5364-1

Ⅰ.①基⋯　Ⅱ.①李⋯　Ⅲ.①城市规划—建筑设计—研究　Ⅳ.①TU984

中国版本图书馆 CIP 数据核字(2021)第 134398 号

基于小学生行动调查的城市设计与空间策划

李　早　等编著　　　　　　　　　　责任编辑　郭娟娟

出　　版	合肥工业大学出版社	版　　次	2023 年 12 月第 1 版	
地　　址	合肥市屯溪路 193 号	印　　次	2023 年 12 月第 1 次印刷	
邮　　编	230009	开　　本	787 毫米×1092 毫米　1/16	
电　　话	人文社科出版中心：0551-62903200	印　　张	15　　彩　插　2	
	营销与储运管理中心：0551-62903198	字　　数	383 千字	
网　　址	press.hfut.edu.cn	印　　刷	安徽联众印刷有限公司	
E-mail	hfutpress@163.com	发　　行	全国新华书店	

ISBN 978-7-5650-5364-1　　　　　　　　　　　定价：68.00 元

如果有影响阅读的印装质量问题，请与出版社营销与储运管理中心联系调换。

编　委　会

（按贡献大小排序）

主　编：

李　早　曾　锐　汪　强　叶茂盛　魏　琼

编写组成员：

曾　希　李　瑾　陈薇薇　杨　燊　孙　霞　胡文君
高　翔　贾宇枝子

工作组成员：

黄晓茵	杨成龙	程　涛	潘诗雨	王璐子	杜梓宁
潘　可	孙　慧	夏舒婷	孟　程	杨　箫	梁　晗
侯彬彬	李清涛	施亭亭	刘奎威	刘永峰	陈骏祎
朱　慧	周虹宇	吴严锦	刘　灿		

前　　言

当前,我国城市小学学生上下学由家长接送现象十分普遍,也引发了众多社会问题:放学时,校门口汇聚大量人流车流,堵塞了校门,侵占了城市道路资源,增加了交通负荷;放学途中,小学生安全意识不足、车辆交通拥挤混杂以及学区划分不均造成归家路径不合理,导致安全事故多发;放学后的滞留场所,或是空间要素混杂,不利于孩子的健康安全活动,或是时刻处于长辈看护下,缺乏与同龄孩子间的交往、交流及独立活动机会。由此产生了一些问题与思考:在小学生放学时,如何解决小学门前区的拥堵问题? 在放学途中,如何优化路径、规避周边城市空间的安全隐患? 在放学后的滞留场所,如何塑造适宜孩子的活动空间? 对于小学生这样的弱势群体,其放学时、放学途中以及放学后所历经的城市空间与相应场所行为特征的关联性,亟待从城市规划角度进行探讨。

本书以营造安全合理、有助于小学生成长的城市空间为目标,运用实地考察、行为统计、行动实验等方法,对放学时段小学生的行动特征,以及学校门前区、归家途中的城市空间等环境特征展开全面考察和研究。

首先,研究者对小学放学时段门前区的人流状况进行全程摄像观察,运用场所类型化、核密度可视化、优化实验对比等方法,分析人群疏散、行动趋势及空间要素等对人的密度分布影响,把握门前区人群行动特征。其次,运用 GNSS 技术对小学生放学后的行动进行调研,结合空间句法与 GIS 空间分析,探究小学生行动模式与城市空间结构的关系,分析目前学区划分的不合理之处及提出优化建议。进而,通过对小学生放学后滞留场所及其行动特征进行调研,运用主成分分析、聚类分析等多变量解析方法,探讨小学生行为活动与环境特征的关联性,从家长和小学生视角把握社区空间结构影响下小学生活动的安全认知及其行为心理。

本书运用 GNSS 技术与多学科交叉的方法,探讨小学生放学时的行动特征与空间场所的关联性,在综合前期研究的基础上,提出小学门前区空间规划建议、放学路径与小学周边空间环境优化策略、学区布点优化建议及小学生停留场所与活动空间的规划设计指导意见等,进而从小学生放学路径与城市空间结构的协同优化角度,形成城市设计与空间策划的相关建议。本书研究成果对既有校园场所评价、学区空间结构优化及小学生滞留场所建设具有一定借鉴意义,对于完善小学周边环境规划的指导意见与放学时段的管理措施亦具有科学指导意义。

　　本书得到李早教授主持的国家自然科学基金项目"基于GPS技术的小学生放学路径与城市空间结构协同优化策略研究"(项目编号:51208162)、教育部2021年第二批产学合作协同育人项目"基于空间认知工效学的建成环境评价教学与实验体系构建"(项目编号:202107RYJG23,津发科技—工效学会"人因与工效学"项目)、安徽省高校优秀科研创新团队(2022AH010021)的资助,以及"城市更新与交通安徽省联合共建学科重点实验室"的大力支持,历经数年研究时间,梳理集结了研究团队多位博士硕士的论文编撰而成。在此一并向所有参与本课题的人员表示感谢!

　　本书可以提供给城乡规划学、建筑学、风景园林学以及相关学科研究人员和高等院校师生作为辅导教材和学习资料,亦可为城乡规划院、建筑设计研究院、政府城市规划管理部门、城市教育部门及学校管理部门的相关工作人员提供参考。

目　　录

第1章　绪　论

1.1　研究背景与目标

　　近年来,儿童安全事件频发引起全社会对儿童安全问题的高度关注,小学生放学行动的安全问题是其中重要一环。当前,我国城市中的小学生受到长辈们的悉心照顾,由长辈上下学接送现象十分普遍,也引发了众多社会问题(图1-1)。

　　放学时段,长辈为确保儿童安全,他们聚集于小学门前区,亲自接孩子回家。我国小学的放学时间多为车流量较大的下班高峰期,交通状况复杂,接送人流与城市交通相互影响,小学门前区人群滞留现象十分严重。每到放学时段,学生一拥而出并汇集于校门口,与长时间停留在门前区的家长,一起穿行于混乱的车流之中,拥堵难行的门前区成为城市傍晚独特的风景,人流车流堵塞了校门,侵占了城市道路资源,增加了交通负荷。

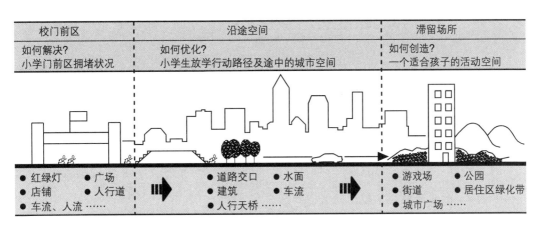

图1-1　研究背景

　　放学途中,恰逢下班高峰交通拥挤,特别是某些小学位于老城区,周边繁华的商业活动导致交通更加拥堵,同时建成较早的老城区,交通设施优化更新以及旧城改造进程中不断出现的施工场地也加剧了城市交通的混乱程度,在这种情况下,由于小学生安全意识不足,即使是在长辈的带领下也容易发生安全事故;另外,《中共中央国务院关于进一步加强城市规划建设管理工作的若干意见》提出,我国新建住宅要推广街区制,因此,以开放社区、封闭社区为代表的两种不同类型的社区空间结构,势必对儿童放学后行动路径及其安全性产生较大的影响;再则,城市建设逐渐加快,特别是新城建设,城市规模不断扩大,加上老城区改造,致使人口向外迁移,新城区与新、老城区交接地界人口迅速增加,因此小学的布局、学区服务范围与城市快速发展不协调的现象逐渐凸显,学区划分不均造成小学生归家路径不合理,同样导致安全事故多发。

放学后的滞留场所,包括归途中的城市游憩空间以及住宅小区内的儿童游戏空间。很多情况下城市游憩空间的空间要素混杂,不利于孩子的健康安全活动,据调查,每年有近五万起小学生交通事故发生于小学生放学归途中的逗留游憩场所。与此同时,小学生在滞留场所中时刻处于长辈的看护下,缺乏与同龄孩子间交往、交流及独立活动的机会。

不同年级属性的小学生在放学时段、放学途中、放学后的滞留场所的行为特征有所差别,在这些差别之下不同年级属性的小学生所面对的安全隐患也并不相同。

由此产生了问题及思考:在小学生放学时,如何解决小学门前区的拥堵问题? 在放学途中,如何优化小学生归途路径、规避周边城市空间的安全隐患? 在放学后的滞留场所,如何塑造适宜孩子活动的空间? 针对不同年级的小学生,如何营造安全友好的学区内城市空间环境?

对于小学生这样的弱势群体,其放学时、放学途中以及放学后所历经的城市空间与其在相应场所行为特征的关联性,亟待从城市规划角度进行探讨。本研究运用系列定量化的方法进行解析,并在此基础上分别针对小学门前区、放学路径、学区划分以及活动场所提出设计及规划的指导意见与策略,最终建立小学生放学路径与城市空间结构的协同优化策略。

1.2 研究内容与架构

本研究选取位于安徽省合肥市的小学为对象,以营造安全、安心的小学生放学路径及相应的城市空间为目标,对小学生放学行动及与其相应的城市空间展开分析,主要探讨以下几个方面内容:小学生放学时疏散行动与学校门前区空间形态的关联性;小学生放学路径及行动模式与城市空间结构的关联性;小学生放学后游憩行为与滞留场所空间要素的关联性(图1-2)。

针对研究计划,展开调查研究如下:

1.2.1 放学疏散与学校门前区空间形态

以往小学门前区的设计偏重于校门的造型形象,而随着城市人口及车辆的急剧增加,学校门前区场所的空间尺度、交通规划、停车空间等越来越不适应时代的需求,这引起研究者的思考,并展开对放学时段人流及车流的调研,从城市规划的角度对学校门前区规划设计方法提出建议。本研究以小学门前区的人群为对象,通过定点行为观察,记录人群数量、停留位置等信息并进行密度计算,根据人群滞留的核密度分布图分析门前区人群行动特征,最终为优化门前区疏散模式、改善人群滞留状况提供科学合理的依据。

1.2.2 放学行动模式与城市空间结构

本研究从多方面探讨小学生放学路径及行动模式与城市空间结构的关联性。首先,

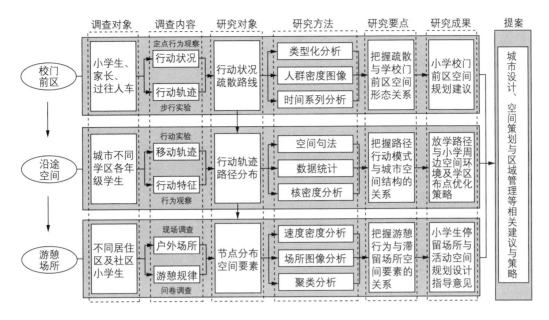

图 1-2　研究框架

运用空间句法理论对选定学区内城市空间结构进行分析,定量化解析学区内的道路组织特征和城市空间结构,并结合实地调研,把握学区内不同住区的空间形态与场所特征。其次,选取不同空间特征的学校,运用手持式导航定位设备连续计测各年级小学生放学后的行动轨迹,获得小学生放学后的路径、时间、位置数据。根据计测的经纬度及时间数据判定人的停留点和停留时间,结合 GIS 空间分析,对行动路径、移动距离、滞留情况加以解析,建立小学生放学至归家过程的路径图像。同时对小学生行走速度进行分类分析,分析小学生放学路径、行动模式与城市空间结构的关系。

在此基础上,通过分析不同城市、不同学区范围内小学生的行动路径与城市空间的关联性,对小学学区划分的现状加以把握,比较并探讨同一城市中新、老城区的学区服务范围,分析目前学区划分中存在的问题和不合理之处,提出学区划分的优化建议。

1.2.3　游憩空间中的行为特征及心理安全

为了探讨小学生放学后停留行为与游憩空间的关联性,本研究选取典型小学的学生行动追迹调查数据,结合学区内重要的空间节点分析,把握小学生的滞留与行为状况,并对其停留空间进行类型化解析。随后通过对小学生在居住区外部和内部活动的观察,运用主成分分析、聚类分析等多变量解析方法,解析城市游憩空间和居住区景观环境中小学生放学后的行为活动,探讨其行为特征与场所空间要素的关联性,进而提出小学生停留场所与活动空间规划设计的指导意见。

在研究计划的基础上,本研究还补充了对小学生行为安全的调研分析。从家长和儿童的视角剖析了小学生的行为安全要素,把握社区空间结构影响下小学生活动的安全认知及其行为心理,探讨如何营造安全、安心的小学生放学后滞留活动空间。

1.3　调查研究方法

本研究运用了问卷调查、行为观察、行动追踪等调查方法,记录小学生从放学到归家过程中的行为心理特征;运用空间句法、GIS核密度分析法、聚类分析等研究方法,把握并解析小学生的疏散行为、行动路径以及游憩行为与相应学区中各类空间的关联性。

1.3.1　问卷调查

问卷调查法已经从最早应用于社会学、社会心理学领域,慢慢地扩展到了其他各个领域,本研究中的问卷调查不仅仅指受试者进行的选项答题,还包含部分主观思考题,如安全建议等;并且在问卷过程中对个别问题加以一对一的询问访谈,辅助问卷调查的完整性。

在第4章,本研究针对合肥工业大学子弟小学1～6年级的学生及家长分别设置了问卷,对小学生的问卷着眼于调查统计小学学区内空间场所及公共设施的使用情况,挖掘小学生群体的心理行为特点,掌握小学生对学区内空间的评价;对于家长的问卷,则主要侧重于调查和把握小学生的接送问题、学区内交通问题和学区内设施使用情况。

在第6章,本研究针对凤凰城小学和虹桥小学两所学校的小学生及家长展开关于社区内小学生行为心理安全的问卷调查。其中家长问卷侧重于调查家长对小学生安全的认识与态度,小学生问卷则侧重于把握小学生活动玩耍的行为习惯与特征,从而比照家长问卷中涉及安全性的问题,为进一步分析小学生行动与社区空间结构的关联性提供依据。

1.3.2　行为观察

行为观察法将质性研究和量性研究相结合,要求事先识别行为类型并制定标准化的观察程序,按照一定的记录格式将观察对象的行为记录下来。它首先直观地反映出某一行为出现的频率,然后对频率进行赋值从而计算出得分。

在第3章,本研究对选定的不同类型小学门前区进行调研,采用定点摄像的方式,对小学放学时段门前区进行全程摄像。随后,每间隔20秒记录一次,截取小学门前区的全景图像。用1平方米的方格子,按照透视规律将图像中的门前空间进行划分,统计每个方格中的小学生及家长的数目,并将空间按照方格划分转化为平面图像,绘制不同人群密度图像,直观地表现出放学时段不同人群的分布及疏散形态。而后对小学门前区放学时段疏散的人数进行时间系列的分析,把握各个时间段门前区的集散情况。通过时间和空间上的比较分析以及对门前区空间要素的分析,把握不同类型门前区空间要素对小学放学时段人流的影响。

在第5章,本研究首先对合肥市内的小学生放学行为进行观察,深入把握小学生行为活动与学校门前区、商业空间以及景观空间等周边场所之间的内在联系。其次,对居住小区外部和内部游憩空间中小学生的滞留行为进行观察,选取几组具有代表性的同类型场所,对小学生放学后在其中的行为进行图示化记录,定性把握各空间场所内小学生的行为类型、分布状况及聚集程度等内容,对记录获得的数据进行统计整理,定量化分析小学生的行为特征,探讨小学生放学后在其中的行为与空间环境特征的关联性。

1.3.3 行动追踪

GNSS 是全球导航卫星系统的简称,利用卫星可在全球范围内进行定位与导航。手持式导航仪可对航点、航线、航迹进行记录,并生成各种格式的文件;将数据导入 GIS(地理信息系统)软件,经分析能够得到可视化图像。

运用手持式导航仪对选定小学的不同年级小学生展开行动追踪调查,并记录被调查者的年级、性别、是否结伴归家以及是否有家长陪伴等情况。对取得的行动数据进行纠正偏差后,根据计测经纬度及时间数据判定人的停留点和停留时间,对行动路径、移动距离、滞留情况加以分析,通过数据的可视化处理,获得小学生放学归家全过程的路径图像,在此基础上结合学区内的城市空间结构,分析小学生放学归家路径中存在的问题,如绕道、横穿马路以及场所的安全性等。通过对线密度的分析,把握小学生的行动状况;通过对轨迹点的分析,把握小学生的滞留状况;通过 GIS 空间分析软件对测定的行动数据进行核密度运算,得出密度图像,直观地表征小学生的移动及停留密度,从而把握小学生的步行行动与城市空间的关系。

在第 4 章,本研究运用行动追踪方法记录了 5 所小学的小学生放学行动路径,以把握轨迹线的总体分布特性。在第 5 章,本研究追踪了儿童在小学周边空间的行动路径,着重解析儿童滞留行为与滞留场所的关联。在第 6 章,本研究选取不同空间结构的社区对小学生进行了行动跟踪调查,最终从轨迹点速度、轨迹线分布等方面分析其路径与社区空间结构的关联性。

1.3.4 空间句法

空间句法是 20 世纪 70 年代由英国学者比尔·希列尔(Bill Hillier)在图形理论的基础上提出的一套研究城市、建筑空间的理论,如今已形成一套完整的理论体系、成熟的方法论。空间句法是对空间本身的研究,可以以量化的方式揭示空间的结构。基于该理论的研究近年来在国内亦有展开,并日益受到关注,有研究者在空间句法理论研究的基础上,将归纳出的结论应用在实践设计中。空间句法的适用范围较广,从建筑内部到城市规划、区域规划都可以通过基本的空间组合原则进行分析。空间句法理论作为一种新的描述建筑与城市空间模式的语言,其基本思想是对空间进行尺度划分和空间分割,分析其复杂的关系。

在第 4 章,本研究运用空间句法对学区内城市空间结构的通达性、便捷程度、协同度等特征展开分析。进而,对学区内重要的区域和节点空间进行实地考察、分析,最终全面把握学区内城市空间信息。

1.3.5 核密度分析法

核密度分析是在上述 1.3.3 中利用定点摄像获取人群密度图像的基础上,运用 GIS 软件生成图像,通过定量化、可视化的分析方法,对小学放学时段门前区人群行动状况展开科学、合理的分析。图像按照人群聚集的区域及疏散趋势形成波峰,波峰峰值按照颜色变化表达人群聚集密度的高低,可以直观地表现放学时段门前区人群聚集的密度,从而把握小学门前区空间与人群聚集的关联性。

本研究在第 3 章对不同类型小学门前区放学时段人群疏散情况进行了核密度图像分析,通过数据的可视化处理,可以了解小学放学时段门前区存在的问题,如人群聚集、横穿马路、侵占城市道路、缺乏安全性等,从而把握小学门前区人群步行行动与空间的关系。在第 4 章中还进行了小学生放学路径的核密度图像分析,以把握小学生的归家路径与学区空间的关联性。

1.3.6 聚类分析

聚类分析,是指将物理或抽象对象的集合进行分组,分为由类似对象组成的多个簇的分析过程。聚类与分类的差异在于,聚类所要求划分的类是未知的,不必事先给出一个分类标准,聚类分析能够从样本数据出发,根据所采用的聚类算法产生分类标准,将样本数据分到不同的簇中,同一个簇中的对象有很大的相似性,不同簇间的对象有很大的相异性。

聚类分析按照对象类型可以分成两类:Q 型聚类和 R 型聚类。Q 型聚类的对象是样品,R 型聚类的对象是变量。聚类算法的基本思想可以归纳为以下几种:划分法、层次法、基于密度的方法、基于网格的方法、基于模型的方法。每类算法之下存在着多种具体算法,例如,划分法的代表算法有 K - MEANS 算法、K - MEDOIDS 算法及 CLARANS 算法;层次法的代表算法有 BIRCH 算法、CURE 算法、CHAMELEON 算法等。

在第 5 章,为了便于把握各空间分区类型与小学生停留行为分布的关系,以所有空间分区作为样本,基于空间特征要素的影响因子分析,对空间分区进行类型化,运用 SPSS 数据处理统计软件,采用 Q 型聚类分析不同空间类型中的小学生游憩行为特征。

1.3.7 泰森多边形法

泰森多边形是由连接相邻两个点的直线的垂直平分线组成的连续多边形。在第 4 章中,本研究基于既往对 GNSS 技术在城市中小学布局规划的研究,运用泰森多边形法生成合肥市不同行政区的小学学区范围,该方法形成的多边形内任意一点到所属小学距离最近,由此可以分析现行小学学区范围划分是否合理;而城市中小学的布点、学区范围与服务半径直接影响着小学生的行动路径,本研究使用手持式导航仪对三所不同学区小学的小学生放学后行动路径进行计测,将得到的数据绘制成行为轨迹图,运用图示化方法分析小学生放学后的行动分布,然后与小学学区范围相比较,进而分析当前小学布点与学区划分所存在的问题并提出优化建议。

1.4 调查研究对象

本研究以小学生放学行动及与其相应城市空间的关联性为主要内容,针对安徽省合肥市、蚌埠市展开学区布点分析,进而选取合肥市的 34 所小学为主要调查对象(图 1-3)。研究针对多元的城市空间类型有选择性地选取不同的小学作为调查对象,下面将从门前区、学区空间、放学路径与滞留场所四个方面阐明相应的调查范围。

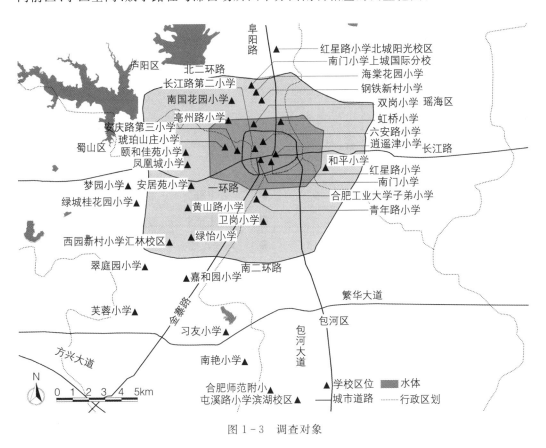

图 1-3 调查对象

1.4.1 门前区

按照合肥城市发展的现状,对合肥市小学进行划分,分别为一环路内、一环路外二环路内和二环路以外,一环路内属于合肥市老城区,一环路外二环路内属于合肥市新城区与老城区交界区域,二环路以外属于合肥市新城区。为了了解小学门前区的基本情况、空间形式及疏散对城市交通的影响,本研究在每个区域内分别选取 10 所左右小学,共调查了合肥市的 30 所小学,分别为:红星路小学、亳州路小学、虹桥小学、合肥工业大学子弟小学、南门小学、六安路小学、琥珀山庄小学、长江路第二小学、双岗小学、安庆路第三小学、颐和佳苑小学、海棠花园小学、卫岗小学、南门小学上城国际分校、南国花园小学、和平小学、黄山路小学、青年路小学、钢铁新村小学、绿怡小学、西园新村小学汇林校区、翠庭园小学、屯溪路小学滨湖校区（下文简称屯滨小学）、芙蓉小学、嘉和苑小学、绿城桂花园小学、习友小学、红星路小学北城阳光校区、梦园小学、南艳小学（表1-1）。

本研究对上述每所小学进行图示化分析，了解小学门前区的现状、空间形式及疏散对城市交通的影响；对现有合肥市小学门前区空间形式进行统计，并把握其门前区空间形式的特征。

本研究在三种门前区类型的学校中各选取一所进行着重研究，分别为引入型的绿怡小学、直线型的屯滨小学与过街型的虹桥小学。本研究对这三所小学的入口与周边道路等空间要素进行分析，通过定点摄像建立门前区空间与小学生放学后行动密度图像，讨论门前区人群疏散分布。

表1-1 门前区研究中30所小学的地理位置与类型

学校名称	地理位置			门前区类型			学校名称	地理位置			门前区类型		
	一环内	一、二环间	二环外	引入型	直线型	过街型		一环内	一、二环间	二环外	引入型	直线型	过街型
红星路小学	●					●	和平小学	●				●	
亳州路小学	●					●	黄山路小学	●				●	
☆虹桥小学	●					●	青年路小学	●					●
合工大子弟小学		●				●	钢铁新村小学	●					●
南门小学	●					●	☆绿怡小学	●			●		
六安路小学	●					●	西园新村小学汇林校区			●		●	
琥珀山庄小学	●			●			翠庭园小学			●	●		
长江路第二小学	●					●	☆屯滨小学			●		●	
双岗小学	●			●			芙蓉小学			●	●	●	
安庆路第三小学	●					●	嘉和苑小学			●	●		
颐和佳苑小学		●		●			绿城桂花园小学			●	●		
海棠花园小学		●		●			习友小学			●	●		
卫岗小学		●		●			南国花园小学			●		●	
南门小学上城国际分校		●		●			梦园小学			●	●	●	
红星路小学北城阳光校区		●	●				南艳小学			●	●	●	

1.4.2 学区空间

学区城市空间可达程度以及学区空间内住区与整体的关系直接影响小学生放学路

径的安全便利程度。在第 4 章中,本研究选取合肥市内不同区位的 5 所学校——合肥工业大学子弟小学、合肥师范附小、屯滨小学、逍遥津小学和六安路小学所在的学区作为研究对象进行空间句法分析,以把握学区空间结构特征与社区空间结构的基本类型,将小学生行动路径与社区空间结构叠合进行安全性的关联分析。

上述的 5 所小学中,合肥工业大学子弟小学、六安路小学与逍遥津小学均位于合肥市老城区内部,后两所学校还在一环路以内;合肥师范附小与屯滨小学位于滨湖新区,即二环路以外。这 5 所学校分布在合肥市的新、老城区,具有比较典型的代表意义。

本研究对合肥工业大学子弟小学、绿怡小学和屯滨小学运用泰森多边形法生成小学学区范围,针对 3 所小学的小学生放学路径分析现有学区范围与服务半径是否合理。其中合肥工业大学子弟小学位于合肥市老城区内,绿怡小学位于发展较成熟的新城区中,而屯滨小学处在新兴发展的新城区里(表 1-2)。

表 1-2 学区空间研究中 3 所小学的学区平面、学区范围与位置

学校	合肥工业大学子弟小学	绿怡小学	屯滨小学
学区平面			
学区范围	太湖路以北,马鞍山路以西,屯溪路以南,九华山路以东	金寨路以西,潜山路以东,休宁路以南,祁门路以北	紫云路以南,中山路以北,徽州大道以东,庐州大道以西
位置	老城区	新城区	新城区

1.4.3 放学路径

为了掌握小学生放学路径与城市空间的关联性,本研究选取合肥工业大学子弟小学、绿怡小学、屯滨小学、安居苑小学和青年路小学共 5 所小学作为调研基地,对小学生的放学路径展开调研,结合小学生的行为特点来分析学校布点、学校周边情况与小学生放学路径之间的联系。通过行走实验取得小学生放学行动轨迹线,经由软件处理完成每个学校的整体轨迹点、轨迹线分布图及核密度图像,具体研究学校周边各类型空间与小学生放学路径之间的关联。位于住宅小区内部的小学多是住区规划时同步配套的,主要服务于住宅小区内部的适龄儿童。而住宅小区外的小学多是悠久历史的老学校或市政规划的新学校,与住区内部配套的学校差别很大。以上选取的 5 所学校中,绿怡小学与安居苑小学均是住区内部配套的小学;而合肥工业大学子弟小学、青年路小学与屯滨小学位于住区外部,其中合肥工业大学子弟小学较为特殊,是合肥工业大学的直属单位(表 1-3)。

表 1-3 放学路径研究中七所小学的位置分布

学校名称	地理位置			住区内外	
	一环内	一、二环间	二环外	住区内	住区外
绿怡小学		●		●	
安居苑小学		●		●	
青年路小学		●			●
屯滨小学			●		●
合工大子弟小学		●			●
凤凰城小学		●		●	
虹桥小学	●				●

本研究还聚焦学生行动路径与社区空间结构的关联性,选取凤凰城小学和虹桥小学的周边社区空间作为本研究的主要研究对象。虹桥小学所处的社区为"街道型"社区,周边社区的空间结构由于年代变迁,存在种种不完善的问题,如停车问题、场地高差问题及公共设施破旧等都会对儿童安全产生影响,而凤凰城小学位于"住区型"社区中,周边社区相较于前者较为完善(表 1-3)。因此本研究针对儿童安全问题对两者的空间结构进行比较,同时总结归纳存在安全隐患的实体空间环境。

1.4.4 滞留场所

校园周边环境与社区内外空间是儿童放学后滞留的重要场所,为了了解小学生放学后滞留场所的空间特征与滞留行为之间的关系,本研究对合肥市内多个小学的周边环境及社区空间进行了调查与研究。

首先,为了了解校园周边场所空间形态对小学生滞留行为的影响,本研究选取绿怡小学与屯滨小学两所学校展开调查研究。绿怡小学位于合肥市新老城区结合部的居住区内部,周边空间顺应居住区道路呈现出线性分布。屯滨小学位于合肥新城区,学校周边道路呈网格状且较为宽阔,形成较为开敞的城市空间。这两所学校的区位与空间环境较有代表性(表 1-4)。

表 1-4 滞留场所研究中 4 所小学位置分布

学校名称	地理位置			住区内外	
	一环内	一、二环间	二环外	住区内	住区外
绿怡小学		●		●	
安居苑小学		●		●	
青年路小学		●			●
屯滨小学			●		●

其次,本研究选取绿怡小学校门前临近的城市公共绿地及附近的小公园、青年路小学校门前临近的城市休闲广场、屯滨小学附近的小公园等 4 处住宅小区外部游憩空间作为研究对象;选取安居苑小学所在的安居苑小区东区中心景观及西区公共绿地景观区、青年路小学附近的银杏小区公共绿地、屯滨小学北侧的滨湖和园小区中心景观等 4 处住宅小区内部游憩空间作为研究对象(表 1-4)。对住区内外游憩空间进行研究,关注小学生放学途中的游憩行为与城市空间以及住宅小区内部游憩空间的关联。

1.5 研究意义

城市人口膨胀使得小学生安全问题成为城市治安的一大重点。本研究从空间、时间、事件三个不同视角将儿童安全问题进行划分。空间安全包含家庭、学校和社会三个领域;时间角度则包含家庭生活期间、学校教育期间和社会生活期间等方面;从安全事件的影响因素看,以现实社会和虚拟网络为主。以上儿童安全问题不同角度的分类为研究问题的便利提供一种引导,而现实生活中的安全问题往往是多种因素共同影响的结果。由此可见,建立一个安全稳定的学区环境是儿童基本的安全需求。

通过时间、空间与行动相对照的系列分析方法,对小学门前区、沿途空间、滞留场所等方面展开研究,发掘小学生的行动领域和城市环境空间特征之间的定量关系,探讨让孩子安全、让家长放心的外部环境空间效果,并综合分析各阶段的行动和路径特征对小学生放学归家全过程进行路径及城市空间结构的协同优化,此项研究对于建立既有城市空间结构的分析与评价具有重要现实意义。研究成果将对教育部门学区政策及学校管理规定的制定、建筑规划部门关于小学校园设计规范及导则的建立,以及小学生放学时段的交通及治安管理方案的确立具有科学指导意义;对于小学门前区空间设计、放学路径优化、学区划分,以及塑造安全、安心的小学生活动场所等,具有积极的理论和实践指导意义。

城市空间的分析理论是对既有城市空间和人的活动的研究与分析理论,是一门发展中的科学。随着我国越来越多的城市提出"宜居城市"的口号,以人为本的科学发展观也渗透到城市规划学科之中。随着科学技术水平和人类对于空间认识的不断提升,定量化的空间分析技术也日新月异地发展着,基于空间句法理论的分析,已成为城市空间研究热点,并开始应用到实际工程项目中,起到了良好的效果。空间句法理论可以有效地量化被研究的空间。本研究运用空间句法理论分析被调研小学学区城市空间,把握学区城市空间中的城市空间结构特征。基于 GNSS 技术对人的行动与场所关联性的相关研究已经较为成熟,本研究采用 GNSS 技术对放学时段小学生的行动进行无间断计测,从而全面把握小学生放学后的行动特征。

本研究采用了集建筑学、城市规划、交通工程、社会学、教育学、心理学、统计学为一体的多学科交叉的研究方法,探讨小学生放学时的行动特征及其与城市空间场所关联性的相关问题。其中运用空间句法理论图解学区城市空间结构、GNSS 技术运用和定量化分析等研究方法,对于相关领域研究拓展具有一定的理论借鉴意义。以上研究策略丰富了建筑、城市相关研究的内容。

1.5.1　从疏散行为视角探讨小学门前空间优化

本研究通过时间、空间与行动相对照的系列分析方法,对小学门前区空间展开研究,发掘小学门前区空间与门前区空间行为主体之间的定量关系,探讨让小学生安全、家长放心的小学门前区空间效果,并综合分析不同门前区空间与人的行为之间的关联性。该研究对于既有小学门前区空间的优化,以及门前区接送行为的引导具有重要现实意义。研究成果将对建设及规划部门对小学校园设计规范导则,以及教育、交通及治安部门对于小学放学时段管理方案的确立,具有科学指导意义。

随着科学技术的发展,人类对于空间认识的不断提高,不同空间的功能性也越来越受到人们重视,目前对于不同类型建筑公共空间的研究较为丰富,但对小学门前区空间的研究几乎没有。本研究采用行为记录的方法对小学放学时段门前区空间人的行动进行计测,从而全面地把握小学放学时段门前区人的行动特征。以上研究方法及优化策略丰富了建筑、城市与人的行为相关领域的研究成果。

1.5.2　从放学路径视角探讨小学学区优化

学区划分过程中,若严格按照就近入学原则,往往会导致一些学校入学人数超出学校的服务能力。在实际学区划分中,每个学区的学校并非位于学区中心位置。在某些学区中的部分区域,学生在本学区上学要比去相邻学区花费更多时间,同时由于学区划分的缺陷产生了潜在放学安全隐患。因此,小学的学区优化有待从小学生放学路径视角探讨。

本研究选取安徽省合肥市不同学区的小学及小学生为研究对象,在收集不同城市小学的基本服务情况以及学区划分现状的基础上,有针对性地选取数个小学作为调研点,运用 GNSS 技术对小学生放学从离校到归家的全程行动路径进行持续无间断的计测与分析。通过可视化分析,获得无间断的轨迹线、卫星记录点等数据,再与相应的城市空间环境进行对照分析,并在不同学校发放问卷,研究空间中可能存在的危险因素,即通过研究目前合肥市的小学生如何往返于学校,把握学区的划分状况,分析目前学区存在的缺陷和不合理因素,最终提出针对放学途中的城市空间形态优化建议。

本研究依据时间、空间与行动相对照的系列分析方法,对不同类型空间下的小学生放学路径展开研究,探讨小学生的行动路径和城市形态特征的关系。对当前合肥市小学生展开调查,有助于把握合肥市小学生放学后的行动路径特征,对于优化学区划分以及营造安全的学生归途空间有重要现实意义。此外,研究成果将对教育部门学区政策及学校管理规定的制定、建筑规划部门设计规范及导则的建立、社区交通及治安管理部门相关管理方案的确立都具有定量化、科学化的借鉴意义。

1.5.3　从停留行为视角探讨游憩空间优化

一项针对社区儿童防犯罪侵害的调查显示,两栋住宅山墙形成的空间、住宅区景观绿化空间、缺乏管理的半公共空间等是儿童受侵害事件的高发地点。另外,每年近五万起小学生交通事故多发于小学学校附近的城市道路空间,以上这些地点正是小学生放学归家途中常常逗留游憩的场所。对小学生放学途中的停留场所进行研究,分析影响小学生游憩行为的各项空间要素,掌握小学生游憩行为特征,具有重要的理论意义和实践意义。

本研究在量化数据分析的基础上,调查小学生放学途中随时间和空间变化的停留行为,结合多学科综合研究,掌握小学生放学后停留行为规律,以此指导小学周边城市空间的设计与优化。

对小学生放学途中的停留空间进行实地调查,进行类型化研究,掌握小学生对游憩空间的选择规律,从而指导城市空间中小学周边游憩场所的规划设计,减少使用频率低及安全性低的游憩场所数量,增设小学生喜爱的停留场所类型,根据调查结果进行合理布点,为小学生提供便捷、安全、舒适的活动空间。

通过实地走访了解小学生放学的基本情况,总结小学生放学途中的活动内容、地点等;同时研究游憩空间要素对停留行为的影响,分析游戏设施、铺装、绿化等空间要素对小学生行为的影响权重,为学区内小学生游憩场所的设计提供科学参考依据。

将基于 GNSS 的数据计测与行为观察相结合,研究游憩场所中小学生使用频率高的空间行为类型、数量及分布,将行为与空间相关联,确定两者间的相互关系。以此为据,针对多发的行为类型在游憩空间内提供合适的环境及设施,对于使用频率低的空间进行优化改造,提高学区内小学生活动场所品质。

目前很多学者对小学生行为心理特点的研究较为全面,从环境心理学、认知心理学和视知觉等领域都对其有深入研究,而从建筑学视角进行小学生行为心理的安全属性与社区空间的关联性方面的研究较为匮乏。因此本研究针对小学生通学安全,探析其行为心理特点,并为分析存在安全隐患的社区空间环境提供基础。

安全稳定的社区环境是建设安全城市、构建和谐社会的重要部分,安全社区空间规划、环境设施布置与社区安全防卫规划有着密切联系。本研究基于空间安全的相关理论和 GNSS 技术,对社区空间环境的安全性及小学生行动路径与社区空间结构的安全性相关联进行分析总结,为安全的社区空间环境的规划设计提供参考依据,这将对和谐安全社区的发展起到一定推动作用。

第 2 章 相关理论的分析及文献研究

本章将从城市空间结构理论、小学生行为心理及其活动空间、城市空间里小学生安全问题以及调查研究方法的应用 4 个方面进行相关理论分析及文献研究，为后文研究的展开奠定理论基础。

2.1 城市空间结构理论

城市里小学生上下学的安全事件多发生在社区空间，而社区空间又与城市空间紧密相连，所以要研究小学生的通学行为必须先从城市空间结构理论入手。因此，下文将从空间认知的发展、城市空间结构概念的由来、城市空间结构理论的内涵三个方面展开论述。

2.1.1 空间认知的发展

空间理论的发展是人类空间认知进步的象征。对于空间的认识是全人类的话题，欧几里得（Euclid）"无限、等质，并为世界的基本次元之一"的空间观点一直是人们认知空间的基本理论。笛卡尔（René Descartes）坐标系的引入使得欧几里得的空间观点得以完善。笛卡尔的唯理论主张用几何的推算与演绎的方法认识空间。笛卡尔认为空间是懒惰的、静止的、有限的，需采用理性的分析和计算。在他看来，世界应该是一个井然有序的体系：冷静、精确而具有逻辑性。尼采在对于空间的认识中，则从人体出发，强调身体的感知，使用第一人称去描述世界。在尼采的空间认识中，"行动就是一切"；生活是人体活动的结果，人体也成为生活的目标；身体的感知成为空间存在的证明，而空间的丰富与多样也是通过身体得以体现的，所以身体的自由成为其哲学、生活、认识世界的目的，当然也作为其前提表现出来。

当心理学的研究开始关注空间问题时，人类对于空间的认知进入了新时代，古典哲学的思想也被科学地表达出来。一系列关于人的空间感知与环境体验的话题被提出和研究，空间的固有属性和人的心理感受形成了一种辩证而相互促进的关系。心理学从空间知觉、行为感知等方面对空间进行描述，产生了人的行为心理学、完形心理学等与空间认知相关的学科分支。前者认为心理学不应该研究意识，只应该研究行为。所谓行为就是有机体用以适应环境变化的各种身体反应的组合，通过对于人的各种行为反应的观察和有机体反射物质的分析，研究刺激（空间环境）、行为、诱导物质之间的关系（图 2-1）。

该领域的拓展对以人为研究对象的行动观察、行走实验的研究策略有着重要的意义。完形心理学又称为格式塔心理学，是西方现代心理学的主要流派之一。完形心理学认为，人的心理意识活动都是先验的"完形"，即"具有内在规律的完整的历程"，人所知觉的外界事物和运动都是完形的作用。文化决定的普遍的图示化心理形成了某区域图式的原型结构，并经过长期的发展将固有的完形格式拓展为更加灵活的图式。作为主观实体研究的基础和本源，完形心理学也为城市

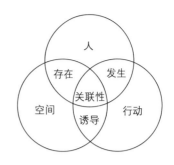

图 2 - 1　人的行动与空间关系

空间研究中的构图理论以及后来基于图形理论的空间句法分析起到了推动作用。

在近代，人们对于空间的认识将场所的建立与感知相互结合，运用数学模式理性记录的同时，也强调人的行动、感知，并加入时间、文化等非物质要素。虽然对于空间的认识因人而异，但是由于空间认识理论也在不断发展，人们对于空间的描述更加全面和科学，空间观点也在多个学科中得以体现。

2.1.2　城市空间结构概念的由来

纵观整个城市规划发展史，人们对于城市空间的认识随着科学技术的发展和自身哲学思考的发展而不断发展着。城市如同建筑，是一种空间的结构，只是尺度更巨大，需要用更长的时间过程去感知。而城市空间这一概念的真正发展，是结合了地理学对于空间的定义才正式确立的。彼得·哈盖特在对于地理学基础理论的阐述中便使用了"网状组织""节点""面域"的概念。西方学者富利提出了四维城市的空间结构概念，区分了空间的物质概念与非物质概念，强调了实体之外的文化、社会对于城市空间结构构成的重要作用。波纳提出了空间结构的概念框架，他认为城市空间结构由城市的功能部分与非功能部分相互结合。近代学者在总结前人研究的基础上提出，所谓城市空间结构，是指城市各要素在一定空间范围内的分布和联结状态。

2.1.3　城市空间结构理论的内涵

人们逐步认识到城市空间组织模式本质上取决于城市之空间环境与在该环境中人的社会、经济、文化活动的相互作用。城市空间包括物质、社会、生态、认知和感知等多种属性，一个完整的城市空间的概念应当包括城市空间、城市空间结构与空间形态。

1. 基于图形理论的城市空间结构研究

空间句法的数学原理是基于图形理论的城市空间结构研究，在伦敦大学学院（UCL）的比尔·希利尔等人的推动下，空间句法逐步发展为一支定量化地分析描述城市、建筑甚至景观的空间结构，并同时研究图示与人类行为之间的关系的成熟理论体系。

通过长期的分析和研究，比尔·希利尔证明了城市空间结构中各个场所空间的组构和使用情况主要受到三个方面的影响，即空间的集成度、空间的深度和空间的可理解程度。在此，被希利尔证明和分析最多的是用二维的观点分析城市空间格局，他解释道：人在城市中的大多数活动都是在二维的平面上进行的。他发明的空间句法的电脑分析方

法,可以很方便地分析城市、建筑等空间形态的指标。空间句法理论相比传统构图理论、图底分析方法产生了质的变化,是传统的图式心理学研究、美学分析与计算机技术的相互结合,是一种从定性表述向定量分析的进化。

2. 基于环境知觉与人类行为的空间研究

凯文·林奇(Kevin Lynch)将城市空间的研究拓展到人的行为心理的层面,探讨了人的行为、心理、认识与城市空间环境的关系。区别于心理学图形理论的研究,凯文·林奇对于城市空间的阐述是建立在对环境的认知和人的行为研究的基础之上的,是城市实体形态与市民的感知相互结合的产物。他将城市空间的构成要素分为道路、边界、区域、节点、标志物,而正是这些要素的存在才使得市民产生了城市空间的知觉,并在城市空间中做出一系列特有的行为。凯文·林奇用一种简单而明确的脉络将以上5种元素相互结合,进行整体设计,最终形成了一种有序的、明确的、连续的以及更易为市民感知的空间形态。这种划分为之后的研究者明确了城市空间形态研究的分类标准。

克里斯蒂安·诺伯格·舒尔兹(Christine Norberg Schulz)在林奇的城市空间观点的基础上以存在空间的观点认识建筑和城市空间,强调了"中心""路线""领域"的概念。所谓中心即场所的概念,是一种特定的空间形态与未知相对,而路线表示了人在空间中的方向性和连续性,领域是一种区域的概念。将三者合理地组合,便产生了各具特色的城市空间形态。他在1979年提出了"场所精神"的概念,提到早在古罗马时代便有"场所精神"这么一个说法。古罗马人认为,所有独立的本体,包括人与场所,都有"守护神灵"陪伴其一生,同时也决定其特性和本质。场所"在某种意义上,是一个人记忆的一种物体化和空间化,及对一个地方的认同感和归属感"。他在存在空间观点的基础上,将"空间"和"特性"这两个基本概念配合基本的精神上的功能"方向感"和"认同感",阐述了建筑和城市的实体空间的意义。舒尔兹提出的"场所理论"把对人的需求、文化、社会和自然等方面的研究融入城市空间的研究之中,通过对这些影响城市空间结构的环境因素的分析,把握城市空间形态的内在因素。

3. 城市空间结构解析的探索

对于城市空间的解析大多是对于城市空间结构形成机制的研究及城市生长的源动力研究。在城市空间结构的解析方面有着诸多的理论,西方学者也建立了理性的研究体系。

行为学派援引生物学的概念,更强调研究人的行为对城市的改变作用,形象地说明了所谓"非条件反射"的交通出行与城市的关系;在对社区居民用以克服距离的努力的形象阐述中,说明了交通这一重要的概念与城市空间结构的关系,即交通的惯性改变了区域的空间结构,而城市结构的形成又需要交通模式的适应。韦伯提出的互动理论阐述了城市的功能空间的合理分配构成了城市空间结构的实体,而城市的发展将适应于人们的日常交通形式,并在此基础上引入了人与人之间的交流要素及信息流与居住、交通、休憩等要素的相互关系。

结构主义是20世纪最常被用来分析语言、文化与社会的研究方法之一。结构主义企图探索文化意义是透过什么样的相互关系(也就是结构)被表达出来。在空间研究中,结构主义认为在结构与场所中人在连续不断的行动中会形成各自特有的时间与空间属性。这与海德格尔(Martin Heidegger)的观点具有相似之处,后者认为人只要实际存在,从根本上就有了自己的空间、方向和世界,此空间比物理空间更具有客观性,人实际存在于日常生活,自然就有场所和区域。结构主义将行动与空间结构相互结合并在生活中得以体现,随后引入了时间的概念,使得城市空间结构系统的范畴更为广泛。

本研究涉及城市空间的实体空间研究,以及空间环境与人类行为特征关系的分析,并涉及部分城市空间形态的调查。在城市空间分析理论的基础之上,运用科学的方法对实体要素的特征与研究对象的行动关系展开分析。

2.2 小学生行为心理及其活动空间的研究

2.2.1 针对小学生行为的研究

小学生的教育环境问题并不是一个新的话题,而且可以说是一个古老的话题。早在战国时期,孟轲的母亲为选择良好的环境教育孩子,多次迁居,这便是"孟母三迁"的典故。关于教育环境的问题也不可能通过一两项政策就完全解决,和诸多社会现象一样,现代小学生的教育或成长问题是随着人类社会的发展逐渐突显出来的社会现象之一,牵涉学区内城市规划、交通规划、教育管理等多个领域。然而社会发展的问题必然随着社会的发展被重视、研究,并最终得以解决。目前我国进行小学生群体研究的学者以教育学和社会学的学者为主体,很多研究从社会学的视角切入,以现阶段我国教育制度为背景,探讨就近入学及小学的安全教育等方面问题。由于建筑界、规划界学者参与此类研究较少,缺少从小学出入口外部空间、交通规划、街道空间、儿童玩耍场所特征等方面的系统研究。大多数国内文献停留在对现象和成因的陈述上面,并无具体的有针对性的关于小学生行动的量化分析和对既有场所的评价体系,以及对未来规划的指导性意见。

在小学校园的规划设计方面,赵万民从地域文化特色的层面阐述了山地校园的规划设计理念;朱献分析了小学入口空间在使用中存在的问题并揭示了成因。以上各研究更侧重于中小学校园内部的建筑单体和校园规划及效果评价,与本研究侧重于校门之外以小学生为主体的、针对其放学后经过的场所为主线展开的行为与场所关系的研究视角完全不同。

而针对儿童活动的研究,有韩西丽的"城市邻里特征对儿童感知与户外体力活动的作用机制研究";沈萍、王岚等从儿童的生理心理的特殊性出发,理论上阐述儿童活动空间设计的要素方法及关键问题;姚鑫、肖萌等分别运用问卷调查、图示化分析、空间建模等方法对儿童活动空间的现状进行分析,并提出相应的空间改善建议。与本研究全面把握小学生的基本情况,探讨小学学区内城市空间结构,并定量化把握小学生行动特征的方法有所不同。

日本建筑界对儿童活动空间的系统研究始于 20 世纪 80 年代初。其中桂久男对近500 名儿童的生活进行调查,以把握日本儿童的玩耍活动、儿童密度和公园数目等地域特征的关系。吉村彰对儿童交流及玩耍的场所进行调查,进而分析儿童的生活领域和学区的关系。河野泰治对儿童室外玩耍空间和公园种类的关系进行了相关研究,分别把公园分为三种类型(近邻公园、儿童公园和幼儿公园),把居住区分为四种类型,他认为不同居住区内的玩耍空间的利用形式与利用系数是不尽相同的;三种公园与居住区的结合方式会影响到利用形式和利用系数。水月昭道分析了小学生行为与放学后从学校回家的街道环境之间的关联性,他提到小学生从学校回家的时候,街道环境会给其玩耍提供机会,在不同的街道环境下儿童玩耍参与度是不同的,一些街道特征明显、有移动物体的街道会引发儿童的玩耍行为,运动产生的变化会为游玩提供可视性。

欧美国家对儿童活动及场所方面的研究,有休姆(C. Hume)的关于儿童认知自己家和附近的邻里环境,以及这种认知与儿童身体活动的关联性等方面的定性和定量研究,以把握儿童对环境认知与行为活动之间的重要关联性。史密斯(Smith)针对英格兰和威尔士地区儿童放学后的活动空间方面进行了研究,同时还研究了乡村景观对放学后儿童的影响。特兰特(Tranter)和多伊尔(John W. Doyle)则进行了复兴住宅街道作为儿童游戏场方面的影响因素的研究。

2.2.2 关于小学生活动空间的研究

1. 小学门前区空间相关研究

随着城市化进程的加快,人口的急剧增长,新建住区的不断涌现,适龄儿童上学人数的增加,产生了新的刚性需求。一些城市老城区的小学校园在早年的规划设计中缺乏前瞻性,而新建小学在规划设计时对门前区的未来的实际需求缺乏预测手段,导致了部分小学门前区空间的缺失,"接送难"的现象在小学门前区频频发生,这一现象也受到越来越多的社会人士关注。

刘艳红对中小学上、下学安全状况调查分析后发现,72.6%的学生和80.4%的家长认为安全事故较多地出现在上、下学途中;只有10%的学生和家长认为乘车上、下学是安全的,50%以上的学生和家长认为最安全的上、下学方式是家长接送和步行。学生和家长最为关注的是上、下学途中的安全问题,这也是导致小学放学时段门前区拥堵的主要原因之一。小学生的校外安全问题越来越受到国家相关部门和各级政府的关注,由此可见,在完善校园内安全措施的同时,小学生放学途中和户外玩耍期间的安全问题也不容忽视,而落实到城市规划领域,优化放学路径以及塑造安全安心的城市空间环境等相关的专项研究也应尽快提上日程。

陈坤良针对小学放学高峰时段拥堵问题提出了十种解决方法。其中,针对学校提出开设新校门,在条件允许的情况下增设校门;针对疏散方式提出错峰放学的方法;针对执法管理部门提出交警维护的方法等。各个学校根据学校的现状,可以采取不同的方法解决学校门前区放学时段拥堵的问题,也可以采用多种方法同时使用。在上述的方法中,部分学校根据现状,对放学时段门前区的拥堵现象进行了整改,拥堵情况得到改善。

目前针对小学门前区空间和功能的相关研究相对较少,很多研究只是从社会学及教育学的视角切入,由于规划界、建筑界学者参与此类研究较少,缺少从小学入口空间及交通规划等方面的系统研究,大多数国内研究文献停留在现象和成因的陈述上面,并无具体的有针对性的关于小学门前区空间的研究及规划性的指导意见。

2. 小学生放学途中停留空间的相关研究

对于儿童活动空间的研究主要针对 12 岁以下的儿童，包括幼儿（3 岁以下）、学龄前期儿童（3～6 岁）和学龄期儿童（6～12 岁，接受小学教育的年龄阶段）。相关研究从儿童活动空间、儿童设施缺乏的现状出发，探讨城市空间、住宅小区内部的公共儿童活动场所。

孔敬从心理与环境两个层面对包头市某住宅小区内的儿童活动场所环境特点进行研究，详细探讨儿童、儿童活动空间、住宅小区三者之间的关系，提出宅前散点式小游戏场所与集中式大活动空间结合布点的规划建议，并总结出住宅小区内儿童活动空间设计的原则和方法，从场地设计、环境设计、场地设施与安全性要求四个方面给出科学性的建议。

德国景观设计师谭玛丽（Trudy Maria Tertilt）针对城市化进程侵占儿童游戏空间的现状，论述了为都市儿童留出玩乐空间的重要意义，提出了城市规划中的"玩乐战略"，目标包括：改善儿童游戏空间的环境，提高对残疾儿童的游戏场所开放度、关注无障碍设计，改进儿童活动空间健康与安全要素，制定儿童友善型城市规划发展策略，最后着重提出政府、社会、群众全民参与的儿童友好型城市规划过程。

桂久男和青木恭介对东京、横滨、大阪的 18 所小学进行调查，研究儿童游戏场所的分布与住宅距离、儿童居住密度的关联性。调查结果表明，儿童活动范围主要是自家及小伙伴家宅周围，自家 200 米范围内与小伙伴家宅 200 米范围内的活动场所占儿童选择的游戏场所总量分别为 74.5% 和 83.9%。半数以上小学生选择了游戏设施齐备的场所、自然景观丰富的场所、公园、道路及空地作为游戏场所。

2.2.3　针对小学生心理特征的研究

19 世纪后半期，儿童心理学的创始人普莱尔（William Thierry Preyer）将自己孩子作为研究对象进行全天候的观察，并将实验数据分析整理为《儿童心理》一书。著名的儿童心理学家皮亚杰提出儿童心理发展的相关理论，他认为儿童的智力发展是环境动态、持续相互作用的结果，人们需要细致观察儿童如何作用于环境，环境如何影响儿童。

相较而言，较早对小学生活动空间的研究出于扬·盖尔（Jan Gehl）的《交往与空间》一书，他认为大部分小学生都倾向于在街道、停车场和居住区的出入口处玩耍，而在那些位于底层的后院和专为小学生设计的游戏场所玩耍的小学生不多。萨拉·凯恩（Sarah A. Keim）所著的 *Children's Experience of Place* 一书中提到儿童的空间体验无法用常规的方法来解读，我们必须用心领会儿童的感知，才能更好地理解儿童心理空间感知的独特性和自发性。

不同年龄段小学生的行为方式、活动范围及意识感知又有所不同，基于影响小学生健康状况的心理因素，随着环境的变化，小学生会产生不同的心理需求。由此，我国儿童心理学家陈鹤琴先生将儿童活动行为心理特征总结为爱好游戏、爱好模仿、好奇心强、爱好野外玩耍、爱好集体活动、喜欢成功、喜欢受表扬。

通常年龄相仿的小学生容易结伴玩耍，因为其行为心理特点相似，表现为同龄聚集性的特征。由此，年龄较小的小学生因其独立活动能力弱，需家长看护，多喜欢在沙坑或草坪等平整柔软的场地上进行相对安静的游戏;年龄较大的小学生具备一定的思考能力和活动技能,且拥有较强的好奇心,由此喜欢结伴活动玩耍。

2.3 城市空间里小学生安全问题的研究

2.3.1 小学生安全问题的相关解读

欧美国家与日本有关小学生于城市空间中免受伤害的相关研究较为系统全面,以中村攻所著的《儿童易遭侵犯空间的分析及其对策》为代表。作者通过 10 年的调查分析,得出城市区域中小学生易受侵犯的种种空间,包括区域规划整理区、变化的城市街区、电车站附近、住宅区、一般城市街区、危险的公园等,并通过安全与危险的对比提出许多优化城市规划的新理念和对策。清永贤二所著的《防犯環境設計の基礎:デザインは犯罪を防ぐ》中也提到了防范效果的 8 种类型:遮断、呼救、阻止、回避、隔离、强化教育、矫正(教育)和改善环境。书中所提的防范类型主要是针对小学生受到人为因素侵害而设定的,这也正是住区小学生安全性的重要方面。

国外的相关研究侧重于小学生安全问题中遭受人为因素的侵害,注重对儿童防范犯罪的教育,而本研究中的小学生安全问题也同样包含了此类儿童防范犯罪问题的研究。国内对于小学生安全问题的研究逐步展开。黄国平和陈佩君在《社区安全通学环境之规划设计与检讨——以东明里为例》中提到了学童上下学安全的通学问题,其中社区的人行通路问题,几乎是所有社区面临的重要问题,而交通安全问题是家长不愿意让孩子走路上学的理由之一。文中以东明里为例,针对通学环境的规划设计进行探讨,期盼透过探讨可改善实质环境,推广安全通学,鼓励走路或者骑自行车上学。其住区安全通学环境的研究和本书的小学生行动路径与社区空间结构安全性关联分析有着一定的联系。

2.3.2 住区空间环境的相关研究

小学生安全事件的发生往往和住区空间紧密结合,也就是人类对住区环境的安全需求。传统的聚居环境从理想的人居环境到聚落都对该层面的需求有相似的地方,这说明对住区空间安全性的认识上,从古至今基本是一致的,这也从根本上反映了人类对生活环境的基本需求。在早期的生产生活中,人们发现共同生活、互帮互助能够更好地进行防御、繁衍和猎食等,从而开始共同居住,构成聚落。因此传统聚落的空间形态往往表现为围绕广场而成型的小聚落或者有共同目的的居住圈,同时由食物圈和防卫圈包围这些聚落,其中防卫圈就是最原始的住区安全需求。

在住区空间防卫规划方面,国外研究早期主要分为 4 个阶段,各阶段代表人物提出了不同的观点。亚伯拉罕·马斯洛(Abraham Harold Maslow)最早按照从低到高的层次将人类需求分为生理需求、安全需求、归属与爱的需求、尊重需求和自我实现需求 5 类。而简·雅各布斯则认为安全隐患的增加是由于住区规划的不合理使得传统社会的生活形态遭到破坏,从而造成了人际关系的淡薄。奥斯卡·纽曼(Oscar Newman)的主要观点认为不安全的住区源于设计不合理的住区环境,如果能够改变社区环境,那么就能预防或减少犯罪,保障社区安全。

综合而言,许多相关住区空间环境的研究在近些年一直关注小学生安全问题,如建筑学、规划学等专业针对小学生在住区空间环境中的安全性研究。通过翻阅和整理大量文献资料,可以发现针对住区空间环境的研究和小学生安全问题的探讨越来越多。在时间的纵向研究比较上,2001年至今,对于住区空间环境的研究有增无减,而小学生安全问题的研究慢慢地从少量的研究变成越来越多研究者的研究方向。

2.3.3　空间安全的相关研究

安全性是城市空间最基本的需求之一,其根本是人们对安全所产生的基本心理需求。本书所涉及的空间安全既包含了具有安全保障的社区空间,也包含了可防卫性空间,即通过改善环境因素,避免或减少儿童受到伤害。

根据人的不同领域行为规律特征,纽曼提出了"可防卫空间"的概念,该理念的提出对于空间安全的基础分析具有重要意义。纽曼提出空间的安全性应具备以下4项要素:其一是领域,空间的领域层次不同,且具有明确的空间边界和归属;其二是自然监视,通过一种自然的、连续的方式使居民有较佳的监视视野以观察陌生者的行为活动,必要时可采取适当的防护措施;其三为环境形象,塑造严谨的高品质环境形象;其四为周边环境,通过合理的社区规划,创建安全舒适的社区环境。

与国外研究理论相比,我国在空间安全系统方面的研究较晚,目前大量的调查研究才刚刚展开。尤其是在空间可防卫方面,较早的阶段由于私密性工作未能取得详尽的安全事件资料,我国对于该领域的研究暂时处于滞后状态,因此只能通过相关国外理论进行归纳总结。国内较有代表性的研究者王发曾对城市空间安全的案例进行一系列的研究归纳,在对城市空间防卫理论研究的基础上,提出针对城市空间的形态规划布局、空间盲区、防卫管理以及公安系统布局调控等防卫措施。由于住区空间的范围涵盖较广且边界模糊,故针对课题的研究对象,对本书中涉及住区空间类型的安全性调查,以街道、城市广场、城市公园和城市公共绿地等为主要类型界定。

2.4　调查研究方法

2.4.1　基于空间句法的城市空间结构分析

比尔·希利尔通过其多部论著详细阐述了空间句法理论的内涵与分析策略。空间句法理论是将城市作为一个自组织系统来研究,对这一系统的研究应当以整体的观点贯穿始终。因为不同的要素放置一起时便产生了一种内在的关系,这种关系本身代表着一种营造的模式或是构成的法则,此时各部分关系的研究要比对要素本身的研究更具有现实意义。空间句法更强调分析和探索空间的本源,这与规范化的理论表述有所区别。此外,通过对空间定量化的解析与认识,结合城市政治、经济、文化等方面的分析可以全面分析城市在社会作用力下是如何生长的。空间句法是对世界实体空间科学的简化、定量的表述和直观的描绘。

空间句法在对空间的描述与生长动力研究时，却并未要求实体空间应如何发展，这又体现了空间句法应用的开放性与包容性。在对于空间与人、社会研究的同时对规律进行总结，却又不止进行单方面的总结而是考虑到了基于地理、社会经济以及人类认知等限制空间组合的条件，而这些被认为只能凭人们的直觉感受来表达的条件通过空间句法的运算更加清晰地被人们认知，这样空间组合的规律便从某些方面指导却不决定着空间的发展。空间句法不仅是一种建筑学理论，而且是一门科学的应用数学分支，也是一种辩证认识世界的方法，更是研究者总结规律、拓展空间研究范畴的工具。

空间句法理论作为一种研究建筑与城市空间结构构成的理论，立足于图形理论，研究空间组织模式的优劣。该理论是一种理性认识实体空间的策略，它通过对于空间构成模式的定量研究，明确空间构型的某些指标，而这些指标又可以表征研究空间中人的行动趋势，从而将空间的研究同人类的活动、社会经济等因素联系起来，进而解释在形成城市的基本空间形态时人、空间、社会的相关性。空间句法理论同各个学科相互结合，其研究范畴已经扩展到对建筑内部、城市空间乃至城市建成源动力的研究之中。茹斯·康罗伊·戴尔顿（Rush Conroy Dalton）与克雷格·齐姆林（Craig Zimring）对于空间句法与认识论的方面进行了总结。劳拉·沃恩（Laura Vaughan）对空间句法与社会学结合方面进行了探讨。在国内，王建国、张愚对空间句法的基本概念与实际应用展开了探索；窦强运用空间句法对北京住区规划设计演变进行了解析；程昌秀、张文尝等运用该原理对地铁可达性进行了评价分析；王浩锋应用空间句法理论和方法，分析了村落空间形态的诸多变量与步行密度之间的系统关联；胡彦学基于大众点评餐饮数据，运用空间句法理论及工具分析前门、东四、南锣鼓巷街区的餐饮业及不同菜系类型、人均价格、评价等社会经济属性的分布特征。

2.4.2 基于行为观察的行为特征分析

通过对人的行为观察和记录可以很好地把握人群的分布状况、活动内容、集散程度等指标，进而通过对空间场所的对照分析，可以很好地把握某一特定场所空间人的行为与空间场所的关联性。

在国内，李早通过摄像机追迹行为观察，对拥有多样化水景设施的中国居住区大规模水景空间中人的行动进行调查。该研究通过定量化的方法，发掘人的移动及停留行为的行为领域和水景空间的空间特征之间的关系，探讨了外部环境空间效果评价的方法。在国外，小濑博之通过图像解析研究包含儿童在内的各种人群在水景设施周边的行为。江水是仁针对日本传统民居主题公园中的室内外展示空间中人的观赏行动分别进行了追迹观察，并根据展示内容的不同对参观行为的类型进行了归纳整理。

2.4.3 基于GNSS技术的行动轨迹特征分析

GNSS是英文Global Navigation Satellite System（全球导航卫星系统）的简称，是利用卫星在地球表面或近地空间全天候计测三维坐标、三维速度等位置信息，从而实现精确定位的空间技术。这一为军事战略而研发的技术现今已经渐渐拓展到交通、网络、地质探索、城市规划等各个领域的研究中。

随着导航定位设备的普及,运用 GNSS 技术解析城市中人的流动行为的研究工作也随之展开。日本学者在行动计测方面取得了一定的成果,山本友里曾通过将行动计测的速度和照片对照,计算道路上人员的拥挤状况。白川洋通过导航仪器取得数据将步行者的行动与场所特征相对应并进行相关分析。野村幸子通过行动追踪计测调查日本镰仓市游客游览路线的分布。以上相关研究都是以宏观的城市范围为研究对象,侧重于研究步行者流动与城市空间关系的可视化手法,并验证了该方法的有效性。与传统调查方法相比,GNSS 技术具有可定量连续计测的优势。

宗本顺三在长滨市曾通过手持式导航仪对数百名小学生放学后的行动进行计测,取得小学生放学后的行动数据,并研究小学生的行动区域与学区特性的关系。与已处于城市发展稳定期的日本相比,对于快速城市化进程中的中国儿童的居住生活空间进行调查研究更具有现实意义。在与日本的教育模式以及独立住宅街坊式的居住空间形态特征有着很大差异的中国城市,针对在家长呵护之下成长的小学生展开调查,有助于我们把握中国孩子放学后的行动特征。

在国内,余美义、张惠军等研究者对于 GNSS 技术在城市规划建设中的应用进行了分析及展望。李早运用手持式导航仪在中国居住区水景空间内进行步行实验,通过标准偏差、聚类分析、显著性差异等方法对速度、移动距离、经过时间加以定量分析,由此得以定量把握人在水边的活动和对应的场所特征及景观设施的相互关系。

本研究以城市空间结构与空间场所分析为理论基础,拟通过 GNSS 技术计测小学生放学后的轨迹,并将分析获得的步行速度、移动距离以及行动路线等数据与相应的空间环境进行对照分析,由此建立核密度图像进行可视化分析。这将进一步拓展儿童行动研究的领域,也将丰富城市空间结构的研究内容。

2.4.4　基于实验对比的疏散特征分析

实验对比分析的方法是对研究者所研究的对象进行实验,对实验前后的结果进行比较分析,从而更好地把握实验后研究对象的特征及实验方法的可行性,可以更好地验证实验方法,这一方法已经在很多领域开始运用,并取得很好的效果。

余良杰对大学体育教学采用实验对比的方法,在提高课程质量的同时,也培养了学生的兴趣,并且符合当代大学生的心理发展需求。周浩澜为了探索城市洪水模拟中各种城市建筑物处理方法效果及可行性,归纳出四种方法,并对其进行实验对比,把握方法模拟的效果,从而更好地研究洪水对城市的影响。张冬和龚建华等模拟了人群在虚实场景中的时空行为特征与异同的虚拟地理实验,并将虚实模拟实验进行对比,分析了造成协同虚拟地理实验中人群群组性降低的原因。

由于规划、设计专业的特殊性,目前实验对比分析的研究方法在此类专业中使用得较少,本研究对存在严重疏散问题的小学进行疏散模式的实验比较分析,从时间、空间及对城市道路交通的影响等角度比较实验前后疏散模式的可行性,研究实验前后疏散人流与空间的关联性,结合小学门前区空间的现状,对小学放学时段疏散模式的优化提供实际参考,从而能更好地解决小学门前区放学时段疏散过程中存在的问题。

(1)城市空间理论为城市中空间认知与研究提供了理论基础,其中图形理论中的空间句法理论,论证了组构量化的可行性,进而为空间与行为的对照分析提供了理论基础。本研究在城市结构方面既采用空间句法理论对空间进行量化分析,也与小学生的行动特征进行对照,进而解读城市空间结构与小学生行动特征的关系。

(2)本研究主要在技术方面通过行为观察、空间句法、GNSS技术、GIS核密度分析、实验对比分析的方法实现了对研究的推进。其中,通过对小学门前区和儿童放学途中行为进行观察及对其结果进行梳理,可以把握儿童时空系列下的行为特征及其与空间的关联性;通过空间句法,对学区城市空间结构的通达性、便捷程度、协同度等指标进行分析,进而全面把握学区内的空间信息;通过GNSS技术计测小学生放学后的轨迹,并将分析获得的步行速度、移动距离以及行动路线等数据与相应的空间环境进行对照分析,并建立核密度图像进行可视化分析,进一步拓展了儿童行动研究的领域,也丰富了城市空间结构的研究内容。

(3)安全问题集中在心理、行为、空间方面,城市空间中包含住区空间,根据中国国情,研究住区空间安全意义重大,住区安全通行环境与儿童放学后行动路径共同构成一个完整的小学生放学空间。而既往研究视角多侧重于中小学校园内部的建筑单体和校园规划及效果评价,由此也体现了本研究的独到之处及价值性。

第3章　小学门前区空间类型及疏散模式分析[①]

本章首先对小学门前区的功能、空间要素、空间类型等方面进行分析,并对 30 所小学门前区空间类型进行类型化归纳。其次对不同类型的小学进行定点摄像,记录不同类型小学门前区放学时段的疏散情况,并对重点场所进行分析。最后对存在严重疏散问题的小学进行实验,分析不同疏散模式对小学门前区空间疏散速率的影响。

3.1　小学门前区空间类型化

3.1.1　门前区入口形式

研究者通过调研,对合肥市小学门前区的入口形式进行了图示化解析,合肥市小学门前区的入口形式大致分为三类,即过街楼型、直线型和引入型,此外还有少数学校采用内凹型的入口,但是由于内凹区域的面积较小,在小学放学时段疏散过程中没有起到一定的缓冲作用,所以此次内凹型入口并入直线型入口进行研究(表 3-1)。此次共调研了30 所小学,一环路内 9 所小学,一环路外二环路内 12 所小学,二环路外 9 所小学。

表 3-1　门前区入口形式分类

①　本章节主要引自硕士学位论文:汪强.基于空间行为关联分析的小学门前区优化策略研究[D].合肥:合肥工业大学,2014。部分内容刊载于:李早,陈骏祎,汪强.疏散模式影响下小学门前区放学后人群行动特征解析——以合肥市小学为例[J].建筑与文化,2015(11):83-85。

（续表）

过街楼型	直线型	引入型
特点:校门位于建筑物的下部,应采用一些设计手法强调入口空间。要注意避免入口处建筑的进深过大从而在入口区形成压抑的感觉	特点:校门位于城市道路的一侧,有独立的校门,校门入口界面过于平直,要求学校内部留有一定场地,满足学生上下学停留需要	特点:学校位于居住区内,校门面向居住区道路,远离城市道路。学校门前区空间与居住区道路或景观带结合,形成疏散场地

3.1.2 小学门前区入口类型化分析

1. 一环路内

研究者对合肥市一环路内 9 所小学进行图示化解析,把握其入口形式、门前区空间要素及放学时段的疏散情况(表 3-2)。

一环路内属于合肥市老城区,区域内小学建成年代较早,小学校园规模较小,原有的小学规划设计缺少了对门前区空间的考虑,导致此区域内入口形式以过街楼型为主。此类型中的红星路小学开设了两个校门用于放学时段的疏散,有效实现了人员分流,避免了放学时段门前区拥堵的现象,此种方法是值得同类型小学借鉴的。

表 3-2 一环路内小学门前区入口形式

编号	学校名称	学校平面	学校描述
1	红星路小学	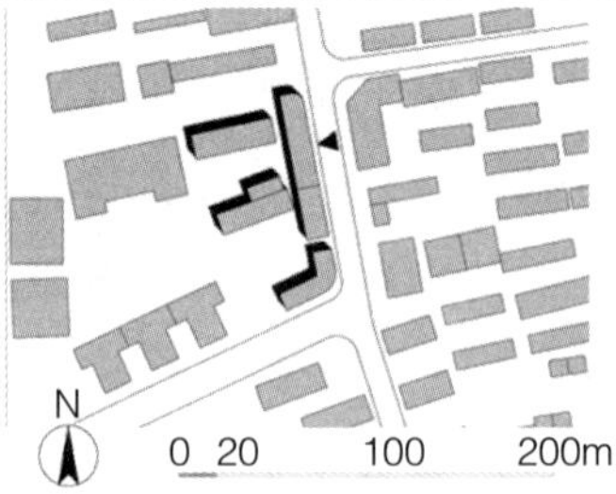	1. 过街楼型 2. 有两个疏散出入口 3. 面向城市支路(双向 2 车道) 4. 位于道路中段 5. 门前区有斑马线 6. 放学时段拥堵情况严重
2	亳州路小学	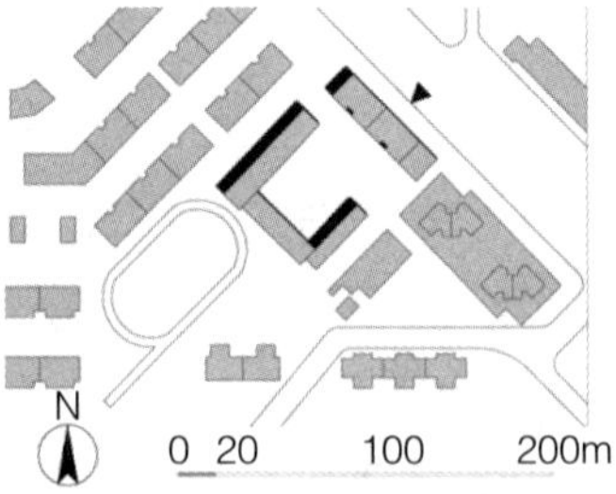	1. 过街楼型 2. 有人行道、绿化带隔离 3. 面向城市道路(双向 4 车道) 4. 位于道路中段 5. 放学时段拥堵情况一般
3	虹桥小学	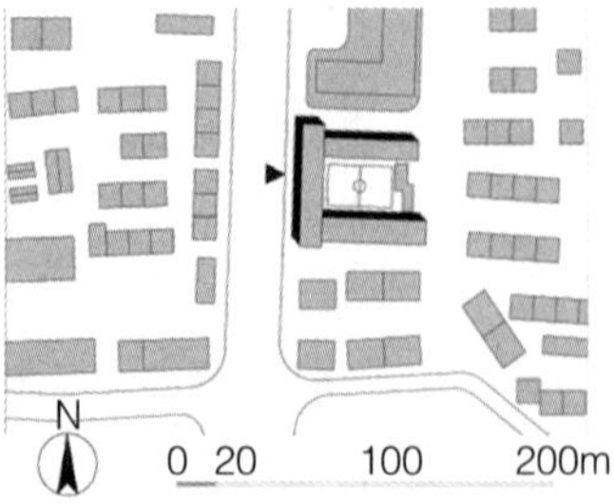	1. 过街楼型 2. 面向城市道路(双向 8 车道) 3. 位于道路中段(临高架桥入口) 4. 存在严重交通安全隐患 5. 放学时段拥堵情况严重

（续表）

编号	学校名称	学校平面	学校描述
4	南门小学		1. 过街楼型 2. 有人行道、绿化带隔离 3. 面向城市道路（双向 8 车道） 4. 位于道路转角 5. 道路口有人行天桥 6. 放学时段拥堵情况严重
5	六安路小学		1. 过街楼型 2. 有人行道、绿化带 3. 面向城市支路（双向 4 车道） 4. 位于道路中段 5. 门前区有斑马线 6. 有固定家长等候区 7. 放学时段拥堵情况一般
6	琥珀山庄小学		1. 引入型 2. 有人行道、绿化带 3. 面向居住区道路 4. 位于居住区道路尽端 5. 放学时段拥堵情况严重 6. 对城市道路交通影响较小
7	长江路第二小学		1. 过街楼型 2. 有人行道、绿化带 3. 面向城市道路（双向 8 车道，道路中间有栅栏隔离） 4. 位于城市道路中段 5. 放学时段拥堵情况严重
8	双岗小学		1. 引入型 2. 有绿化景观设施 3. 面向居住区道路 4. 位于居住区道路尽端 5. 放学时段拥堵情况一般 6. 对城市道路交通影响较小

（续表）

编号	学校名称	学校平面	学校描述
9	安庆路第三小学	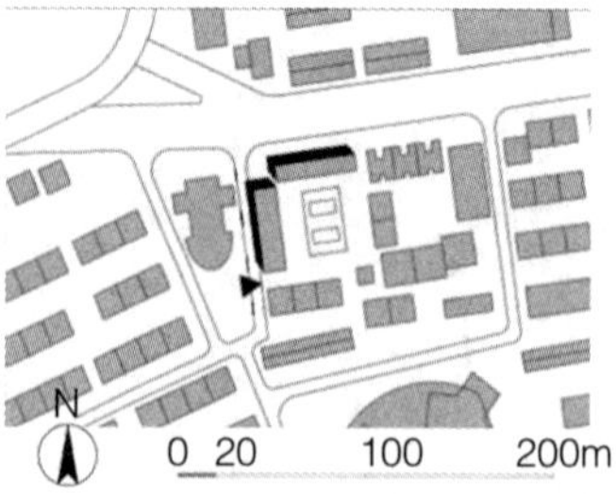	1. 直线型 2. 面向城市道路（双向 2 车道） 3. 位于道路中段 4. 门前区有斑马线 5. 放学时段拥堵情况严重

图例：

▒▒ 建筑　　█ 学校建筑　　▲ 学校入口

直线型入口形式仅有 1 所小学，且此所小学入口也是位于建筑一侧，校门较窄。值得一提的是，此区域内引入型入口形式小学有 2 所，根据现场调研发现，2 所小学位于建成较早的大型居住区内，说明在早期城市住区规划设计中，小学校园作为配套公共服务设施，用来解决小区内及周边住区适龄儿童就学问题，缩短了儿童上学距离。

过街楼型入口形式导致小学门前区空间的缺失，使得此类型入口在小学生上下学过程中造成交通拥堵现象严重，存在安全隐患，对城市道路交通影响较大，所以对此类入口形式的小学需要进行门前区空间的整改及疏散模式的优化，从而缓解交通拥堵的现象。

2. 一环路外二环路内

研究者对一环路外二环路内 12 所小学进行图示化解析，把握其入口形式、门前区空间要素及放学时段的疏散情况（表 3-3）。

表 3-3　一环路外二环路内小学门前区入口形式

编号	学校名称	学校平面	学校描述
1	合肥工业大学子弟小学	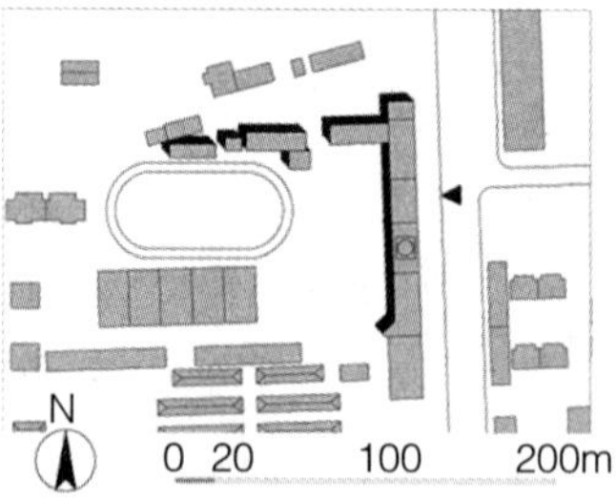	1. 过街楼型 2. 有人行道、绿化带 3. 面向城市支路（双向 4 车道） 4. 位于道路中段 5. 门前区有斑马线及交通信号灯 6. 放学时段拥堵情况严重
2	颐和佳苑小学	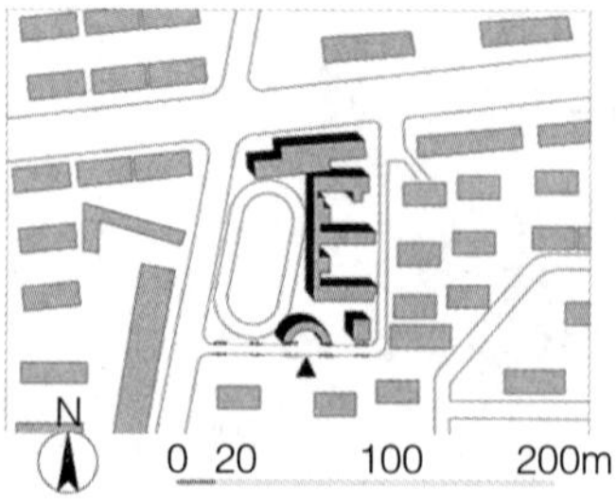	1. 引入型 2. 面向居住区道路 3. 位于居住区道路中段 4. 门前区有内凹广场 5. 放学时段拥堵情况一般

（续表）

编号	学校名称	学校平面	学校描述
3	海棠花园小学		1. 直线型 2. 有人行道、绿化带 3. 面向城市支路 4. 位于道路中段 5. 门前区有斑马线 6. 放学时段拥堵情况严重
4	卫岗小学		1. 直线型 2. 有人行道、绿化带 3. 面向城市支路 4. 位于道路中段 5. 门前区有斑马线 6. 放学时段拥堵情况一般
5	南门小学上城国际分校		1. 直线型 2. 有人行道、绿化带 3. 面向城市支路 4. 位于道路中段 5. 门前区有斑马线 6. 放学时段拥堵情况一般
6	南国花园小学		1. 直线型 2. 有人行道、绿化带 3. 面向城市支路 4. 门前区有内凹广场及斑马线 5. 放学时段拥堵情况一般
7	和平小学		1. 直线型 2. 有人行道、绿化带 3. 面向城市道路 4. 门前区有斑马线、内凹广场和家长等待区 5. 放学时段拥堵情况一般

编号	学校名称	学校平面	学校描述
8	黄山路小学		1. 直线型 2. 有人行道、绿化带 3. 面向城市支路（双向 4 车道） 4. 位于道路中段 5. 门前区有斑马线 6. 放学时段拥堵情况严重
9	青年路小学		1. 过街楼型 2. 有人行道、绿化带隔离 3. 面向城市道路（双向 6 车道，道路设有栅栏隔断） 4. 位于道路中段 5. 放学时段拥堵情况严重
10	钢铁新村小学		1. 过街楼型 2. 有人行道、绿化带 3. 面向城市道路（双向 4 车道，道路设有栅栏隔断） 4. 位于道路中段 5. 门前区有斑马线 6. 放学时段拥堵情况严重
11	绿怡小学		1. 引入型 2. 面向居住区道路 3. 有景观绿化带及家长休息座椅 4. 位于住区道路尽端 5. 放学时段拥堵情况严重 6. 对城市道路影响小
12	西园新村小学 汇林校区		1. 直线型 2. 面向城市支路 3. 有人行道、绿化带 4. 位于道路中段（双向 4 车道） 5. 放学时段拥堵情况一般

图例：

▭ 建筑　　▬ 学校建筑　　▲ 学校入口

一环路外二环路内属于合肥市老城区与新城区的交界区域,区域内小学建成年代相对较新,小学校园规模适中,区域内小学规划设计较为注重校门设计,但对门前区空间的疏散需求考虑较少,使得此区域内入口形式以直线型为主。

研究者现场调研发现,直线型入口形式的校园,在校门内均有较为开阔的场地,以便上下学小学生停留及疏散,但是缺乏对门前家长等待区的考虑,在一定程度上影响了小学门前区上下学时段的疏散情况。

过街楼型入口形式的小学有 3 所,3 所小学均毗邻老城区,此区域内的青年路小学入口形式虽然是过街楼型,但是此所小学门前区有绿化带隔离,道路中间有栅栏分隔,具有一定的隔离作用,避免了安全事故的发生。

在毗邻新城区的区域内有 2 所小学入口形式为引入型,且位于居住区内,此类型中绿怡小学门前区与小区内景观带相连,景观带中设有景观草坪、连廊、休息座椅等,在放学时段为家长提供了等待区,也为小学生放学后提供了游憩场所,同时还节约了城市用地,此种规划设计方法是值得推荐的。

3. 二环路外

研究者对二环路外的 9 所小学进行图示化解析,把握其入口形式、门前区空间要素及放学时段的疏散情况(表 3 - 4)。

二环路外是合肥市的新城区,区域内小学建成年代较新,学校规模较大,随着新城区内大量住区的新建,此区域内小学入口形式以引入型为主,学校位于居住区内,上下学过程中的人流对城市交通影响较小,从而保证了城市交通的通畅。

现场调研发现,一些引入型入口的小学在上下学时对居住区道路的影响较大,虽然有一定的门前区广场,但是在规划设计时没有充分考虑门前区的实际需求。由于新城区土地资源充分,所以此区域内没有过街楼型入口形式的小学。

直线型入口形式的小学在此区域内有 2 所,其中屯滨小学位于居住区地块边缘,与居住区相连,现场调研发现,该小学设有两个校门,均面向城市道路,放学时段高峰期两个校门同时疏散,有效地缓解了一个校门疏散时人流聚集的现象,学校在校门两侧划分出不同年级的家长等待区,但家长并没有在此区域等待,而是聚集在校门前,导致学校门前区出现短暂的人流聚集现象。

表 3 - 4　二环路外小学门前区入口形式

编号	学校名称	学校平面	学校描述
1	翠庭园小学	 N　0 20　100　200m	1. 直线型 2. 面向城市支路 3. 有人行道、绿化带 4. 位于道路中段(双向 4 车道) 5. 门前区有双道斑马线 6. 放学时段拥堵情况一般

编号	学校名称	学校平面	学校描述
2	屯滨小学		1. 直线型 2. 有两个疏散出入口 3. 面向城市道路 4. 有人行道、绿化带 5. 位于道路中段（双向 6 车道） 6. 门前区有斑马线 7. 放学时段拥堵情况一般
3	芙蓉小学		1. 引入型 2. 面向居住区道路 3. 有景观设施及休息座椅 4. 位于居住道路交口 5. 门前区有广场 6. 放学时段拥堵情况一般 7. 对城市交通影响较小
4	嘉和苑小学		1. 引入型 2. 面向居住区道路 3. 位于居住区道路入口 4. 放学时段拥堵情况严重 5. 对城市交通影响较小
5	绿城桂花园小学		1. 引入型 2. 面向居住区道路 3. 有绿化带 4. 位于居住道路入口 5. 放学时段拥堵情况严重 6. 对城市交通影响较小
6	习友小学		1. 引入型 2. 面向居住区道路 3. 有绿化带 4. 位于住区道路中段 5. 门前区有内凹广场 6. 放学时段拥堵情况一般 7. 对城市交通影响较小

（续表）

编号	学校名称	学校平面	学校描述
7	红星路小学 北城阳光校区	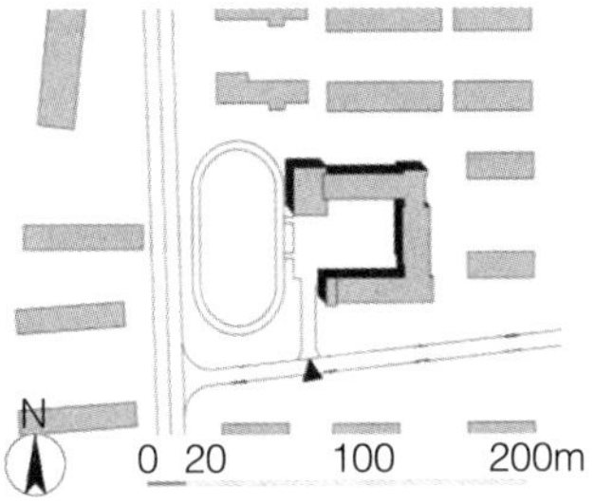	1. 引入型 2. 面向居住区道路 3. 有绿化带 4. 位于住区道路入口 5. 放学时段拥堵情况一般 6. 对城市交通影响较小
8	梦园小学	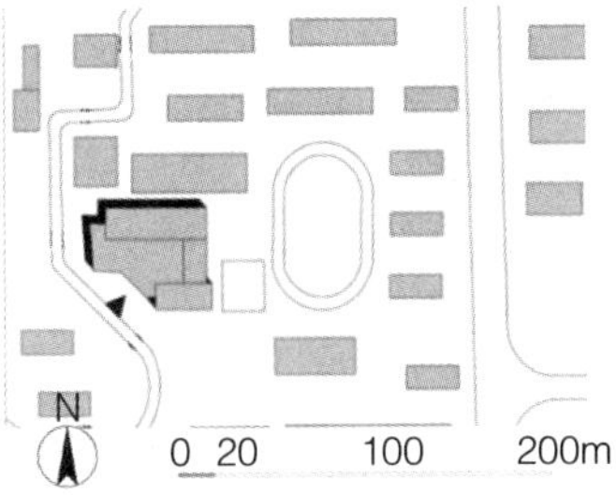	1. 引入型 2. 面向居住区道路 3. 有景观设施及休息座椅 4. 位于住区道路中段 5. 放学时段拥堵情况一般 6. 对城市交通影响较小
9	南艳小学	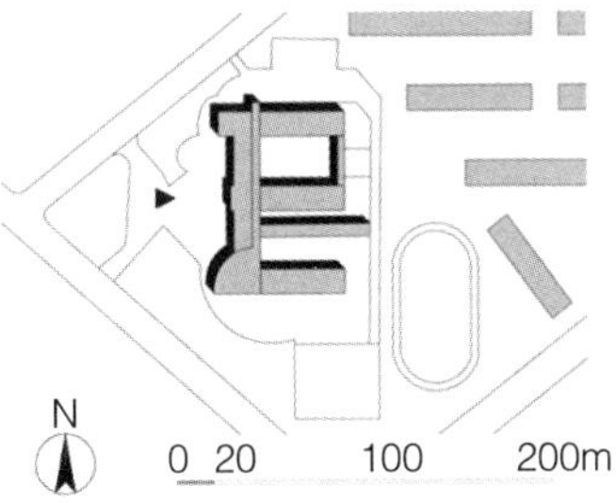	1. 引入型 2. 面向居住区道路 3. 有人行道、绿化带 4. 位于住区道路转角 5. 门前区有广场及斑马线 6. 放学时段拥堵情况一般 7. 对城市交通影响小

图例：

　　▭ 建筑　　▭ 学校建筑　　▲ 学校入口

3.2　引入型小学入口门前区疏散模式分析

3.2.1　绿怡小学调研概要

合肥市绿怡小学位于合肥市一环路外、二环路内，处于居住区内，学校门前区空间较小。校门直接面向居住区内部道路，道路的另一侧是居住区景观草坪。学校放学时段主要通过门前区的居住区道路及道路边的景观草坪进行疏散。

本次调研选取合肥市绿怡小学门前区域的小学生和家长为调研对象。将小学门前区与周边道路以及各空间要素类型化，在放学时间段采用定点行为观察的方法，计测人流量，获取放学时间段视野内各个时间段的人群数目，采用定点摄像的方式，全程记录了小学门前区家长及学生的疏散情况（图 3-1）。

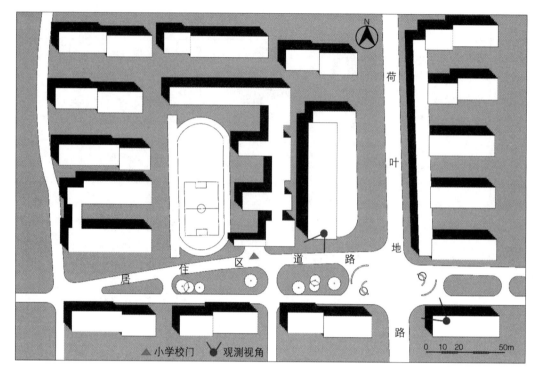

图 3-1   绿怡小学门前区疏散模式示意

由图 3-1 可以看出,根据绿怡小学的位置,研究者选择了东北角和东南角两个观测点对放学时段人群的疏散进行定点摄像,以便对整个放学时段的疏散情况及疏散对城市道路的影响全面地记录,图中圆点为观测点,校门口(三角形)是本次观测的主要区域,拍摄区域内会有部分遮挡物,所以此次小学门前区的观测和分析排除不在视野内的人群,但是遮挡物并不影响对疏散方式的探讨和对人群分布趋势的探讨。

3.2.2   门前区空间重要节点

绿怡小学位于合肥市绿怡居小区内,紧邻划分绿怡居东区和西区的荷叶地路。该小学属于小区配套教育设施,在门前区疏散安全上提供了良好的环境。学校门前区采用引入型规划设计,即校门设置在垂直于城市支路的居住区道路上,这样设计的好处在于小学生放学后在到达城市支路前基本已完成门前区的疏散,把对城市支路的交通影响降到最低。校园紧靠大门一侧用围栏划分了学校空间和居住区公共空间,门前区西南侧为居住区内公共绿地,正对校门的位置还设有居住区公告栏等社区公共设施。门前区东南侧设置有圆弧形景观长廊、景观亭,可作为家长临时等候的休息等待区域。道路交叉口西北侧为城市转角小广场,可作为小学生疏散集散广场使用(图 3-2)。

如图 3-2 所示,居住区道路与城市支路的交叉口的西南与东侧是绿怡居西区和东区的住区主入口,众多商贩在下午时段摆摊设点,过往行人与车辆较多。城市支路沿街亦有种类繁多的商业布点,在下午放学时段,部分商业门前区开敞的场地还会有临时的商贩摊点出现,部分小学生放学后也被商贩所吸引,和家长一起停下并选购商品。

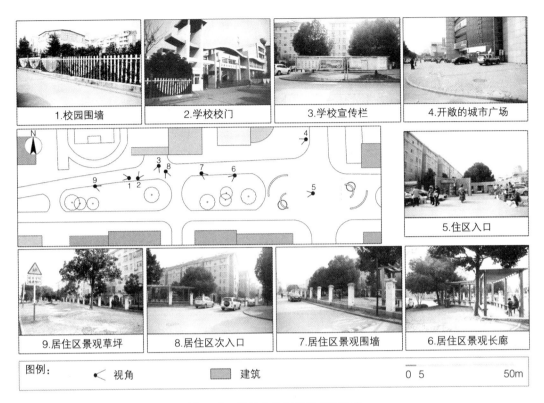

图 3-2　绿怡小学门前区空间示意

3.2.3　门前区疏散模式概述

通过研究者对绿怡小学的实地调研,发现该小学放学时段采取分时放学的疏散模式,避免放学时段小学生疏散人流集中出校门导致门前拥堵,造成安全隐患。学校校门直接面向居住区道路,道路以南为居住区景观草坪。根据现场观察,学校没有明确地划分出家长等候区,大量家长聚集在校门前的居住区道路及景观草坪上等待孩子放学,景观草坪不仅美化了空间,还为家长提供了等待的区域,这也是绿怡小学门前区特点之一。

放学后小学生沿居住区南北两个方向进行疏散,门前区以西的疏散人群往居住区内疏散,门前区以东的城市广场起到了临时疏散人流的作用,缓解了居住区道路放学时段拥堵的情况,最后疏散人群穿越城市道路疏散。现场观察发现,在疏散路径中,居住区道路与城市道路交口处缺少了红绿灯和人行斑马线的交通标识,存在安全隐患,建议交通管理部门在此路口设置临时交通红绿灯,并只针对小学生放学时段使用,这样既保证了此路口日常交通的通畅性,又保障了小学生放学时段疏散人群的安全(图 3-3)。

3.2.4　放学时段疏散人群的时间序列

研究者在定点摄像的基础之上,通过对绿怡小学的人数统计,每隔 20 秒截取一次图像并统计人数,从疏散时间和疏散人群两个方面,建立放学时段的人流波动趋势图像,从而直观地看出时间与疏散人数的变化关系(图 3-4)。

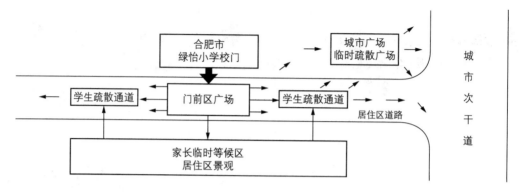

图 3-3　绿怡小学门前区疏散模式示意

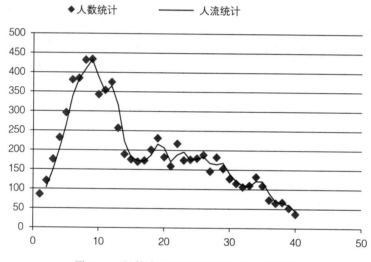

图 3-4　绿怡小学门前区疏散时间人流统计

由图 3-4 可以看出,绿怡小学在 0～10 分钟内人数上升趋势较为明显,在 10 分钟时人数达到最高,在 10～18 分钟内人数又急剧下降,在 18～30 分钟内人数缓慢下降,并且此时间段人数较为均匀,38 分钟以后人数较少,且 43 分钟时视野内人数降至 37 人,至此疏散过程基本结束。整个疏散过程中人流高峰期时间较短,在放学 20 分钟后人数保持相对平稳的趋势下降,由于疏散主要集中在居住区道路,所以疏散过程对城市道路的交通影响较小。

定点摄像所取得的图像具有一定的透视关系,因此研究将进行一系列的透视转化和统计,将原有的三维空间转化为平面,并结合场所特征的分析把握行为与空间关联性,该方法具有简便易行、数据记录详尽和全面无间断记录的优点。

透视转换基于透视投影与平行投影的转换做法,按照透视规律分别做出两个方向上的透视灭点;用 1 平方米的方格子,将图像中的门前空间进行划分,统计每个方格中的不同疏散人群的数目,并将空间按照方格划分转化为平面图像,绘制不同人群密度图像(彩图 1)。在此基础上运用 GIS 软件,将平面的数据进行核密度估算,并生成核密度图像,从而直观地表现出放学时段不同人群的分布及疏散形态。

3.2.5　放学时段疏散密度

绿怡小学属于居住区内的学校,其道路所承载的行人具有一定的特殊性,即家长在接送孩子的过程中大部分人流有着固定的方向——向居住区与城市支路交界的方向行进。通过绿怡小学门前区家长核密度分析发现,学校西侧分布的大多为过往行人,只有少数家长在接到学生后向道路西侧进行疏散。密度图中 1b 和 2b 处密度高于周边主要原因是道路两旁停靠了部分车辆,家长停留在停靠车辆之间进行等待,其过程被摄像机反复记录,从而形成了密度图中密度较高的区域(彩图 2)。

校园门前区 3b 处密度明显高于道路周边,通过之前对绿怡小学节点分析可知,门前区道路南侧设置有居住区告示栏,家长更多地选择在此眺望等候放学的学生,以便第一时间寻找到接送目标。从核密度图上可以看出,密度处于中等以上的面积几乎占据了道路的大部分面积,仅仅为学生列队出校门留出了道路北侧的一段狭长区域,就仅对家长接送学生这一行为来说,其分布较为合理,但居住区道路在学生疏散的时间段仍有车辆和行人通过,结合居住区道路的功能特点,其对道路的侵占是相对较为严重的。另外,此时间段混杂的车辆和行人也成为学生安全疏散的不利因素。除此之外,部分家长在观测到学生出校门后,选择随着学生列队一起移动,直至学生到达规划指定的家长等待区,这样的举动无形之中增加了门前区的疏散负担,影响了居住区道路的行人通行速率。

通过绿怡小学门前区学生核密度分析发现,居住区道路西侧 1b～3b 空间要素无明显变化,是一种均质的线形空间,加上道路南侧良好的景观绿地,以及较为安全的车辆管理,使得整个道路的西段密度比较均匀,部分家长接到学生后,能够安全平稳地通过该路段,这也是学校安全疏散需要达到的目标。道路北侧为校园围栏并一直延续到家长等待区,且空间要素无明显变化,故家长在道路北侧没有形成人群的聚集,这使得整队出列的学生疏散速度没有因为道路影响因素而变慢,为学校门前区学生的及时疏散提供了有利条件。在学生向东侧继续前进的过程中,人群密度形态较为分散,进而在交接过程完成后,家长与学生的行经路线更多仅受空间要素的影响,与道路行人路径基本相同,体现出较大的随意性(彩图 3)。

学校门前区东侧路段为承载家长及学生放学疏散的主要路段(3b～7b),由彩图 4 总人群核密度可以看出,学校门前区东侧路段为承载家长及学生放学疏散的主要路段 3b～7b 区间,3b～6b 整体核密度区域处于拉伸状态,受道路宽度的影响,在放学时段整个道路东侧的密度都较高,且在 5b 处峰值达到最高点。家长等待区的位置,原本是为安全疏散学生而设定,但一定程度上对道路交通堵塞起了推波助澜的作用,这一高密度区的峰值仅随着放学时间的推移而减小。与此同时,由于疏散的家长和学生向两个方向移动,增加了 3b 及 6b 处的密度值。

由此可见,绿怡小学的家长等待区的设置仍需要进一步根据实际需求进行优化,在不影响居住区道路正常通行的前提下,与周围环境空间节点要素以及其他环境要素相结合加以改善,为小学生门前区疏散提供更好的安全环境,使得小学生的安全及道路的通畅度都可以达到更好的效果。

调研还发现,在 4b 处学生列队出校门后,家长会小范围向南侧移动,给整队出列的学生让出了疏散道路,但人群聚集后移动范围和速率有限,其聚集阻碍了学生正常疏散,造成了小学门前区人群滞留。加上门前区人流混杂,增加了家长寻找到目标学生的难度和时间,更多的家长和学生拥入 5b 处,接送到学生的家长不能及时疏散至返程的路径上,与此同时,未能寻找到学生的家长随意的移动找寻行为也加重了道路中段的滞留状况。

家长等待区 5b 处影响了居住区道路的流畅度,且都有向居住区景观和城市广场扩散的趋势。研究还发现,即使是疏散完成结束后,仍有很多家长选择和学生在居住区设施内玩耍嬉戏,这是居住区景观和城市广场的共同作用,引导了绿怡小学的门前区疏散良性过程,为门前区小学生提供了舒适的疏散平台。

在接送学生的这一过程结束后,家长便带领孩子欲穿行于人群之外,并在 6b 处更多选择较为空旷的城市广场为其疏散路径,这一影响致使家长人群密度的波峰由 6b 向 6c 处移动,并在 7b~8b 处完成大部分的学生疏散。

道路交叉口 7b~9b 处密度整体较为均匀,虽人流混杂但未对交通造成明显的影响,综合道路整体状况不难发现,居住区道路承担了疏散过程的主要任务,而大部分人流在到达道路交叉口时已经疏散完毕,从 7b 处纵横密度均呈递减趋势,行人和接送的家长及孩子都能够通畅地通过该区域,从而保证了城市支路的正常通行秩序。

以上研究均分析了道路东西侧以及周边的城市广场和景观设施,而城市支路与居住区景观也是一个重要节点:下午学生放学时段,该路口会有较多商贩进行摆摊设点,加上城市支路过往不息的车辆、居住区两个出入口的交会处等综合因素的影响,理应造成一定的人群滞留和拥堵。而在实地调研中发现,在整个门前区疏散过程完成阶段,仅在居住区道路与城市支路交叉口 7b 处,其密度略高于周围环境且有向城市支路延伸的趋势。产生这种现象的原因:一是该处为大部分人群疏散的必经之地;二是该处停留过多居住区车辆,成为阻碍人群正常行为轨迹的空间要素,并导致该处人流疏散通畅度小于城市支路,故在此处人车混行的路况下,无论对于小学生还是成人皆存在影响门前区安全的重要因素,该状况有待进一步改进。

3.2.6 门前区不同属性人群核密度对比分析

通过对家长和小学生在学校门前区空间的核密度图像进行比较分析,从而把握不同人群在门前区的行为趋势,以及空间对不同人群行为的影响。

1. 家长与儿童的共性特征

区间 3b~5b 处为绿怡小学门前区,在此区域内,家长和儿童核密度波峰都呈现较高的峰值,说明此区域是放学时段人流最密集的区域,家长在此区域内等待行为较多,且沿居住区景观带分散,呈现出两个较高的波峰峰值;小学生在此区域内的主要行为是疏散,疏散路径中核密度最高值在 5b 处,与家长等待区重合,说明此处受到人群聚集的影响,疏散速率较低,出现了人群滞留的现象,从而人群的停留行为被记录下来;在 6b 处,家长和小学生的核密度图像波峰峰值相对较高,此处为城市转角广场,部分家长在此等候,是由小学生放学后在此与家长会合所致(彩图 5)。

2. 家长与儿童的个性特征

由彩图 5 可以看出,在区间 3b~5b 处,家长的核密度图像明显越过居住区景观带,且越过景观带区域面积较大,核密度波峰峰值较高,说明放学时段,居住区景观带为家长提供了等待区域,并且在对绿怡小学门前区空间要素分析中,在 5b 处设有景观长廊,为等待的家长提供了休息座椅,在 3b 处设有学校告示栏,部分家长在等待过程中观看告示栏,从而影响了此处的核密度波峰峰值。在区间 3b~5b 处,小学生的核密度图像越过景观带区域的面积较小,波峰峰值较低,这是由于家长等待在此,小学生的疏散路径受到家长等待区的影响,在此区域内发生波动。在 3a 处,小学生的核密度图像出现跳跃点,但核密度波峰峰值较低,区域较小,说明小学生在景观带有游憩的行为。

在 2b 处,家长的核密度图像越过景观带,通过现场观察,在此处等待的家长在接到小学生后往西疏散,家长在等待时,有越过景观带的行为,影响了此处的核密度波峰分布。

在区间 6c~9a 处,家长穿越城市道路的现象明显高于小学生,且家长在此区间内的行为分布较多,通过现场观察得知,此区间为校区出入口,下午时段,在此区域内有较多的临时摊贩,家长在等待小学生放学的过程中,有前往临时摊点购买物品的行为。同时,家长通过此区域前往学校接孩子放学,随后又通过此区域带孩子回家,两种行为均被记录下来,所以影响了家长在此区域内的核密度波峰峰值。小学生在此区间内行为较少,且临时摊贩对小学生的行为影响较小。

由此可见,小学门前区空间设施及商业活动对人的行为有一定的影响,休息座椅、告示栏和临时摊贩影响了家长的行为,但是对小学生行为的影响较小。小学生放学后在景观带中的游憩行为较少,说明区域内缺少儿童游乐设施,对儿童缺乏吸引力,建议在景观带中布置儿童游乐设施,这样居住区景观带不仅能为家长提供等待区,还可以为儿童提供游憩场所,丰富了空间的功能。

3.2.7　疏散过程对城市道路的影响

绿怡小学校门位于居住区内,门前区空间类型属于引入型,通过调研发现,绿怡小学放学后疏散人群主要集中在居住区道路、景观草坪及校门东侧的城市广场,疏散人群对城市道路的影响较小,而影响放学时段城市道路交通的主要原因是前来接小学生放学的机动车,机动车在城市道路上随意停放,对城市交通影响较大,研究者建议对此现象进行管理,并在此路口设置人行斑马线及临时交通信号灯,避免疏散人群随意横穿城市道路而带来的交通隐患。

3.2.8　门前区空间要素与人群行动特征的关联性

引入型门前区的小学一定程度上减缓了对城市干道的压力,借助于对小学学区的划分和小区内道路及景观的充分利用,可以有效地引导放学后家长和学生的疏散路线,尽量避免门前区疏散拥堵的状况。

具体表现为以下几种:

(1)绿怡小学放学时校门疏散广场主要集中在公告栏、景观廊等处,说明这样的设施对人的停留有引导作用,故可以考虑通过空间因素的改善设计来影响人群的行动特征,从而为校园门前区的疏散提供有效帮助。

（2）鉴于道路交叉口的城市广场对人流有较强的吸引作用，且广场较为开阔，可利用该区域作为集散广场进行放学后的疏散过程，从而将对居住区的道路交通影响降到最低，更重要的是保障了学生放学后的安全问题。

（3）绿怡小学门前区设置有居住区绿地及景观廊、景观亭等设施，为家长提供了良好的等待条件，也有助于改善门前区家长聚集等待学生的现象。

3.3 直线型小学入口门前区疏散模式分析

3.3.1 屯滨小学调研概要

合肥市屯溪路小学滨湖校区位于合肥市二环路以外的滨湖区，学校有两个校门，均紧贴城市道路，门前区缺乏缓冲空间，主校门（南门）面向城市主干道，次校门（东门）面向城市支路。放学时段学校两个校门同时疏散，次校门疏散人数较多，且次校门在疏散高峰期结束后关闭，关闭后疏散集中到主校门（图3-5）。

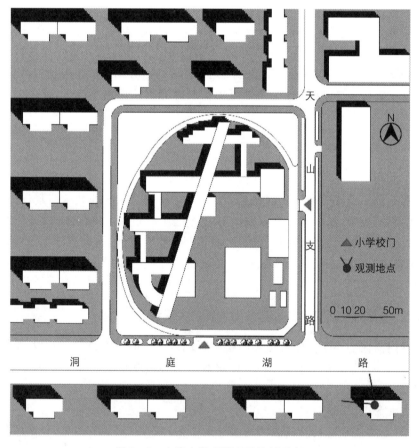

图3-5 屯滨小学观测点及校门示意

为了将屯滨小学两个校门的疏散情况进行记录,研究者选取了位于学校东南角(圆点)的高层住宅进行定点摄像,摄像主要针对学校的两个校门(三角形)。由于学校位于城市道路,记录过程中将过往的行人记录在内,但可以通过后期数据处理剔除,并不影响对学校疏散人群的数据收集。

3.3.2　门前区空间重要节点

屯滨小学位于合肥市二环外,在洞庭湖路与天山支路交叉口,与其他大多数小学不相同的是,由于该校面积大,行政班级较多,故设置了两个校园出入口,均采用直接对外的方式开敞(图 3-6)。

图 3-6　屯滨小学门前区空间示意

由图 3-6 可以看出,屯滨小学南门门前区面向城市主干道洞庭湖路,路幅宽度为双向 6 车道,道路两侧分别设置宽约 3 米的绿化带将机动车道和人行通道隔离。行人主要通过小学正门口以及洞庭湖路与天山支路交叉口处的人行横道横穿马路,其中在道路北侧绿化带间隔处还设置有小型公交站台。学校校园均使用围栏分隔校园空间与城市空间,没有商业及裙房。城市主干道南侧以及小学西侧、北侧为已建成小区,紧邻校园西北侧的道路均为小区内道路。值得一提的是,天山支路东侧有一开放式城市广场,面积接近于小学校园面积,在小学放学期间可作为疏散广场。

3.3.3 门前区疏散模式概述

调研中还发现学校两个校门在放学时同时进行疏散,且天山支路上疏散的班级较多。大部分学生疏散完毕后,学校管理者关闭了天山支路的校门,将剩余未出校门的班级引导至洞庭湖路的校门继续疏散。经观察发现,屯滨小学沿着校园围栏设置了每个班级的家长等待区,对学生而言,避免了高低年级混合放学的拥挤和安全隐患;对家长而言,这样的疏散模式可以更好地利于他们了解等待的时间与地点,不必同一时间在校门口拥挤等候(图3-7)。

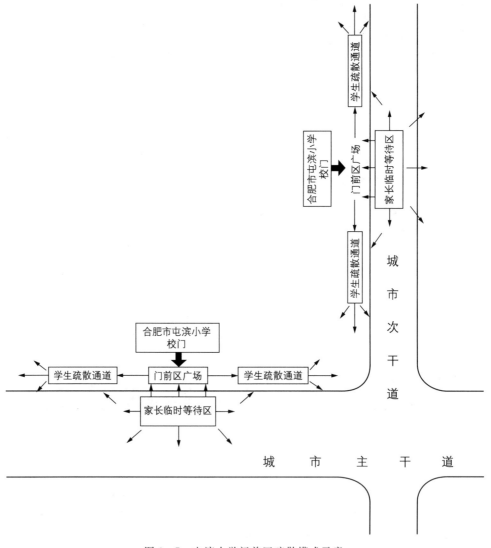

图3-7 屯滨小学门前区疏散模式示意

3.3.4　放学时段人数的时间序列

通过屯滨小学时间序列分析可知,在小学放学时的 0~12 分钟内人数急剧上升,在 12~15 分钟内有微小起伏并到 15 分钟到达顶峰,随后便整体呈缓慢下降趋势并在疏散结束后恢复正常值(图 3-8)。

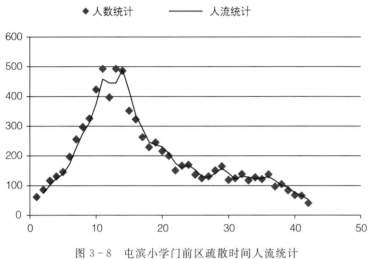

图 3-8　屯滨小学门前区疏散时间人流统计

通过人流随时间变化的图像和人群数值波动趋势可以看出,大多数小学生在前 15 分钟内都疏散出了校门,由 80 人左右增长到近 500 人。随后统计到的门前区人数逐渐减少,这种趋势表明各批次小学生以各种方式快速疏散到指定位置。25 分钟以后视野中的人数变化缓慢,并逐步接近正常值。通过速率的变化可以看出,低年级小学生更容易造成门前区交通的拥堵,而高年级学生能够匀速安全地疏散出门前区。

3.3.5　放学时段疏散密度

从彩图 6 家长核密度可以看出,屯滨小学天山支路校门(以下简称东门)的家长分布总体较为密集,呈现出以学校东门为中心,半圆状辐射展开,总体散布于学校门前区小广场两侧,且部分位置有家长聚集趋势。而洞庭湖路校门(以下简称南门)除门前区小广场外,其他分布均匀。

由彩图 6 可以看出,越靠近门前区 4b 处峰值越大且峰值处于中等以上水平的区域占据了门前区大部分区域,这是由于家长在门前区停留且等待时间过长,停留的轨迹被记录下来。这种无序的等待方式,不仅影响正常的疏散秩序,容易造成学生安全隐患,更容易造成门前区的拥堵。

在 2a 处可以看出人群在此聚集并对城市主干道有一定侵占,经过观察,由于该处是主要班级疏散地点,故很多家长在 2b~3b 区间绿化带等候,并在站台边停放交通工具,加上行人在此等待公交车,共同使该处密度值大于周边区域。

在 6b~9b 处,可以看出核密度所展示的家长密度分布有大小变化,这是由于该路段绿化带起到了空间限定的作用,整洁的绿化带分隔了机动车道和人行道,行人的特征完全符合空间要素特点,在绿化带分隔的人行道部分密度较为均匀且通过速率较快,而道路交叉口由于交通信号灯的影响,形成了一定的人群聚集。

天山支路路段7c~7d处家长核密度图上有两个连续的波峰,这是两个班级的放学疏散点所致,家长在此区间来回行走,使此区间波峰峰值较高。学校东门门前区小广场是整个核密度图中密度值最高处7e,一部分家长选择在此接放学的小学生,由于家长在人群中寻找学生耗时过长,人群大量滞留且阻碍了过往车辆的正常通行。

除此之外,过往行人以及洞庭湖路南侧居住区出入的人流也被摄像机记录下来,但在主干道上人群分布较为平均,说明除临近道路北侧的车道外,其余车道通行状况良好,城市主干道多车道的规划使得道路并没有受到学校放学时段拥挤的人流干扰。而在主次干道交叉口,即天山支路与洞庭湖路的交叉口,道路中没有任何吸引行人的空间要素,行人横穿道路时通过状况也较为良好,故总体核密度较为均匀。

从彩图7屯滨小学门前区学生核密度可以看出,1b处为居住区入口,部分学生居住于该小区内部,故众多学生放学后都向道路西侧疏散,学生人群在门前区4b处及家长等待区2b处出现波峰,且在东门西侧峰值较大。出现波峰的原因是疏散结束后,学生与家长会合,使得人群移动速率减慢,滞留时间长,其行动轨迹被记录下并在核密度图上反映出来。

门前区西侧峰值比其他区域高的原因是受空间要素的影响,学生列队出校门后没有分流,所有学生由门前区广场空间拥入相对狭窄的人行道上,其行走速率一定程度上受到了影响而减慢,在频率相同的截图状态下,密度值受到影响从而使其密度高于周边值。

天山支路上,校园东门7e处出现了较大峰值的波峰,在家长及城市次干道交通堵塞的影响下,学生疏散速率较低,高密度区域甚至已经侵占到道路上,随后由于学生疏散队伍的分流,高密度区域向两侧人行道逐级递减,形成狭长拉伸的图像。

而东门前区的核密度也有向道路东侧8e~9e区间扩张的趋势,原因在于公共空间对放学后的小学生有较强的吸引作用,很多小学生在压抑的疏散过程中返程后选择横穿道路通过9e处的城市公园入口进入园区玩耍。这一举动也成为校园门前区疏散的严重安全隐患,如何利用城市公共空间景观来改善门前区疏散安全问题,亟待研究者更深入地探讨。

通过彩图8屯滨小学门前区人群核密度可以看出,两个校门的门前区人群密度分布都呈现出较高的数值,且东门门前区的波峰峰值大于南门的波峰峰值。学校南门西侧2b处核密度图显示有人群在此聚集,人群密度大于其两侧的空间要素,这是因为绿化带间隙和公交站台使得人流相对集中,等候公交车的人成为停留人群的一部分。而条状绿化带之间1b~2b区间人流密度较低,是因为人行道路上的绿化带较宽,形成的公交站台面积的合理设置,所以从密度图上可以看出它对城市主干道的影响较小。在洞庭湖路2b~3b区间,人群密度较低,说明学生及行人在此段通行较为理想,绿化带和学校围栏之间的人行道宽度合适,能够保证学生放学人流和过往行人的匀速通行。

学校南门口3b~5b区间密度图呈中心放射状,越接近校门,人群密度越高,并在门前区4b处达到波峰,且峰值高于中间值,这表明学生家长没有按照学校的疏散模式接孩子,仍选择在校门口进行等待,造成了人群的大量聚集并且使得门前区3a~5a区间处对城市干道产生较严重的影响。从彩图 8 可看出,城市主次干道交叉口 9b 处有小部分人流的聚集,该处为城市公园的一个主要出入口,众多行人经过此处选择进入公园休息设施休息或行走,从而增加了交叉口人群通过的次数。

在学校天山支路一侧 7c～7d 区间出现了两个连续的波峰,这里是学校设置的家长等候区,既定班级学生的家长在此等候学生,从而形成了一个小型的人员聚集地。由于条形绿化带较为规整且人行道宽度适宜,除了人流等待形成的人群密度较高以外,其他密度呈趋势均匀向东门延伸。而在学校门前区东门 7d～7f 区间处形成了较多的人群聚集,严重的人群滞留现象出现在门前区 7e 处,并达到整个天山支路的最高峰值。通过调研观察发现,在放学高峰期此路段机动车的通行情况较差,车速较慢并形成了道路拥堵现象。

在人行道 7f～7g 区间路段核密度图像峰值有上升趋势,因为 7g 处为周边小区的入口并有车辆进出,学生、家长及过往行人在此路口通过速率减慢,造成了该区域人群密度大于其他人行道。

3.3.6　实际疏散模式与原有疏散模式的对比

通过对屯滨小学放学时家长和学生的行为规律研究以及客观的疏散密度分析,能有效地发现该学校所采取的分时分入口的疏散方式所产生的实际效果及存在的问题。

屯滨小学设置有东门和南门两个较大的疏散出口。相较于仅有一个集中出口的校园来说,双出口的设置在一定程度上能促进学生分流疏散、家长分区接送,有效地缓解了疏散压力。同时,通过安排中、高、低年级分时段放学也能有效地错开人流高峰。但由于在门前区人流组织不当,聚集的大量等候人员和学生对相邻交通干道造成了较大的侵扰,人流疏散效率也没有达到预期效果(图 3-9)。

在实际疏散情况调研中可以发现,南门门前区人群密度大,且人员主要向道路西侧以及城市主干道方向展开疏散。东门的拥堵情况较南门更为严重,大量人流沿道路南北向疏散,同时还存在横穿道路向东扩散的趋势。大多数家长没有按照规定的疏散地点等候学生,无序拥堵在门前区域,以校门为中心呈辐射状展开。这种方式极大地影响了校园门前区疏散速率,造成的拥堵给学生放学疏散带来了较大的不便。

在原有疏散模式设计中,通过在门前区左右两侧的人行道上划定固定的家长等候区以及对应的学生疏散通道来组织人流,既能保证门前区的通畅又能减小人流对交通干道的侵扰,从而快速有效地疏散人员。实际调研发现,在东门的南侧因指定了家长等待区,学生放学后能有序地进入等候疏散位置,在家长确认接到后再自行疏散,因此人群密度分布较为均匀,仅在人行道中段有轻微聚集。对比可知,若能有效控制家长的接送行为,划定具体的家长等候区和学生疏散通道,并严格遵守规则,将能有效改善目前的疏散状况。

3.3.7　门前区不同属性人群核密度对比分析

通过对家长和小学生在学校门前区空间的核密度图像进行比较分析,从而把握不同人群在门前区的行为趋势,及空间对不同人群行为的影响。

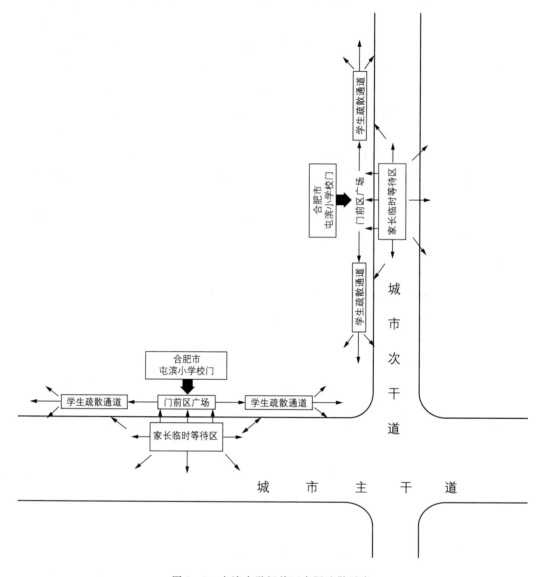

图 3-9　屯滨小学门前区实际疏散示意

1. 校南门区域家长与小学生核密度比较

1）家长与儿童的共性特征

在 3b～5b 区间，家长和小学生核密度波峰峰值较高，且峰值最高处出现在 4b 处，家长在校门前区等待小学生放学，人群聚集，等待行为被记录下来，使得此区域内核密度峰值较高，造成门前区放学时段拥堵。小学生在此区间内核密度波峰峰值相对较高，通过现场调研发现，南校门在放学时段疏散人数明显少于东校门，因为东校门面向城市次干道，门前区空间较小，疏散时段人群聚集，存在一定的安全隐患。由于此校门小学生疏散时间较长，家长在门前区长时间地等待，使此区域内家长核密度较高。在 2b 处，家长出现了跳跃的波峰，而小学生在此处核密度峰值相对较高，通过对小学门前区空间的分析，此处为公交车站台,说明家长和小学生均有等待公交车的行为(彩图 9)。

由此可见,疏散模式对小学门前区的人群集散有一定影响,两个校门的疏散使得南校门疏散人数较少,所以东校门前小学生人群密度相对较低,受到疏散时间的影响,家长在门前区等待的行为被记录下来,使得门前区家长核密度波峰峰值较高。同时,门前区公共服务设施也影响了人群的集散。

2)家长与儿童的个性特征

由彩图 9 可以看出,在 3b~9b 区间,家长在区域内核密度峰值较低,主要是放学后的疏散行为,没有等待的现象,疏散速率较高,此区间内小学生疏散行为没有产生核密度波峰,说明此区间内小学生疏散行为较少,通过速率较高,没有停留的现象。在 1b~3b 区间,家长在此区间核密度波峰峰值较低,仅有的跳跃式的波峰也是受到公交车站台的影响而产生的。小学生在此区间内核密度峰值较低,且区域较大,通过现场观察发现,由东校门疏散的小学生大多朝西边住宅区疏散,且疏散小学生大多为高年级小学生,所以等待家长较少,故与家长核密度图像出现反差。

因此,疏散路径及疏散时间对门前区家长和小学生的核密度影响较大,由于不同人群的疏散路径不同,门前区核密度图像波峰区域不同。同时,分时疏散使得小学生出校门的时间不同,使得家长等待的时间较长,等待行为影响了家长门前区核密度图像的波峰峰值,所以合理的疏散路径及合理的疏散时间可以缓解小学门前区空间人群滞留的现象。

2. 校东门区域家长与小学生核密度比较

由彩图 10 东门的疏散核密度可以看出,在 8d~8f 区间,家长和小学生的核密度图像波峰峰值较高,由于东门面向城市支路,道路车辆较少,疏散时较为安全,所以东校门作为屯滨小学放学时段的主要疏散口,大量家长聚集在校门前区,从而影响了门前区的疏散速率,小学生出校门后在此聚集,在对屯滨小学的疏散模式分析中提道,学校在校门两端设有不同班级的家长等待区,家长并没有在指定区域进行等待,从而影响了放学时段门前区的疏散速率及交通拥堵情况。

在 8c~8d 区间,家长和小学生核密度图像波峰峰值较低,且较为均匀,说明此区间疏散速率较高,没有滞留的现象。8f~8g 区间,家长和小学生核密度图像波峰峰值较低,且区域较小,说明在此区域内家长和小学生疏散行为较少,疏散速率较高,通过现场观察,大多数家长朝南面居住区疏散,而朝北面居住区疏散的人数较少,这也是影响此区间核密度图像峰值的原因之一。

由此可见,合理的疏散模式的制定需要家长和学校的配合,这样才能缓解小学门前区放学时段交通拥堵的情况,达到高效、快捷、安全的疏散效果。

3.3.8　疏散过程对城市道路的影响

良好的疏散速率需要有较好的疏散模式,同时也要尽量减小给邻近的城市交通带来的不利影响。通过对屯滨小学的实际调研分析可以发现,家长的无序聚集,以及人流的无序疏散给洞庭湖路与天山支路的交通通行状况都带来了不利影响。从门前区人群核密度图像可以看出,在南门和东门两个主要疏散口核密度图像侵占面积最大,甚至东门处已经直接影响了天山支路东侧。从两个疏散广场大小的角度来说，南门疏散人流小、广场比东门的大，从图上可直观地看出南门门前区对城市干道影响小于东门。

两个校门都存在绿化带以外区域违规停放私家车、自行车、摩托车等交通工具的行为，直接侵占城市干道，由于缺乏有效的疏散机制，整个门前区疏散效率低，滞留现象严重，人群长时间侵占城市道路，对相邻的城市主次干道造成了较大的干扰。

无序的人流疏散干扰城市交通，而交通的畅通性又将影响整个人流的疏散效率，这样的不良循环给整个疏散模式带来了较大的安全隐患。因此在疏散模式上要保证交通的有序和效率，减少对城市交通不必要的干扰。划定必要的交通工具停靠位置，避免违章停靠影响城市交通；尽量减少该区域横穿城市道路的需要，有必要时可以通过设置人行天桥减小人流疏散对城市交通的影响，这样也能保证学生、家长的安全；在公交车站台等学生聚集等候的区域也需要保证足够的等候空间，以免造成过量拥堵影响城市交通；干道交叉口以及临近学校出入口处设置必要的安全指示灯，减少安全隐患。

3.3.9　门前区空间要素与人群行动特征的关联性

一定的空间环境下，人的行为特征与空间要素相关并受到空间要素的引导。因此，在合理引导及组织小学生放学过程中家长和学生的有效疏散时，可以考虑通过空间因素的设计来影响人群的行动特征，从而改善家长无序等待、疏散拥堵等现状。

（1）屯滨小学放学时校门疏散广场拥堵较为严重，门前区空间局促使得疏散速率较低，不利于小学生快速疏散到家长等待位置。

（2）两个校门同时疏散对小学生放学门前区疏散有较为明显的优势，且主要疏散口设置在次干道上，减缓了主干道交通的压力。

（3）校园周围没有设置过多商业要素，对小学生快速疏散起到了促进作用，不易造成人群的滞留和聚集。

（4）校园人行道与机动车道用规整简洁的绿化带分隔开，为人行道上学生的疏散提供了很好的安全保障，一定程度上有效地阻止了小学生放学后无序轨迹行为，例如横穿马路等危险因素。

（5）校园东侧的城市公园不仅对小学生有较强的吸引作用，也能很好地发挥放学后集散广场的作用，对缓解周边道路的交通压力有着重要意义。

（6）门前区学校管理政策的落实和交通管制的应用，有助于提高学校放学时段的疏散效率，对门前区的规划和合理模式的选择有一定的指导作用。

3.4　过街楼型小学入口门前区疏散模式分析及优化实验

3.4.1　虹桥小学调研概要

合肥市虹桥小学位于合肥市阜阳路以东，该路段交通受到阜阳路高架入口的影响，交通问题比较明显，特别是在上下学高峰期经常出现交通拥堵的状况，存在严重的安全隐患,而单一的交通组织形式也使虹桥小学放学时段如何组织交通疏散人群成为一个重要的问题。

本次调研选取虹桥小学门前区域的小学生和家长为对象,将小学门前区与周边道路以及各空间要素图示化,在放学时间段采用行为观察的方法,记测人流量,获取放学时间段视野内各个时间段的人群数目,采用定点摄像的方式,全程记录小学门前区家长及学生的疏散情况。

根据虹桥小学的位置,研究者选择了西南角作为观测点(圆点),校门口(三角形)是本次观测的主要区域,拍摄区域内会有部分遮挡物,所以此次小学门前区的观测和分析排除不在视野内的人群,但是遮挡物并不影响对疏散方式和人群分布趋势的探讨(图 3 - 10)。

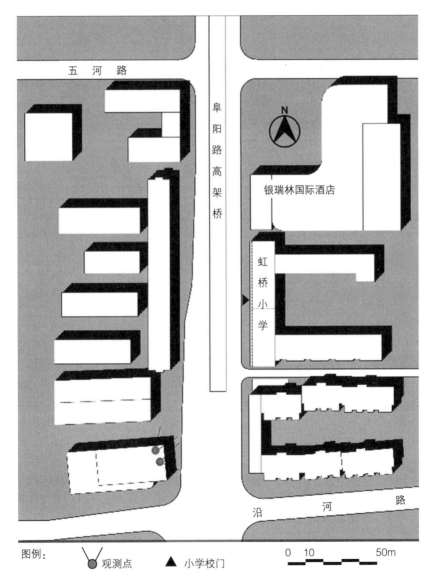

图 3 - 10　虹桥小学观测点与校门示意

3.4.2 门前区空间重要节点

合肥市虹桥小学校正门面向城市干道,疏散时均采用正门对外直接疏散的方法,门前步行道路宽约3米,直接与非机动车道相连,非机动车道与机动车道用栅栏隔开,小学门前慢行交通较为狭窄。阜阳路高架的建成,加之机动车道狭窄,造成道路交通压力较大。只能通过南北两端距离较远的路口进行人群疏散,两端路口均设有无障碍人行通道。南端路口是阜阳路高架桥,转角广场相对开阔;北端路口处有开阔的广场,该广场是银瑞林国际大酒店的入口广场。校门两侧是商铺,商业类型以银行、文具、服装、食品店为主。由于门前慢行道路较窄加之人流较大,所以门前区域不可兼做门前广场,局促的门前空间使得校门两侧无法设置疏散区域(图3-11)。

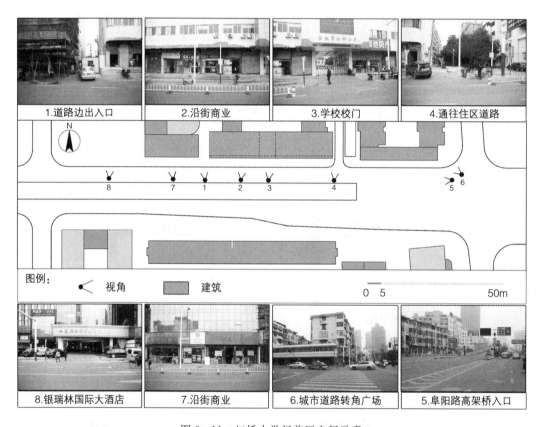

图 3-11 虹桥小学门前区空间示意

通过现场观察,虹桥小学放学时段人群疏散时只是停留在学校门前区及门前区两端较近的区域,而没有充分利用门前区两端较为开阔的城市广场,所以研究者对门前区场所空间进行分析,结合实际情况对虹桥小学现有的疏散模式进行优化和改善。

3.4.3 实验前后疏散模式概述

现场了解得知,由于虹桥小学门前区空间局促,空间划分上没有明确地划分出家长等待区,家长大量聚集在校门口,虽然采用错峰放学的方式在一定程度上缓解了门前区疏散的压力,但还是没有很好地解决门前区拥堵的情况,同时等待的家长人群随着放学高峰时段对城市道路侵占也不断增加,加之阜阳路高架入口离门前区较近,城市交通拥堵状况越来越严重。

对小学周边城市空间情况分析得知,由于虹桥小学门前区阜阳路高架桥的建设,道路被隔断,没有横穿马路的现象,家长在门前区接到孩子后,人流沿着阜阳路南北向散开,在虹桥小学南北两端有较为开阔的空间,所以在实验中把家长等待区设置在虹桥小学南北两端较为开阔的区域,学生按照自己家庭住址分为南北两个方向进行分组列队,放学后由老师引导小学生到达南北两端较为开阔的家长等待区进行疏散,实验效果从时间、人流分布及人流密度上进行分析,并且研究疏散模式对城市道路及城市交通的影响(图 3-12)。

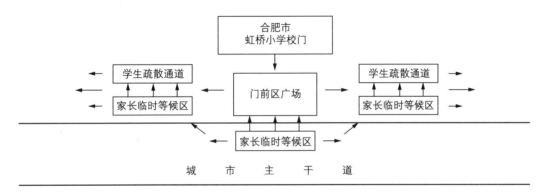

图 3-12　虹桥小学门前区疏散模式示意

3.4.4　放学时段人数的时间序列对比分析

以虹桥小学校门为中心选取相同面积的场地,对实验前后虹桥小学放学时段的人数进行统计。在定点摄像的基础上,每 20 秒截取一次图像并统计人数,运用时间与行动对照的系列分析法,建立实验前后放学时段的人流波动趋势图像,从而比较分析实验前后小学门前区放学时段人群疏散情况与行动趋势。

实验前虹桥小学家长等待区在校门前区,采取了错峰放学的疏散模式,小学门前区的人数在小学放学 0～20 分钟内人数较多,在低年级放学批次到达最高峰值,而后逐步下降,并在各年级放学时段形成各自的峰值。在 20～40 分钟内,峰值呈整体缓慢下降的趋势,在放学结束后恢复正常(图 3-13)。

实验后虹桥小学在学校门前区两端的城市广场划分家长等待区,小学生放学后在学校内列队,由老师按照方向带到门前区两端的家长等待区,整个疏散过程紧密有序,所以在 0～5 分钟内达到人数最高峰,在 5～15 分钟内,峰值迅速下降,随后门前区疏散结束(图 3-14)。

对比实验前后虹桥小学人流随时间变化的图像及其波动趋势可以看出,实验前的疏散时间明显长于实验后的疏散时间。实验前人流高峰最高值为 134 人,受到门前区家长等待区人流滞留的影响,疏散时人流高峰时间较长,在 0～20 分钟内门前区人流数量保

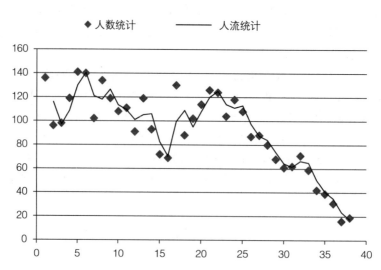

图 3 - 13　虹桥小学门前区实验前疏散时间人流统计

持 100 人左右,疏散速率较慢,在放学 33 分钟后门前区人数降至 59 人,整个疏散过程拥堵不堪,秩序混乱,对城市交通影响较大。而实验后人数最高峰达到 201 人,由于门前区家长等待区划分在门前区两端的城市广场中,门前区没有拥堵的现象,疏散紧密有序,疏散速率较快,并且在放学 10 分钟后门前区人数降至 46 人,疏散过程对城市交通影响较小,达到安全快速的疏散效果(图 3 - 14)。

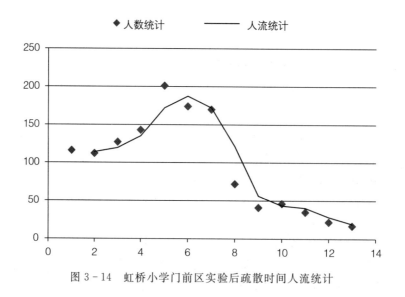

图 3 - 14　虹桥小学门前区实验后疏散时间人流统计

3.4.5　实验前后疏散密度对比分析

研究者对门前区空间内不同疏散模式下不同人群行动轨迹点进行核密度分析,把握不同疏散模式下门前区人群较为聚集的区域。通过比较分析不同疏散模式下门前区不同人群聚集区域形成的原因及对城市交通的影响,总结出两种疏散模式的优劣性,进而对现有的疏散模式进行优化,缓解小学放学时门前区拥堵的现状。

1. 实验前后核密度分析

1)实验前核密度分析

由实验前学校门前区家长核密度图可以看出(彩图 11),学校门前区校门 4b 处是整个路段核密度波峰峰值最高的区域,说明实验前家长的等待区域在 3b～5b 处,此路段也是小学放学时段疏散的主要通道,门前区以南 2b～4b 处也聚集了大量等待的家长,家长的等待行为侵占了放学时段的疏散通道,影响了学校放学时段的疏散速率。通过观察,2b～4b 区间放学时段出现了家长人流迂回的现象,在学校门前区以南处等待孩子放学的家长,由于等待的时间过长,在此区间内来回行走,所以家长停留的轨迹被记录下来,这是影响此区间核密度波峰峰值较高的原因之一。

门前区以南 1b～2b 区间,家长等待行为和疏散行为较少,只是出现了两个波峰峰值,且波峰峰值较低。这是由于此路段处于虹桥小学学区的最南端,也是居住的边界,2b～3b 区间路口是通往住区的道路,所以此区间人流较小,发生疏散和等待的行为也较少,影响了此路段核密度图像的峰值。

门前区以北 5b～6b 区间波峰峰值较为均匀,通过观察,此区间形成波峰的原因是等待在门前区的家长接到孩子后疏散留下行为记录,在此区间内家长等待的行为较少,所以没有人流滞留的现象,使得此路段疏散率较高,疏散较为均匀。

由实验前学校门前区小学生核密度图可以看出,4b 处是校门,也是实验前家长的等待区域,家长的滞留造成了放学时段门前区拥堵,从而影响了小学生的疏散;2b～3b 处是道路开口,道路通往住区,小学生在此路口通往住区,加之 3b 处是食品店,对小学生有较大的吸引力,所以在此路口出现了小学生人流聚集的现象,小学生人流核密度波峰峰值的最高值也出现在此路口。人流在此路口分流后使得 1b～2b 区间的小学生人流减少,所以 1b～2b 区间小学生人流核密度图像峰值明显低于 2b～6b 区间。整个疏散过程是一种聚集—疏散—再聚集—再疏散的过程,说明了整个路段的疏散并不通畅,从而影响了放学时段的疏散速率,疏散模式需要优化(彩图 12)。

由实验前学校门前区人群核密度图像可以看出,实验后虹桥小学疏散图像点密度依然以校门口为中心,向南北两个方向展开疏散,其中校门前区以南核密度波峰峰值与校门前以北存在明显差异,校门前区以南波峰峰值大于校门前区以北波峰峰值,如彩图 13 所示。

学校门前区以南场地 1b～4b 区间,沿街布置有商业,商业类型以银行、房产中介门店、食品店为主,通过现场观察,大量等待的家长聚集于此,且在商业门前区停放大量的非机动车,侵占了放学后的疏散道路,加之本来就相对较为狭窄的疏散道路,使此路段疏散通过率较低,人流滞留的现象被记录下来,导致此路段波峰峰值较高。在路口 2b～3b 区间,路口北侧 3b 波峰峰值大于路口南侧 2b 的波峰峰值,也是同样受到通往住区道路的影响,人群在此路口分流。在 2b～1b 区间路段,出现两个波峰,由于人流在 2b～3b 区间路口处分流,人流在此路段较少,且通过性较好,所以在此段道路上核密度波峰峰值较低,在靠近 2b 处出现波峰是由于此处为流动食品摊点,对儿童有较大的吸引力。由图可知在 1b 处也形成波峰,是由于此路段为城市道路交口,有部分人群在此等待城市交通信号灯,疏散人群的停留行为也在此路口被记录下来。

学校门前区以北场地 4b～6b 区间,在此路段沿街设有商业,商业类型以烟酒店、干洗店、服装店、酒店为主,有部分家长在此等待,商业门前有少量的非机动车停放,使得商业门前空间较为开阔,加之此路段沿街的商业类型对儿童的吸引力较小,没有造成放学后大量儿童滞留,所以此路段疏散通过速率较高,停留的现象较少,且此路段核密度波峰分布较为均匀,峰值较低。在此路段出现三个连续的波峰,连续的波峰峰值较低,基本处于波峰峰值的最小处,在 5b 处设有出入口,此处连续的波峰断开,在出入口两端出现相对较高的波峰峰值,说明出入口影响了疏散人群的行为,从而影响了波峰的连续性,在 6b 处是银瑞林国际大酒店的入口,酒店门前设有较大的广场和停车场,同样是出入口影响了疏散人群的行为,导致酒店入口以南出现了相对较大的波峰峰值。

2)实验后核密度分析

通过实验后小学门前区家长人流的核密度图像可以看出,整个路段核密度波峰峰值最大值出现在 6b 处,门前区以南 2b～3b 区间波峰峰值也相对较大,这也是实验时划分的家长等待区,家长聚集在此,影响了这两个区间的核密度波峰峰值。门前区 3b～5b 区间,核密度图像较低,受到门前区两端家长等待区域的影响,在此区间等待的家长较少,对门前区放学时段的疏散速率影响较小,保证了放学时段疏散通道的通畅性,如彩图 14 所示。

在家长等待区 5b～7b 区间与 2b～3b 区间比较发现,5b～7b 区间的核密度波峰峰值明显大于 2b～3b 区间的核密度波峰峰值,是受到虹桥小学学区划分的影响,虹桥小学的学区基本在学校以北的区域,所以,在学校以北的家长等待区,家长等待的行为较多,而学校门前区以南等待区域的家长较少,这也是导致两个区间存在核密度波峰峰值差异的主要原因。

通过实验后小学门前区小学生核密度图像可以看出,学校门前区核密度波峰峰值较小,门前区两端核密度波峰峰值较大,且大于中间值,但是核密度波峰峰值较为均匀,这是由实验后的小学生疏散模式导致的,放学后小学生整队由老师带领出校门前往家长等待区,整个疏散过程人流集中且较为有序,通过速率较高,如彩图 15 所示。

如彩图 15 所示,校门前区以南 4b～1b 区间呈现出疏散—聚集—再疏散的模式,图中 2b～3b 处是实验后家长的等待区域,小学生在此处与家长会和,疏散速率有所放缓,人流停留的现象被记录下来,且同样受到通往住区道路和食品店的影响,所以此路口核密度波峰峰值较大。通过观察,小学生与家长在此会合后继续沿着通往住区的道路与路口以北的道路进行疏散,并未形成拥堵的现象。

校门前区以北 4b～7b 区间,核密度图像的波峰峰值随着距离学校越远越低,疏散距离较长,说明此路段疏散速率较高。通过观察,放学后小学生在老师的带领下到达家长等候区直接疏散,没有人流聚集的现象,整个路段通过速率较高。

实验后学校门前区人群核密度图像同样以校门前区为中心沿城市道路向南北两个方向延伸,其中校门前区以北核密度波峰峰值与校门前区以南存在明显差异,校门前区以北波峰峰值大于校门前区以南波峰峰值(彩图 16)。

整个路段核密度图像出现两个较大的波峰峰值,一个在 6b 处,另一个在 2b～3b 处,这是由于实验后将家长等待区域划分在门前区两端较为开阔的场地,从而缓解门前区空间不足导致人群大量聚集在此影响门前区疏散的现象。在门前区 4b 处通过核密度图像可以看出,门前区空间核密度波峰峰值较小,处于核密度波峰峰值的最小处,说明放学时门前区疏散通过率较高,没有出现人员滞留的情况。

如彩图 16 所示,门前区以南 1b～4b 区间,出现三个波峰,其中两个波峰峰值较小,2b～3b 处波峰峰值较大,同样是受到通往住区道路的影响,人群在此分流,通往住区,加之实验后家长等待区划分在此路口,故在此区间形成较大的波峰峰值。3b～4b 区间,核密度峰值较小,沿街商业类型以银行、房产公司为主,对儿童吸引力较小,所以没有人群滞留现象。1b～2b 区间,整段核密度波峰峰值较为均匀,人流量减小,通过率较高,唯一出现的相对较大的波峰峰值也是由于此处为流动食品摊点,吸引了儿童停留,但是不影响此区间人群疏散。

门前区以北 4b～7b 区间,出现两个连续的波峰,4b～5b 区间峰值较小,且波峰峰值相对较为均匀,这是由于实验后小学生放学时疏散人流均匀地进行疏散,通过率较高,人群滞留现象较少。在 6b 处是整个路段波峰峰值最大的地方,形成波峰峰值较大的原因是家长等候区在此,小学生放学后疏散到此处与家长会合,导致此区域人流增加,出现人群滞留现象,但是由于此处为较开阔的广场,提供了疏散场地,所以人群在此聚集后,可以迅速地疏散。

通过核密度图像可以看出,实验后的虹桥小学疏散形成了一种疏散—聚集—疏散的模式,通过城市空间缓解了门前区空间不足的现象,从而缓解了虹桥小学放学时段门前区拥堵现象及疏散过程中的安全隐患,实现了快速、安全疏散的效果。

2. 实验前后局部特征对比分析

通过实验前后疏散模式及家长等待区的改变,研究者对实验前后改变较为明显的 6b、4b、3b～2b 区域进行分析,进而把握实验前后同一区域内不同人群行为的变化及对门前区疏散的影响。

实验前,校门 4b 处,等待的家长在门前区聚集,严重影响了小学门前区的疏散路径,从而导致小学生核密度图像在此区域内核密度波峰峰值较大,两股人流的聚集交会使得门前区拥堵不堪,从而影响了疏散速率及城市交通的通畅性。这充分说明,在小学放学时段,家长等待的聚集区是影响门前区疏散速率及交通的主要原因(图 3 - 15)。

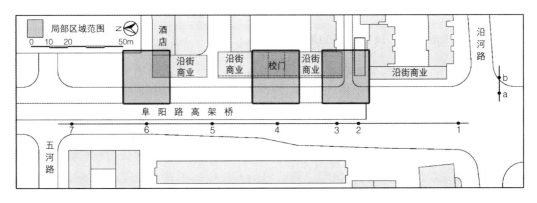

图 3 - 15　虹桥小学门前区局部空间区域划分

在城市广场 6b 处,家长及小学生在此区域内核密度波峰峰值都较小,此区域内人流较少,仅有的人流也只是在此区域内穿行,并没有停留的现象,从而说明此广场在疏散过程中被忽略,空间没有得到充分利用。

在转角广场 3b～2b 区间,家长核密度波峰峰值较大,且核密度波峰与沿街商业一致,与转角广场联系较少;小学生在此区域内核密度波峰峰值较大,其主要原因是受到转角处食品店的影响,与转角广场产生联系也仅是停留在游憩功能上(附表 1)。

实验后,校门 4b 处,家长核密度未生成,其主要受到家长等待区区域划分的影响,为小学生放学时疏散让出疏散通道,保证了小学生在区域内的疏散速率,小学生在此区域内核密度波峰峰值较大且核密度波峰有明显的方向性。

在城市广场 6b 处,家长核密度波峰峰值大,家长等待划分在此,人群聚集,对城市广场的利用率高,从而缓解了门前区空间不足所产生的拥堵现象。小学生在此区域内核密度波峰峰值较大,受到家长等待区的影响,小学生在此区域内与家长会合。

在转角广场 3b～2b 区间处,家长核密度波峰峰值较小,虽然家长等待区划分在此,但是由于此方向疏散的人群较少,同时也受到学区划分的影响,所以并没有产生较大的波峰峰值,但核密度波峰与转角广场有较多的接触,其等待区的功能表现得较为明显,小学生在此区域内核密度波峰峰值较大,同时受到转角食品店及家长等待区的影响,其最主要是受到食品店的影响,停留时间较长。

实验前后家长核密度图像有明显的变化,家长等待区的划分直接影响了核密度图波峰的生成,在转角广场 3b～2b 区间处,家长核密度波峰峰值都较小,但其波峰区域与其波峰产生的原因不同,从而说明核密度图像表现了空间功能及行为的关联性。

实验前后小学生核密度图像受到家长等待区的划分的影响,在 4b 与 6b 处变化较为明显,且核密度图像表现出方向性,在 3b～2b 区间,实验前后小学生的核密度波峰峰值都较大,但其产生的原因却并不相同。

比较发现,小学门前区空间与城市广场空间的有效结合,影响了家长等待区域的划分,同时影响了家长等待行为的发生。小学生的疏散行为受到家长等待区的影响较为明显,说明小学生的疏散行为具有一定的倾向性,同时沿街商业类型对小学生的行为也有一定的影响。综合发现空间场所与人行为的关联性对小学门前区优化策略的研究有着良好的推动作用及科学的指导意义。

3.4.6 疏散过程对城市交通的影响

小学放学时段疏散模式的合理性不仅需要考虑放学时段的疏散速率,还需要考虑疏散对城市交通的影响。通过实验前小学门前区人群核密度图像看出,实验前的疏散模式由于家长等待区在区域两端,整个路段在 1b～5b 区间核密度图像波峰越过人行道路,说明此路段有人群侵占城市道路的现象,而在 2b～4b 区间核密度图像侵占面积最大,此区间也是门前区人群最为集中的区域,加之放学时段小学生的疏散,导致门前区拥堵,整个疏散过程较长,人群长时间侵占城市道路的现象不仅影响了城市交通的通畅性,同时也影响了放学时段小学生疏散时的安全性,所以此种疏散模式存在较大的安全隐患。通过实验后小学门前区人群核密度图像看出,实验后的疏散模式家长等待区划分在小学区域两端的城市广场中,整个路段 1b～5b 区间核密度图像波峰与城市道路保持一致,局部有越过城市道路的现象,此区间人流疏散对城市交通影响较小。5b～6b 区间核密度图像对城市道路侵占面积较大,这是由于家长等待区划分在此,使得此处人流较为集中,但是由于此处有较大的城市广场,人流可以在城市广场进行疏散,而且实验后的疏散时间较快,疏散速率较高,短暂地侵占城市道路对城市交通影响较小。这说明此种疏散模式比实验前的疏散模式有一定的优化,减小了人流对城市道路的影响,保证了城市交通的通畅,但是实验后的疏散模式还是存在侵占城市道路的现象,这也是实验前缺乏考虑的地方,所以此种疏散模式还需要进行细致的优化,以保证小学放学时段疏散速率的提高、疏散的人身安全、城市交通的通畅等。

3.4.7　门前区空间要素与人群行动特征的关联性

通过以上实验前后小学门前区空间放学时段疏散情况的比较分析可知,小学放学时的人群行动特征受到校门前区各种要素的影响,这些因素影响着人群的合理组织和疏散,在小学门前区空间设计时应该重点考虑,放学时段疏散的速率与小学放学的管理模式及管理机制有一定的关系,但是受到空间场所的形式及人群疏散模式不同的影响。

(1)实验前后小学门前区放学时段人群疏散受到城市道路的影响,疏散时以小学校门为中心,向南北两端疏散,慢行道路与城市道路之间设有围栏,起到一定的分隔作用。

(2)实验前在门前区人流密度较大,影响了疏散,通过率较低。实验后在两端的城市广场人群密度较大保障了疏散,提高了疏散速率。由此可见临时的疏散广场可以组织人流分流,有助于人流的集散,对缓解门前区及周边道路的交通压力有着重要的意义。

(3)学校门前区的商业及道路开口对人的行为具有一定的影响,在放学高峰时会造成临时拥堵,实验前拥堵情况更为严重。

(4)门前区交通管制与学校管理者的管理也有助于放学时段疏散速率的提高,如交通警察、交通信号灯、管理者对门前区人流的引导、人行为的规范化等,对小学门前区的规范化管理有着一定的指导作用。

3.5　小学门前区空间类型与人群疏散关联性

本章节从小学门前区设计的角度,提出门前区的概念,分析了其基本功能及环境设施,从而对合肥市内 30 所小学入口形式进行类型化分析,探讨不同入口形式的特征,结合城市发展现状,把握小学门前区空间要素及入口形式对疏散速率及城市交通的影响。运用行为观察、点密度及核密度分析法,明晰了不同类型小学放学时段的疏散情况,探讨了门前区空间与人行为的关联性。运用实验比较的分析方法对小学不同疏散模式下的疏散情况进行研究,最终综合地从空间行为关联性角度提出小学门前区空间优化策略。

1. 小学门前区设计及入口类型的把握

小学校园在规划设计时,忽略了门前区的设计,或缺乏对门前区功能的了解,从而导致放学时段的拥堵现象,作为设计者,在小学校园规划设计中,应该重视门前区的设计,了解学校的实际功能与门前区疏散人群的需求,在满足功能的情况下让门前区空间更具有人性化,从设计的角度出发,解决小学门前区放学时段的拥堵问题。

小学入口类型分为过街楼型、直线型及引入型三种。合肥市一环路内小学入口形式以过街楼型为主,一环路外二环路内以直线型为主,二环路以外以引入型为主。学校距离市区越远,门前区空间越大,空间更富有人性化,疏散时对城市道路交通影响也越小,疏散速率及效果也明显好于老城区的学校。就入口类型而言,小学校园规划设计时应更倾向于引入型入口形式,但其他类型入口形式的小学有较好的疏散策略,同样可以缓解放学时段的拥堵问题。

2. 不同类型入口形式小学的疏散情况分析

引入型小学入口形式放学时段对城市道路影响较小,且更具有安全性。直线型小学入口形式使得学校校门更具有标识性,但是学校校门面向城市道路,在放学时段疏散过程还是缺乏一定的安全性,根据直线型入口校园现状,改善其空间环境,加强对疏散的管理,对缓解门前区拥堵现象是有帮助的。

小学门前区与居住区景观带相结合不仅美化了空间环境,还为家长提供了等待区域,景观带中的休息设施同时也为家长提供了休息场所,绿化带中缺乏儿童游乐设施,对小学生吸引力较小,应在景观带中布置游乐设施,丰富场所功能。小学门前区城市绿化带有效地分离了人行道路与车行道路,起到了一定的安全作用,在重要的交通节点及城市道路交叉口应当增加交通管理措施,避免安全事故的发生,保持疏散路径的通畅。开敞的空间、临时摊贩及公共服务设施对家长的停留也有着重要的影响。

分时疏散可以有效地避免放学时段疏散人群聚集的现象,缓解门前区交通压力。分校门疏散可以有效地将疏散人群进行分流,避免高峰时段人员滞留。屯滨小学在校门两侧划分出家长等待区,但实际疏散中家长并没有在等待区中等待。

3. 门前区优化实验及策略

通过实验对比总结出了实验前后门前区空间形式与人行为的关系,并对不同人群(家长、小学生)的滞留与疏散进行比较分析。研究发现实验前等待人群主要沿学校门前区及门前区两端进行分布,门前区空间成为人流重要的聚集场所,造成其拥堵,而学校两端的城市广场在放学时段疏散过程中被忽略。通过门前区空间场所的分析,再结合两端的城市广场,提出新的疏散模式,并对新的疏散模式进行实验,实验后等待人群主要沿其两端的城市广场分布,保障了门前区疏散通道的通畅性,缓解了门前区的拥堵状况。门前区及周边的城市广场、交通管制及学校管理者的管理对合理疏散人群、缓解小学门前拥堵现象及城市道路交通压力都有着重要的意义。

第4章　学区内城市空间及小学生放学行动调查解析[①]

第 3 章主要分析了小学校门前区空间类型及疏散模式。本章主要研究学区内城市空间以及小学生放学行动特征,通过对各个小学校的分析与调查,用空间句法分析部分学区城市空间,再利用 GNSS 技术解析小学生放学路径行为特征及其与城市空间的关联性。最后针对学区划分的弊端,采用泰森多边形的分析方式进行学区服务半径的合理性研究,基于此对小学周边空间环境提出优化策略,并为小学校的布点与学区规划提出指导意见。

由于调研与研究涉及范围较广、所需时间较长,所以调研者将对象与分析内容定为分组分次进行。其中对部分学校进行了多组多次的调研分析,对部分学校进行了局部针对性的调研分析,为此本章节将主要提及的调研分析对象以及研究分析方法进行分类对应(表 4 - 1),以便于读者进行审阅查看。

表 4 - 1　调研对象与分析方法的分类对应

学校 ＼ 方法	空间句法分析	轨迹线分析	核密度分析	泰森多边形分析
六安路小学	●			
合肥市师范附属小学	●			
逍遥津小学	●			
屯滨小学	●	●	●	●
合肥工业大学子弟小学	●	●		●
安居苑小学		●	●	
绿怡小学		●	●	●
青年路小学		●	●	

① 本章节主要引自硕士学位论文:曾希. 基于校园周边空间解析的小学生"积极通学"影响因素研究[D]. 合肥:合肥工业大学,2015;叶茂盛. 小学生放学后行动特征与城市空间场所的关联性研究[D]. 合肥:合肥工业大学,2013;魏琼. 基于 GPS 技术的小学生放学途中停留行为与城市空间的关联性研究[D]. 合肥:合肥工业大学,2015;李瑾. 基于 GPS 技术的小学生放学路径调查与城市空间优化研究[D]. 合肥:合肥工业大学,2014。部分内容刊载于:魏琼,贾宇枝子,李早等. 基于 GIS 的小学生放学行动路径与城市空间关联性研究——以合肥市小学生放学行动调查为例[J]. 南方建筑,2017(01):108-113;孙霞,李早,李瑾. 基于 GPS 技术的小学生放学路径调查与学区服务半径研究[J]. 南方建筑,2016(02):80-85;李瑾,朱慧,叶茂盛等. 基于不同学年属性分析的小学生放学行动特征研究[J]. 建筑与文化,2015(12):121-122。

调研分析对象均为合肥市小学,可以在多组调研与数据分析中看出,针对屯滨小学、合肥工业大学子弟小学(以下简称合工大子弟小学)的研究均采用了空间句法、轨迹线/核密度分析(基于 GNSS 技术的分析方法)以及泰森多边形分析法。针对六安路小学、合肥市师范附属小学(以下简称师范小学)、逍遥津小学的研究采用了空间句法分析其学区内城市空间。针对安居苑小学、绿怡小学、青年路小学的研究则是进行了轨迹线/核密度分析,研究绿怡小学时还运用了泰森多边形法,具体研究内容见下文。

4.1 学区城市空间与小学生行动调研概况

4.1.1 调研概况

针对小学校的调研主要分为两种,即运用空间句法分析的学校空间结构调研以及小学生行动轨迹的精准记录性调研。

1. 运用空间句法分析的调研学校概况

1)六安路小学及逍遥津小学

合肥市六安路小学本部校区以及合肥市逍遥津小学本部校区均位于合肥市庐阳区。六安路小学是相对办学规模较大的一所小学,该小学的具体学区范围如图 4-1 所示。逍遥津小学处于合肥市老城区的中心地段,紧邻合肥市淮河路步行街,该小学的学区范围与六安路小学学区范围相贴(图 4-1)。

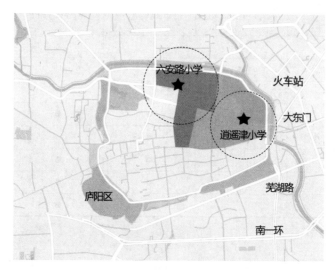

图 4-1　庐阳区调研的两所小学示意

2)师范小学及屯滨小学

师范小学的学区范围主要有滨湖明珠、滨湖品阁、滨湖惠园、书香门第及滨湖家园。合肥市屯滨小学拥有三个校区,本篇所研究的滨湖校区的学区范围包括和园及滨湖假日等(图 4-2)。

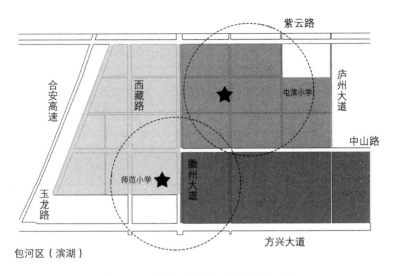

图 4 - 2　包河区调研的两所小学示意

3)合工大子弟小学

图 4-3 是合工大子弟小学学区范围示意,可见学校位于整个学区的较为中心的位置。由于世纪阳光花园小区有配套的小学可用,所以学区形状呈现倒 L 形。学区内建筑较为密集拥挤,城市片区的景观绿地较少,在小学东侧的合肥工业大学有校园绿地存在。

图 4 - 3　合工大子弟小学学区范围示意

2. 行动轨迹调研概况记录

行走实验总共分为三组进行：第一组调研对象为合工大子弟小学、绿怡小学以及屯滨小学三个小学校。第二组调研对象选取安居苑小学、绿怡小学、青年路小学、屯滨小学。第三组调研对象选取合工大子弟小学。

1）合工大子弟小学、绿怡小学、屯滨小学

本研究将小学生按照高低年级分成三类，一、二年级为低年级，三、四年级为中年级，五、六年级为高年级（图4-4）。

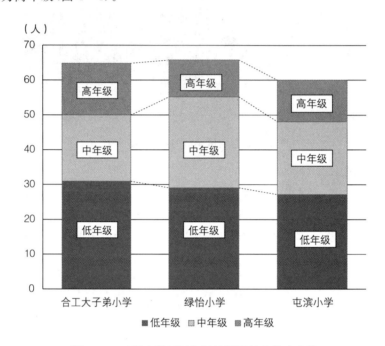

图4-4　三所小学不同年级被调研的小学生人数

选取的调研日天气晴朗，既保证了手持式导航仪器的记录准确度，又可以充分观察到小学生在晴朗天气时放学后玩耍的场景。图4-5是选取的三个学校在合肥城区中的区位。

合工大子弟小学的调研总共录入有效数据65组。在表4-2中，低年级31人，中年级19人，高年级15人。其中，有36人是家长接送回家，29人自己独自或者结伴回家。大部分被调研的小学生最终目的地是自己家，有3人到达家长所在的单位。

针对绿怡小学的调研一共录入数据66组。其中低年级有29人，中年级有26人，高年级有11人，调研对象是随机选择。大部分调研的小学生都是自己或者在家长接送的情况下步行，只有7.1%的小学生是家长用私家车、自行车或者电动车接走。在调研的绿怡小学66个小学生当中，有87.9%的小学生会在路上停留玩耍之后回家，部分小学生在放学之后会去家长工作的地方，比如家长的自营店和卖菜摊点，还有极少部分会去社区活动中心参加活动，相对于合工大子弟小学和屯滨小学来说，绿怡小学的小学生课余活动地点更加丰富一些。

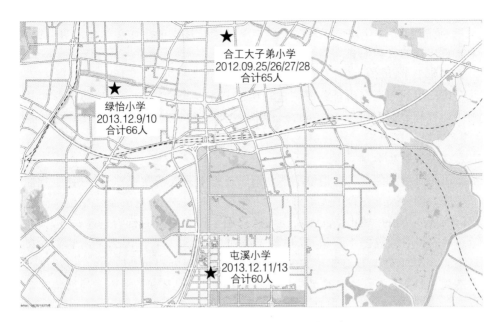

图 4 - 5　调查点在合肥市的区位示意

表 4 - 2　三所小学调研属性表　　　　[单位:数值(百分比)]

属性		合工大子弟小学	绿怡小学	屯滨小学
调研日期		2012.09.26/09.27/09.28	2013.12.9/12.10	2013.12.12/12.13
天气		晴 23℃ 东风 3～4 级	晴 9℃ 西风 3～4 级	晴 9℃ 西风 3～4 级
调研开始时间		15:30	15:30	15:50
日落时间		18:07	17:07	17:08
有效调查数量		65(100)	66(100)	60(100)
性别	女生	36(55.4)	28(42.4)	22(36.7)
	男生	29(44.6)	38(57.6)	38(63.3)
年级	低年级	31(47.7)	29(43.9)	27(45.0)
	中年级	19(29.2)	26(39.4)	21(35.0)
	高年级	15(23.1)	11(16.7)	12(20.0)
家长接送	有接送	36(55.4)	39(59.1)	30(50.0)
	无接送	29(44.6)	27(40.9)	30(50.0)
最终目的地	回家	62(95.4)	58(87.9)	57(95.0)
	未回家	3(4.6)	8(12.1)	3(5.0)
交通方式	步行	65(100)	62(93.9)	58(96.6)
	电动车	0(0.0)	2(3.1)	0(0.0)
	自行车	0(0.0)	1(2.0)	1(1.7)
	私家车	0(0.0)	1(2.0)	1(1.7)

屯滨小学的调研共记录到有效数据 60 组,其中低年级 27 人,中年级 21 人,高年级 12 人。与前两所小学不同的是,家长接送和不是家长接送的小学生数量一样,而前面两所小学家长接送的人数明显高于独自回家的人数。

2)安居苑小学、绿怡小学、青年路小学和屯滨小学

针对第二组的四个调研对象分别进行两次行走实验,总计八次,取得小学生放学行动轨迹线。有效数据安居苑小学 56 组、绿怡小学 60 组、青年路小学 53 组、屯滨小学 59 组,总计 228 组(表 4-3)。

3)合工大子弟小学

第三组调研对象为合工大子弟小学。调研过程中天气晴朗或多云,保证了导航仪计测的灵敏度。调研人员在合工大子弟小学下午放学时段,分别对一至六年级小学生进行从学校门前区经历沿途城市空间至所在住区采用全程无间断的行为追迹调查,并在调研途中记录共获得有效数据 150 组,其中各年级均在 25 组左右。因为采用的是随机选择调研对象的方式,且尽量保证学生归家的自主性,干扰程度很小,从而在一定程度上保证了调研的随机性,提高了数据的可信程度。调研采用 GARMIAN 公司的展望型手持式导航仪器,并设置为每 3 秒钟记录一次卫星定位点。

将取得的行动数据导入 GIS 地理信息软件,获得相关线形轨迹,并将卫星记录轨迹点分年级,接送的不同录入 GIS 软件生成相关点密度图像。在行动轨迹线图像的制作过程中出现了卫星捕捉点偏差过大的情况,这类情况虽是个别卫星捕捉点的变差,但却导致了行动轨迹的异形与失真,因此手动调整偏差的轨迹点,具体的规则是:当某点偏离主要的轨迹形态过大时,将该点移动至前一轨迹点与后一轨迹点中间值位置,从而调整了行动轨迹线形态使之更为符合实际特征。此类情况较少发生,其变动不会影响行动轨迹线的整体效果,而结合调研人员对每个被调查者的相关记录进行调整,可以真实反映路径的状态。

表 4-3 行走实验调研属性 [单位:数值(百分比)]

属性		安居苑小学	绿怡小学	青年路小学	屯滨小学
调研日期		2014.10.22/23	2013.12.9/10	2014.10.27/28	2013.12.12/13
调研时间		15:45—17:15	15:30—17:07	15:50—17:10	15:50—17:08
天气		晴 18℃ 东南风1~2级	晴 9℃ 西风3~4级	晴 17℃ 东风3~4级	晴 11℃ 西风1~2级
有效调查数量		56(100)	60(100)	53(100)	59(100)
性别	男	32(57.1)	33(55.0)	26(49.1)	37(62.7)
	女	24(42.9)	27(45.0)	27(50.9)	22(37.3)
年级	低年级	25(44.6)	27(45.0)	20(37.7)	27(45.8)
	中年级	21(37.5)	25(41.7)	20(37.7)	20(33.9)
	高年级	10(17.9)	8(13.3)	13(24.5)	12(20.3)
家长接送	接送	33(58.9)	37(61.7)	24(45.3)	29(49.2)
	不接送	23(41.1)	23(38.3)	29(54.7)	30(50.8)

（续表）

属性		安居苑小学	绿怡小学	青年路小学	屯滨小学
放学全程时间	小于 5min	25(44.6)	17(28.3)	9(17.0)	11(18.6)
	5～10min	11(19.6)	21(35.0)	25(47.2)	21(35.6)
	10～15min	13(23.2)	13(21.7)	12(22.6)	19(32.2)
	15～20min	3(0.54)	8(13.3)	4(7.5)	6(10.2)
	20min 以上	4(0.71)	1(1.7)	3(5.7)	2(3.4)

注:低年级为一、二年级,中年级为三、四年级,高年级为五、六年级。

4.1.2　空间句法学区城市空间分析

本章试图将空间句法理论应用于学区城市空间结构的研究当中,重点研究学区内城市空间中道路形态关系,以及学区范围内城市道路的可达性,并在此基础上研究学区内不同住区的空间形态,为进一步的场所分析及小学生行动与城市空间场所的关系研究奠定基础。

1. 空间句法相关概述

空间句法作为城市空间分析理论重要的组成部分,从空间的内在联系入手,以构型的角度揭示空间的复杂性。它将空间解析为不同空间之间关系的组合,并结合相关领域或其他领域(交通规划、社会学、经济学等)的研究,探索构图与城市各要素的关系,以及某要素如何逐步影响并形成现有空间形态。它提出了用数理量化的形式来模拟城市的方法,其基本原则是用某一特征量对城市空间进行简化,而后在这个简化的基础上展开研究,对于被简化了的空间模型进行一系列的量化计算,该量化指标又综合表征了空间构型的特征。因此,这种运算并非实体空间的实际变量,而是一种内在关系的考察。通过模型的简化不仅更好地表达了实体空间的特征,而且便于归纳出一类相关的空间构型,进而揭示城市街道网络的空间组构对人的流动及人群聚集模式的影响。

对于宏观城市空间以及道路交通的研究,空间句法理论中的轴线分析法可以简捷、清晰地把握空间脉络以及整体与局部的关系。因此,本研究主要运用轴线分析法,采用 UCL 大学研发的空间句法软件(UCL Depthmap),完成小学生学区内城市空间结构的图示化分析。空间句法的创始人比尔·希利尔的研究表明空间的轴线图示可以将研究区域的城市道路进行模拟和简化,将学区内道路空间进行简化。简化的规则是用最长且最少的轴线遍及整个空间系统,减少不必要的轴线交叉,从而保证了整合度以及连接整合比等指标的正确性。

轴线分析法是在一个闭合的空间系统中用最少且最长的轴线覆盖整个空间系统,把每条轴线视作一个空间序列,而它们的交点便形成了序列的节点。根据它们表现的构图形态与内在的连接关系,对整个图形构成进行分析。通过轴线不同属性的提取与比较,分析出相应的指标可以反映空间各方面的特征。分析中所提取的空间组构的轴线表征了相应的空间序列,因此其中亦蕴含着移动的概念。故而,对区域空间形态的轴线图析,可以表达其内在的人流指标。在轴线分析法中,用不同颜色来表示每条轴线相应指标的高低,在不同的空间组构图像中,蕴含的移动、行进、运动的趋势亦有所差异。

空间句法的分析涵盖了以下基本概念,并通过概念的演绎与比较可以进一步分析学区内各个局部的相关概念,即首先对整体进行分析划分出有特征的局部,而后对局部自身以及局部与整体的关系进行比较研究。

(1)连接度(connectivity)表示与某节点相邻的节点个数。在空间的研究中,将某空间简化为节点,与其相邻的重要节点数目越多则表征该节点空间的连接度越高,其空间渗透性越好。计算公式为 $Ci = K$,其中 Ci 表示连接值;K 表示与第 i 个节点直接相连的节点总数。

(2)深度值(depth value)规定两个邻接节点间的距离为一步,则从一节点到另一节点的最短路程(即最少步数)就是这两个节点间的深度。系统中某个节点到其他所有节点的最短路程(即最少步数)的平均值,即称为该节点的平均深度值,用 MD 表示。其公式可表示为 $MD=(\sum 深度×该深度上的节点个数)/(节点总数-1)$。系统的总深度值则是各节点的平均深度值之和。深度值表达的是节点在拓扑意义上的可达性,即节点在空间系统中的便捷度。它主要强调空间转换的次数,而不是实际距离。

(3)整合度(integration value),"深度值"在很大程度上取决于系统中节点的数目。因此,为剔除系统中元素数量的干扰,用相对不对称值 RA(relative asymmetry)来将其标准化,公式为 $RA=2(MD-1)/(n-2)$。其中 n 为节点总数。为与实际意义正相关,将 $1/RA$ 称为整合度。后来又用 RRA($RRA=RA/Dn$)来进一步标准化集成度,以便比较不同大小的空间系统。节点与整个系统内所有节点联系的紧密程度称为总体整合度;节点与其附近几步内的节点间联系的紧密程度称为局部整合度,通常计算三步范围,即"半径3整合度"。

以上这些变量是本章研究空间句法理论的相关基本变量,一方面定量地描述其表征的空间结构特征;另一方面,在学区内城市空间结构的分析中,通过基本变量的组合可以导出更多相关指标,针对空间系统中具体方面进行分析。

2. 学区城市空间整合度分析

1)师范小学

(1)师范小学空间整合度分析。合肥师范小学位于合肥滨湖世纪城区,该学区包含滨湖家园、滨湖明珠、滨湖惠园、书香门第等五个居住小区。如彩图 17 所示,该图为用 HH 算法生成的合肥师范小学空间整合度的色图。在该街网空间系统之中,一共描绘超过了 400 条街道线条,由文献可知,在空间句法的分析之中,对于街网系统大于 200 的系统,对于整合度最高的红色区位代表该系统的最前 5% 的整合度街道。由图可知,整个学区整合度最高的地段位于师范小学 2 号门外的中山路,该路为 8 车道的城市主干道,每小时限速 60 公里。其他的城市主干道以及次干道的整合度如图所示,也相对来说较高,都呈现出黄色及橙色。总体来看,整个学区内的整合度总体较高,仅有少数居住区内的道路因为尽端较多或者比较曲折,相对来说整合度较低,所以呈现出淡蓝色。由此可见,从整体整合度的角度来看,合肥市师范小学的整体的空间可达性较强。

(2)师范小学校门附近空间实地调查。由彩图 17 师范小学整合度分析可知,本章对于邻近师范小学校门的周边步行空间做了实地的调查。由图 4 - 6、图 4 - 7 可以看出,师范小学由于规模较大,学生人数较多,所以施行三校门疏散,其中本文把位于西藏路的校门称为 1 号门,位于中山路的校门称为 2 号门,位于惠园路的校门称作 3 号门。

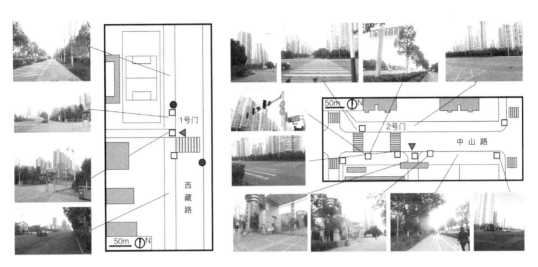

图 4 - 6　师范小学 1、2 号门前空间分析示意

注:三角形为小学入口处,圆形为公交车站点,方形为交通辅助设施。

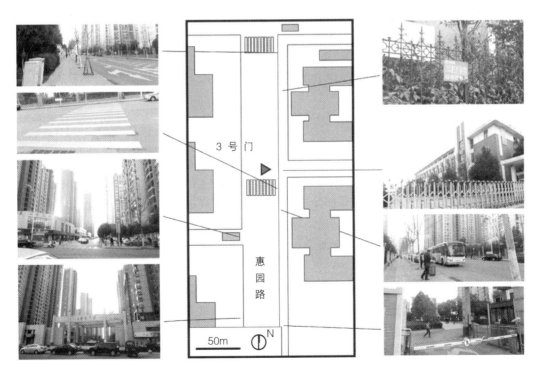

图 4 - 7　师范小学 3 号门前空间分析示意

注:三角形为小学入口处。

首先,位于整合度高的西藏路上的1号门门前空间呈八字形,距离人行道有一定的缓冲空间,校门外的交通安全辅助设施比较齐备,且出门有人行斑马线,方便小学生过街,但是由于西藏路为城市主干道,街道较宽,车流速度较快,所以小学生横穿马路的安全性问题值得注意。在1号门50米范围内有识别度较高的公交车站台,便于小学生搭乘公交车上下学。1号门周围的步行设施较为完善,拥有步行道、自行车道以及隔绝机动车道的绿化带,但是沿街界面单调,马路两侧分别为学校的围墙以及对街棠溪人家居住区围墙。

2号门位于中山路上,校门有缓冲区域,且步行设施良好,步行安全设施齐备,但依旧存在马路过宽、穿行车流速度较快不利于安全通行的问题。3号门位于惠园路,校门前空间相对较为局促,无缓冲空间,该校门附近50米处有两处识别度较高的公交车站台,并设有过街的人行斑马线及安全警示牌。校门对面为书香门第小区及滨湖惠园小区,在书香门第小区外有部分呈L形布局的沿街商业,有银行、红府超市、小吃店、理发店及棋牌店等便民商店,业态较为丰富,且经营状况良好。

2)屯滨小学

(1)屯滨小学空间整合度分析。屯滨小学的街网描绘了超过400条的街道线段,所以,整合度的红色划定范围为整合度计算值最高的5%的线条。由彩图18可知,从主干性网络出发,屯滨小学小区内整合度最高的街道为纵向的天山路以及横向的洞庭湖路,其次为广西路、中山路以及长沙路。总结来说,在用空间句法分析的整合度结果中,该学区的主次干道的整合度都较高,可以推断该路段的可达性较好,由前文可知,可达性好的空间一般为人流或车流较为集中的地段。从车流角度来考虑,屯溪路学校周边邻接洞庭湖路,该路为城市次干道,为六车道双向行驶车道,较高的整合度必然带来较多的车流,所以,在道路宽度较大,且车流量较大的新城区小学学区,小学生横穿类似洞庭湖路的安全性问题值得注意。

再者,从城市步行的角度来看,由上文可知,新城区的主要及次要干道的可达性都较高,所以由屯滨小学通往学区内各个小区的步行可达性都较高,但是在各个小区内,由于居住区级及组团道路分布的差异,体现出来的步行可达性各不相同。

用Depthmap软件分析可知,位于屯滨小学右侧的滨湖假日居住区的曲折的街网可行性呈现淡蓝色,表示该路网的可达性较低,但是步行趣味性得到了提高,且滨湖假日的居住楼一般呈现点式布局,楼与楼之间的空间视觉可达性较高,所以综合步行可达性不会太低。

(2)屯滨小学校门附近空间实地调查。屯滨小学位于学区中央地段,左侧和右侧分别为蓝鼎滨湖假日清华园及滨湖假日,南邻洞庭湖路,该路为双向六车道,限速为60公里每小时,东侧的天山支路为双向两车道,限速为30公里每小时。调研中发现(图4-8),该区块的交通安全辅助设施(交通安全标示、校门口缓冲等候区域栅栏、斑马线等)及步行设施(人行道等)比较完好,该校有两个校门,分别是位于洞庭湖路上的主校门以及天山支路上的辅助校门,学校的放学组织方面利用两个校门进行学生的疏散,并且在校门口设置不同班级的定点疏散点,从而缓解小学门口的拥堵问题,并且在校门左侧及右侧的50米范围内设置有两处公共交通站台,站台识别性较好。

在学校门口附近临街面空间中,紧邻屯滨小学的滨湖假日清华园周边是外置式的购

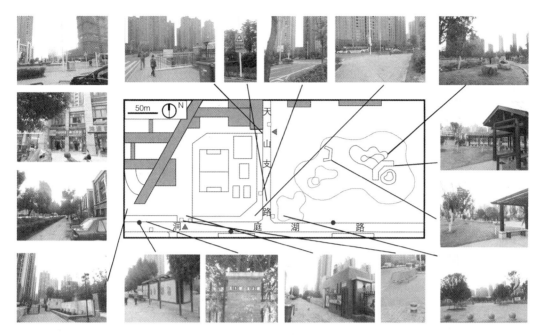

图 4 - 8　屯滨小学门前空间分析示意

注：三角形为小学入口处，圆形为公交车站点，方形为交通辅助设施。

物步行街，周边商业业态丰富，根据盖尔事务所（Gehl Architects,2004）对于街道界面的调查，屯滨小学周边的街道界面为居住区配置商业街，建筑品质及材料为浅褐色的石质贴面，建筑品质尚可，分四组共 18 个店铺，经营状况良好，但是该街区折角后的广西路上的沿街商业店铺特别是内街的店铺，存在部分关闭消极的单位。商业街中的店铺有五金店、杂货铺、小吃店、蔬果店。天山支路上的底层商业店铺种类有小吃店、英语辅导学校，经营状况良好。值得注意的是，屯滨小学小区旁边邻近一处市民开放公园，提升了空间趣味程度，增加了小学生放学停留玩耍的场所。

在犯罪威胁的安全感方面，从前文对于屯溪路片区的基于空间句法的分析来看，周边区域的视觉可达性较好，空间较为开阔，视觉死角的存在较少，且邻近街道的整合度较高，相对人流较为密集，所以，从理论来说，连接度较高，开阔及视觉可达性较好的空间，犯罪发生率相对较低。

3）逍遥津小学

（1）逍遥津小学学区空间整合度分析。作为典型的老城片区，逍遥津小学的主干性街道网络呈不规则的有机形态，学区范围内的本地性次级街道网络非常丰富。在主干性街道网络的整合度上，纵向的宿州路以及横向的寿春路为整合度最高的两条道路，其次为长江路以及阜阳路。所以学区范围连接城市主干道的居住区可达性相对较好。

在次级街巷网络中，道路多呈现黄色及青黄色，整体整合度一般。然而由彩图 19 可见，邻近逍遥津公园的公园新村整合度呈现蓝色区域较大，该地段为城市城中村区域，道路多为人车混行，岔路口较多且复杂，死胡同较多，步行视线会被大幅度的空间转角和不合理的划分院落的实体围墙所打断，所以该段可达性较低。

在该学区范围内步行街紧邻逍遥津小学校区,从整合度分析图来看,步行街的空间可达性呈黄色,整合度较高,围绕步行街周边的零散居住区主要道路也都呈现黄色,整合度尚可,道路通达性较好,而小的组团内的道路整合度呈青蓝色,可达性较低。

(2)逍遥津小学校门附近空间实地调查。在对逍遥津小学校门前空间的实地调研之中发现(图4-9),逍遥津小学的校门外疏散空间非常狭小,且因为距离合肥市淮河路步行街较近,所以人流量很大。在学校门前的北含山路上,车流量较大且道路狭小,路面布置的隔绝步行道以及车行道的防护桩损坏严重。小学向北邻近城市干道寿春路,该路段车辆较多,由小学校门到位于寿春路最近的人行天桥直线距离为302米。在步行空间中,北含山路路段的步行道被侵占现象较为严重,且沿路有多个车型出入口的插入总体使得步行的连续性被打断。在学校北向的寿春路沿街步行设施较为完好,且人行道和车行道之间存在绿化带隔离,增加了步行安全性。但是寿春路与北含山路的交叉口堵塞情况严重。

图4-9 逍遥津小学校门前空间分析示意

注:三角形为小学入口处,圆形为公交车站点,方形为交通辅助设施。

4)六安路小学

(1)六安路小学空间整合度分析。由彩图20可知,从主干性街道网络来看,六安路小学学区内整合度较高的街道包括阜南路街道、六安路、阜阳路;寿春路、淮河路的整合度也相对较高。

然而,从次级的空间网络,即居住片区内的街巷网络来看,居住区内的道路网一般呈现出青蓝色,代表整合度相对较低。

在城市老城区内,居住区因为年代比较久远,粗放建设带来了很多小区通行问题,例如居住区只有一个出入口,使得尽端道路的可达性较低,并且空间较为封闭;由文献可知,在通达性较差且人流量较少的环境之中,发生犯罪的可能性较大,所以在尽端且曲折的老小区环境中,道路通达性差,人少且视线阻碍严重,这给小学生上下学的安全性带来很大弊端。由彩图20可以看出,合工大北区居住区只有单出入口,且整个居住区进深较大,所以,在尽端空间的可达性较低。另外,在学区东侧的井巷及拱辰街街道区域内部街巷较为复杂,为老城区的城中村区域,该区域可达性较低,沿拱辰街菜市街道杂乱,人流量较多,空间环境相对较差,且死胡同和视线可达性较差之处较多,急需进行整治改造。

(2)六安路小学校门附近空间实地调查。合肥市六安路小学南邻阜南路,阜南路为双车道道路。合肥市六安路小学学区包含九个片区。依照我国的关于500米的小学服务范围再进行片区步行可达分析得知六安路小学的学区布点位置大致能够服务到学区片区内的学龄儿童,学区的最远点距校门约1.2公里,超越了小学生的适宜步行距离。从校门周围的交通环境来看,首先,由于六安路小学位于老城区范围之内,在城市老城区中,特别是人口密度高、机动车持有量多以及路网承载力落后等问题集中的地段,如图4-10所示,在阜南路与城市主干道阜阳路交岔口、阜南路与合肥市体育馆主入口交会处,均发现在调研时间工作日下午4点左右,交通流量大。其次,六安路小学门前是阜南路段,在该路段停车主要依靠阜南路道路两侧划分的停车位,停车位的缺乏加剧了道路的拥堵及交通混乱的程度,所以车流量以及停车问题是六安路小学上下学时间段校门口交通堵塞的两个重要原因。

对于学校门口空间的步行设施的调研,校门口无缓冲空间且较为拥挤,在校门左侧的人行道空间被沿途商家的杂物以及临时停靠的车辆等占用的情况较为严重,且步行道较为拥挤;右侧的道路50米范围内一侧为学校围墙,另一侧为人行道与车行道的绿化隔离带,步行道被占用状况稍好,但是靠近合肥市体育馆及与阜阳路交叉口的位置,有很多小居住区的次要入口对步行道路进行了不必要的打断,且上述通道均人车混行,造成了过多步行障碍,降低了街道连续性,从而降低了可步行性及活力。

针对交通辅助设施来看,六安路小学门前左侧有斑马线横穿阜南路,并且有相应的安全指示标语,并且校门两侧的步行道和车行道之间有绿化带隔离。另外,在50米范围内有两个识别度较高的公交车站台,这便于小学生搭乘公交车上下学。

5)合工大子弟小学

对学区内城市空间整体集成度的分析可以很好地表达空间的整体可达性,是对于城市空间的一种综合而普遍的评价,从而反映了城市空间中各个轴线的普遍的可达性,可

图 4 - 10   六安路小学校门前空间分析示意
注:三角形为小学入口处,圆形为公交车站点,方形为交通辅助设施。

达性的分析有助于直观地理解学区内城市空间结构。而本章中关于整体集成度的分析主要目的是按照集成度的不同划分城市空间,即从城市空间中划分出需要分析的住区空间,在分析城市整体空间结构的同时,为局部集成度与整体集成度关系的分析提供必要的条件。本章运用 HH 算法计算学区城市空间全局整合程度。

通过对彩图 21 的分析可以看出整体可达性最优的(橙色以上)有五条街道,分别是纵向的宁国路、马鞍山路和横向的聚英路、九华山路、太湖路。其中宁国路、九华山路以及合工大校内的聚英路为学区内的主要道路,对学区内主要道路的进一步分析可以把握不同道路的空间效果和构成要素。

纵向的宁国路和马鞍山路可达性最优,而合工大内的横向道路聚英路在可达性上要优于横向城市道路九华山路和太湖路。青蓝色以上表示道路可达性一般,此类道路在整个学区内城市空间中占最大比例,且联结形成网状分布,主要对应合工大校区内教学区、运动场地、东端宿舍、合工大南村住区、行政办公区、合工大西村住区、青年小区西区、建设大院、马鞍山路菜市场、广播学院、青年小区东区、阳光小区、景城花园等。其中为小学生放学归家目的住区的有月光花园、合工大南村住区、西村住区、青年小区、阳光小区、景城花园等。小学生放学归家的行为值得深入分析。交通可达性最差的区域分别对应斛兵塘南侧、世纪阳光花园、温馨家园以及青年小区西区的南段。其中世纪阳光花园小区并不在合工大子弟小学学区范围。合工大子弟小学门前区与城市干道宁国路有着直接的联系,可达性处于中上等水平。

3. 学区空间协同度的关系

由图 4-11 可以看出,Y 轴表示的是空间步数为 3 的范围内的整合度(即深度的倒数,也正比于可达性),X 轴表示的是整体空间测整合度值,步数默认为 n。运算结果表达的是 3 步步数的局部整合度与 n 步步数的整体整合度之间的比值。

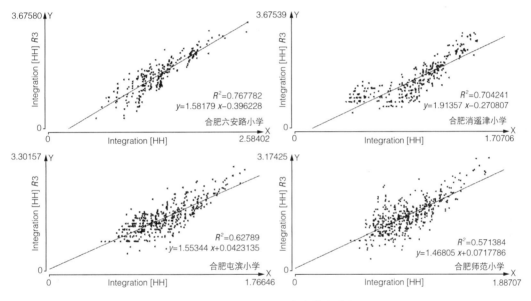

图 4-11　小学学区整合度散点分析

对于整体整合度与局部整合度对比的意义在于分析以步行为尺度(在空间句法分析中,一般以步数来区分人们具有不同出行能力情况下的差别,一般把步行出行时的空间步数系数调整为 3)的空间整合度,即某一空间"三步"以内范围的空间可达性(深度的倒数)和步数为 N 及忽略出行能力的单纯对于路网整体的整合度判断的比值,该比值对于研究以步行为出行方式的局部空间整合度与整体整合度之间的关系有一定的意义。

由图 4-11 可以看出,R 的平方值为:六安路小学的最终值为 0.76,逍遥津小学的最终值为 0.70,屯滨小学的最终值为 0.62,师范小学的最终值为 0.57。(R 平方的数据意义为,横轴数据与纵轴数据的相关性,一般 R 平方值大于 0.5 代表横轴和纵轴的相关性较高)。通过数据可知,新城区的小学学区的步行整合度比值要普遍大于新城区的小学步行整合度比值。从散点分布的情况来看,师范小学的比值呈纺锤状,即集中在中部数值比较多,有少数分布在较低比值或较高比值的位置。由此可见,师范小学学区内的步行空间可达性均好性较佳,但整体的可达性为四个学区中最差。屯滨小学步行可达性均好度也较为匀质。而老区的步行可达性虽然整体比值较高,但是从散点图分析可知,可达性好、中、差的环境空间数量相当,这可能是城市老区的环境多样性和复杂性所造成的,同样也可以反映出,老区一些有机的步行空间环境具有相当强大的优势,同样也有部分老区空间可达性较低,需要剔出甄别来整治。

4. 学区城市空间拓扑深度分析

针对合工大子弟小学,在学区层面以及小学门前区拓扑深度层面进行量化分析。把握学区内城市空间结构的构成模式对学区内的小学生步行上下学便捷度产生的影响及学区内交通体系对于小学生放学的重要作用。深度值越高对应的轴线越偏向于暖色系,表示学生到达学校校门途中的转折数越多,小学生上下学便捷程度越差。

选取学校门前区轴线为拓扑深度分析的起点,将其拓扑深度标记为0,以便研究整个学区空间中街道轴线相对于小学门前区的拓扑深度,并最终形成可视化图像。在以学校门前区为起始点的学区拓扑深度分析中可以看出宁国路对于校门前区的便捷程度最高,关联性也最为直接。合肥工业大学教学区、学生生活区到小学门前区的便捷程度一般有部分处于绿色水平,斛兵塘南侧以及世纪阳光花园各个组团黄色轴线较多,便捷程度较差。而温馨家园虽然整体整合度较差,但可以看出黄色的轴线位于小区内的景观道路,整体环道和组团入口道路便捷程度尚可。其他所有的区间至校门前区的便捷程度较好,且不同区位的住区的便捷程度并未产生较大的差异。住区内部道路的深度值也未出现明显差异性(彩图21、彩图22)。

学区空间到达学校门前区的拓扑深度值为0~11,深蓝色表示深度值为0,深红色表示深度值为11。通过对于轴线深度值的统计发现,学区内城市空间拓扑深度主要集中在4~9,占学区城市空间轴线的91.8%。深度值在7以下的轴线便捷程度较好,占轴线总数的81.8%。拓扑深度值和全局整合度大体上呈现反比例关系,及全局整合程度越好,拓扑深度越小。由此可见全局的可达性影响着学区空间各个轴线到达学校门前区的便捷程度。当然图像并未呈现绝对的反比例关系,仍和拓扑计算起始点的选择有关。与全局整合度对照研究发现变化程度较大的道路集中在宁国路的两侧,而变化程度较小的集中在远离宁国路区域,并未与小学门前区的距离呈现比例关系。由此可见与小学门前区发生直接联系的城市主干道影响着小学生上下学交通的便捷度。

5. 学区空间内住区与整体的关系

根据前文对小学生基本情况的掌握,在合工大子弟小学学区内选取样本数最多的住区进行局部空间和整体结构的分析,依据该原则选取了青年小区,合肥工业大学西村住区、合肥工业大学南村住区进行研究,并引入了周边城市空间中一个重要的有特色的住区——世纪阳光花园,与学区内的住区进行对比分析。不同半径整合度之间的关系反映了不同尺度的城市空间结构,可以很好地反映区域局部与整体的关系。在此引入了半径为3的局部整合度与全局整合度展开对比分析。

比尔·希利尔的研究证明,在对于局部与整体整合度进行分析时出现以下几种情况:①当整体的肌理呈现明显的聚集形态时,越多的局部点状图形成的回归线与整体的回归线相交,那么这个空间越具特色。②当局部点状图形成的回归线与整体回归线接近或重合时,局部空间仅仅是与主要城市空间相连接的较小空间。③两者没有明显的关系说明局部的整合度和城市空间的关系并不明确。④当局部的趋势没有与城市整体整合度回归线相交时则没有形成良好的局部网络。

对合工大子弟小学学区空间展开研究,将每条轴线在学区内城市空间轴线图中的相对位置进行散点图的描绘。其中 X 轴表示学区内城市空间结构的整体整合程度,而 Y 轴表示学区城市空间的局部整合度。将两种整合程度表现在同一张散点图上,可以看出局部整合度与整体整合度的关系表征了轴线图局部和整体的关系(图 4 - 12)。每个局部区域都通过某种方式与整体产生着关系,因为每个局部相对的中心都通过整合度较高的轴线与周边的城市道路网相连接。

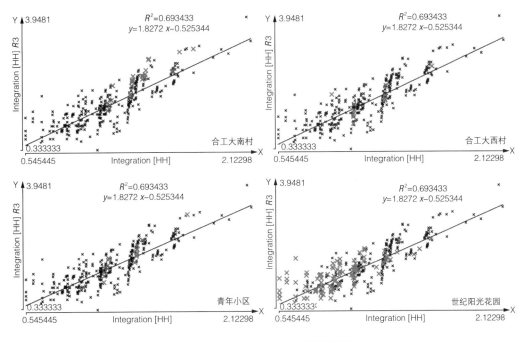

图 4 - 12　各住区局部与整体分析

世纪阳光花园的点图有着明显的集中区,且集中区的回归线与整体回归线有着交点,因此世纪阳光花园形成了一个最具特色的居住空间形态,而有部分点分离在点集中区的外侧,是由于世纪阳光花园作为一个居住组团而言,有更多的道路与城市道路相连接,成为空间组织形式并不明确的影响因素。合工大南村、合工大西村、青年小区形成了类似的点状图像,一方面两者局部斜率与整体回归线有交点,可见两者都形成了各自有特色的空间;另一方面两者局部整合度的点状图又呈现分层的形态,因此,两者随着空间的深入,空间有零碎化的趋势。这种趋势在合工大西村表现得较为明显。对于青年西区局部整合度的分析可知,青年西区是一个典型的空间结构随着轴线的深入而迅速缩减与零碎化的空间。其平面构图表现为明确的树枝状结构,从而在散点图上出现了垂直分层现象。

6. 住区人流与空间的分析

1）可理解度（Intelligibility）

可理解度体现为空间组构内轴线总体整合度（Integration）与轴线连接度（Connectivity）的线性关联系数（图4-13）。轴线连接度是指与这一轴线相交的轴线数目。

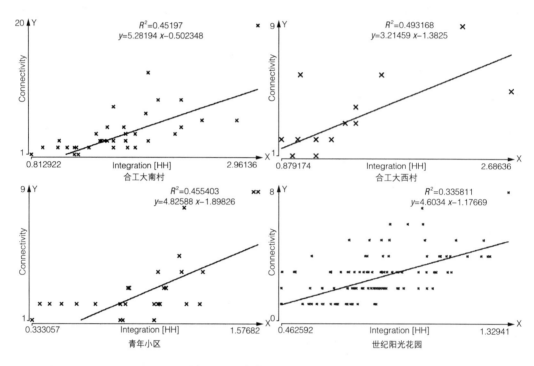

图4-13　各住区可理解度分析

可理解度表达的是空间组构中局部信息与整体信息的关联程度，它直接影响着人们对空间组构的认知。一般情况下对于一个空间系统而言，可理解度值越大，其局部空间与整体空间的关联性越大，并可以很好地整合到全局空间当中，居民也就可以更好地从自身所在的局部空间来获取信息，用以推断整个住区的组构特征，人流也就更易于在其空间组构内流动。而局部空间的可理解度值越小则局部空间与整体空间的关联性较小。

同样以合工大子弟小学为例，通过对于四个选定的住区的对比发现，南村住区、西村住区、青年小区可理解程度较高，均在0.4以上，其中最高的是合肥工业大学西村住区，可见该住区内的空间最易于被使用者认知，居民可以轻松地从所在的局部空间获取有效信息来推断整个住区的空间结构，从而指导自身的运动。而世纪阳光花园住区的空间结构相对最难整合到整体的空间组构当中去，它的空间组构的可理解度最小，也就是说，依据所在空间的连接方式，人们无法对这个空间在整个空间系统中的地位做出正确的判断，人们在其内部走动极易迷失。这主要是因为世纪阳光花园是以居住组团的形式出现的，有着明确的特色空间，同时，有着与城市道路关系不明确的组团内道路的影响。

2）各住区协同度

各住区协同度又称为空间智能度，它是一个轴线图中轴线总体整合度（Integration）与轴线局部整合度（Integration R3）的线性关联系数（图 4 - 14）。轴线的局部整合度，本书中指半径 3 的整合度，它是这个轴线到距它拓扑深度两步以内所有轴线的整合度。

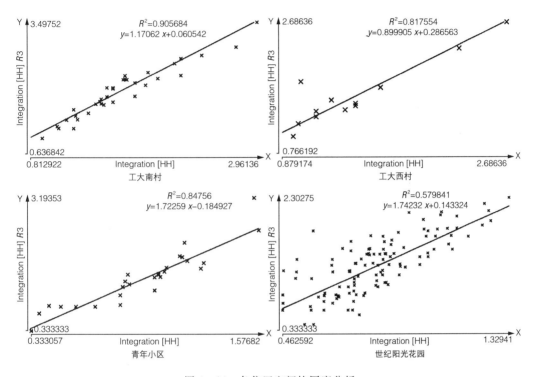

图 4 - 14　各住区空间协同度分析

协同度的值为 0～1，它也是空间格网的局部结构融入全局格网结构的表征量之一，但它主要用以体现不同半径的空间整合度之间的互动程度。协同度越高的街道网络空间倾向于具有单一核心的轴线结构，形成局部人流与整体人流的紧密联系，更易于汇集总体人流与局部抵达人流；协同度低则倾向于具有多核心的轴线结构，易于分离总体人流和局部抵达人流。这种特性在小学生集散时特别被体现出来。

空间协同度最高的住区是合肥工业大学南村住区，可见该住区倾向于单一的核心空间结构，易于汇集总体人流与局部抵达人流，只需在住区内稍加走动，便能来到整合度较高，且人们活动较集中的核心空间中。合工大西村住区与青年小区有着相近的协同度（均为 0.8～0.85），可见这两个小区的空间组织并不局限于单一的空间结构。而四个小区的对比中发现世纪阳光花园住区的协同度最差为 0.58，可见世纪阳光花园偏向于营造多核心的空间组织模式，这一点与其建设理念极其符合，体现了世纪阳光花园在居住组团的基础上又划分出多个小的核心结构，而后各个核心结构又通过组团道路串联。在此结构中人流在其小区内呈现分散态势，而这种分散的趋势对于营造活动场地无疑更为有利，可以根据不同年龄层的需求营造更为多样的活动场地，而后在各个组团的中心建立综合的活动场地。

3)空间人流界面

它是一个轴线图中轴线总体整合度(Integration)与轴线选择程度(Choice)的关联系数(图4-15)。人流界面反映的是住区内进出穿越的总体人流与住区内居民在其内部流动的结合程度的大小。其值越大,说明小区内的穿越人流与小区内居民的流动结合更加紧密,便于住区内的人流和小区内的穿越人流共同使用,这在一定程度上更可能引起某些人流的非目的性消费或使用。其值小,则表明住区内的空间结构一定程度上隔断了居民与陌生人之间的联系,这对住区内的公共空间营造较为不利。

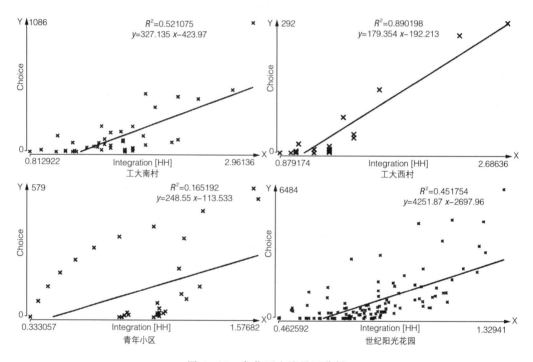

图4-15 各住区人流界面分析

对于人流界面的分析发现,四个住区的人流界面产生了较大的差异,分别是合肥工业大学西村住区最高为0.89,合肥工业大学南村住区次之为0.52,世纪阳光花园第三为0.45,青年小区最小为0.17。这表明在调研的小区中,西村住区内的穿越人流与小区内居民的流动联系最为紧密。这表明合肥工业大学西村住区更容易被人们穿行以及可使得人们的交往更加紧密,然而也随之带来了很多弊端,如住区内部的安全问题,也随着人流联系的密切更加值得关注。合肥工业大学南村住区和世纪阳光花园的人流界面值处于中等水平,可见空间的组织对于人的行走有着一定程度的限制,这种限制在增进人流穿行和交往的同时,对住区的管理有着一定的帮助。而对比合工大南村和世纪阳光花园可以看出,组团式的住区空间可以更好地控制穿行人流与居住人流的关系。对于青年小区的分析可知,其人流界面值最小为0.17,因此,其空间的组织方式不利于人的穿行,更多地服务于小区的内部。此时在住区的关键交通节点设置一些活动场地可以很好地支持居民的活动和交流。

7. 学区内重要空间节点的实地考察与分析

空间句法通过定量化、可视化的方法,从宏观的方面合理地解释城市空间结构的组合机制,但是其仍然停留在图形理论的范畴内,并单纯地从平面上分析空间结构及图像的组合关系,并没有很好地考虑实体空间的立体效果,也没有很好地考虑实际空间中的场景信息。所以在对学区内城市空间进行空间句法分析的同时,应选择相对重要的空间场所进行深入的探讨,通过定量与定性结合的方法全面把握学区内空间结构特点。

下文将继续以合工大子弟小学为例,在运用空间句法对整个学区内城市空间结构进行分析的基础上,对于重要的道路空间以及住区空间进行实地考察,可以很好地把握重要场所空间上的特征,并可以将场所空间的特征具体化,便于更深层次地研究空间场所的构成特点。

将重要空间场所进行划定,在空间句法分析的基础上将学区内城市空间划分为三条主要道路,并按照主要的住区道路和节点将学区空间进行划分。横向的轴线自靶场路与宁国路交叉口为 1 号,向北依次以以下节点为依据:青年小区主入口,九华山路南侧人行道,九华山路北侧人行道,合工大西村住区入口,香樟路与宁国路交口(合肥工业大学南村住区入口),聚英路与宁国路交叉口(合肥工业大学西侧正门)、月光花园住区北端。并依此标记为 1~7 号轴线。由于合肥工业大学内部空间较为规整,纵向轴线则主要借用合肥工业大学南村住区轴线,并在宁国路分为东西两侧人行道分别标记轴线,从左至右依次标记为 a、b、c…m 轴线,从而完成了空间划分(图 4-16)。节点及区间的标注规则:节点的标号以数字轴线加字母轴线定位,如 1a;某轴线上的区间标注以短线相连,如 1a~2a 区间表示在 a 轴线上 1 轴线与 2 轴线之间区域;某区域标注以对角线两节点表示,如 1a~2c 表示 1a、2a、1c、2c 围合区间。

通过空间句法理论的分析可知,线形的道路空间分隔的居住空间形成了相对独立的区域,各自有着特点明确的空间形态。按照城市空间结构功能的划分以及城市构图理论的分类方法,将学区内城市空间划分为面状住区空间以及线状交通空间两类。住区空间主要考察学区内主要住区:合肥工业大学西村住区,合肥工业大学南村住区,青年小区。将交通空间又划分出相对开敞的城市道路空间,包括小学门前区商业路段、宁国路段(除门前区空间)、九华山路段,相对较为安静、景观环境较好的大学校园内聚英路段。而合肥工业大学东门的月光花园区段区间是与城市整体结构相连的较小的空间,其基本设施几乎全部借用大学内部设施,因此在实地调研中与聚英路做同一区域考察。

合工大子弟小学位于城市主干道宁国路道路西侧。因此,宁国路与小学生的放学行动联系最为密切,该路机动车道为双向 4 车道,两侧的人行道在小学生放学时发挥着重要的交通作用,区间 6c~7c 是学校的正门空间,包含了学生通道、家长等候区、疏散广场以及一系列小学生放学时段的交通设施。区间 6d~7d 是学校门前商业路段,商业以服务于小学生的文具店、玩具店、书店、饮食店为主,在小学生放学时发挥了双重作用,一方面起到基本的交通疏散作用,另一方面充当着商业门前广场(图 4-17)。

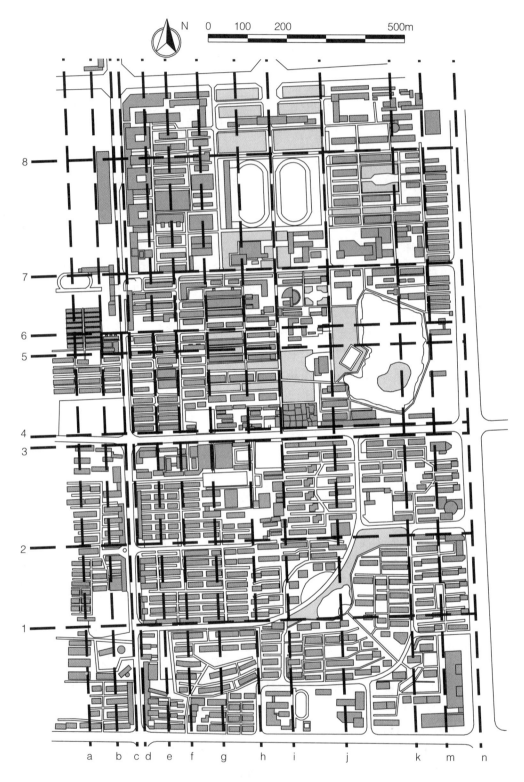

图 4-16　学区空间划分示意

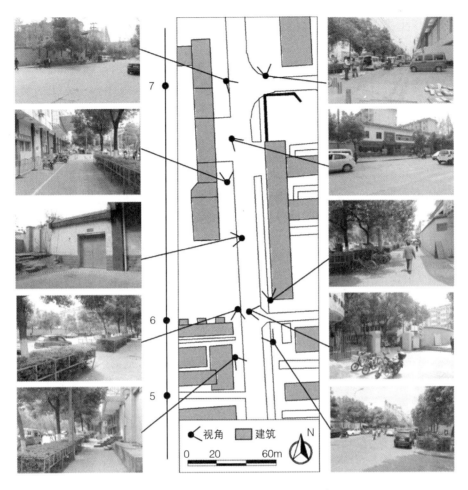

图 4-17　学校门前路段空间分析示意

4.2　行动特征调查

4.2.1　基于小学生行动特征的问卷调查概况

本次问卷调查在合工大子弟小学 1~6 年级开展,在调查研究中发现周边住区的居民不仅仅包含大学教师,也包含多个住区各行各业的市民,以及附近城中村的居民,从一定程度上保证了调研抽样的随机性。每个年级发放问卷 100 份,每个年级问卷回收率均在 90% 以上(一年级回收 97 份,二年级回收 95 份,三年级回收 96 份,四年级回收 92 份,五年级回收 92 份,六年级回收 97 份),问卷分为两个部分,包含了针对小学生的问卷部分和针对家长的调查。对于小学生基本情况的统计是基于小学生视角对于小学学区内空间场所的统计和评价,可以从小学生的视角分析小学生群体的心理行为特点,掌握小学生对学区内空间的发掘以及公共设施的使用情况。对于监护人的问卷调查,则主要侧重于对于小学生接送问题、学区内交通问题、学区内设施使用情况等方面的调查和把握。

  1. 基本情况的把握

  将各个年级小学生居住的小区进行统计,并对应城市地图进行分析,可以表示被调查小学生所在住区与学校的距离、住区的分布状况。同时对小学生放学采用的交通方式进行统计,并与住区进行比较研究,把握小学生住区以及对应的交通方式的选择情况。

  本次调查在小学按年级展开,所调查的小学生以学区内部为主,但仍有部分择校学生并非住在学区之内。一些学区外居住区的人数较少,不足以横向比较,而某一区域的小区如果具有相似的交通方式,则可以将这类小区进行统计归类,所以本研究提取出最主要的交通方式作为住区的主要属性,并探讨居住区区位与交通方式差异性的关系。而后进一步针对学区内的重点住区进行横向比较,深入探讨道路穿行、出行距离等具体要素对小学生上下学交通方式的影响。

  通过被调查住区与交通方式的对比分析可知,在小学学区内居住的学生大都以步行为主,步行范围在学区之外向北、向东均有小范围扩张,北侧的小区虽然穿越了城市主干道,但通过人行天桥相连,反而更加便捷。毗邻学区东侧的小区虽然距离较远,但穿越较为安全的大学校园仍可以保证上下学的安全性。从图中可以看出通过慢行交通的方式归家的范围较大,在步行范围的基础上有所扩张,大都在穿越五条道路以下,学区北侧、西侧城区选择慢行交通的人群较多,而向东侧扩张的较少。而就慢行交通与学校的关系分析可知,学校大致处于慢行交通范围的中心位置,可见慢行交通的选择仍与住区距离以及穿越道路的数目有关。在慢行交通范围以外为城市快速交通范围,覆盖了其余大部分住区。其中公共交通的选择随着距离和穿越道路的增加有递增趋势,却在各个区域内均有分布,可见,公交线路的设置影响着小学生对城市公共交通的选择(图4-18)。

  对比学区内小区可以发现,步行上下学的人数均占到人数的60%以上,而各个小区之间显然存在着差异,合肥工业大学西村住区被调查的小学生全部采用了步行上下学的方式,因为住区本身位于小学校园的南侧,且整个上下学过程中无须穿越城市道路。合工大南村住区与小学仅一路之隔,步行比例占到70%以上,这种微小的区位差异,不仅导致了家长接送情况的不同,更导致了交通工具的变化,从图中可见合工大南村有一定比例的电动车和自行车的出现。月光花园、阳光小区、青年小区、三建四处宿舍步行比例相当,均占到60%以上,而在交通方式上存在着相当的差异。月光花园距离小学校园0.8公里,且穿越一条城市道路,有20%左右的被调查者采用电动车的交通方式,小部分采用自动车的方式,在这里慢行交通占了相当的比例。三建四处宿舍距离小学校园0.4公里,穿越两条城市道路,除了步行的交通方式大多数采用电动车的方式,而慢行交通所占的比例与月光花园是一致的,可见道路的穿行和直线的距离均影响着学生及家长对于学区交通、学区空间的认识,进而表现为小学生上下学的交通方式的差异性。青年小区与阳光小区几乎处于同一区位,距离小学0.8公里,穿越两条城市道路,两者交通方式比例十分相似,在此出现了部分摩托车和私家车接送的情况,城市的快速交通也占了一定的比例(图4-19)。

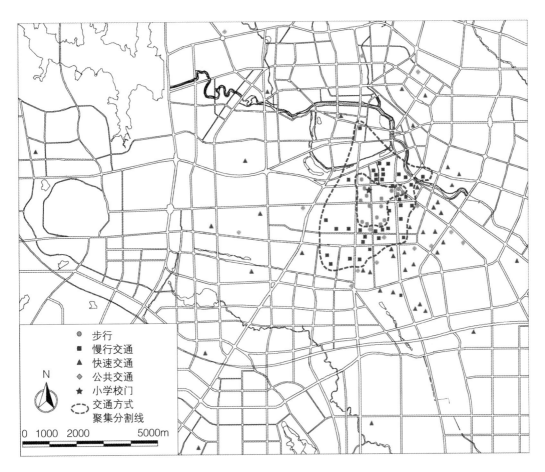

图 4 - 18 交通方式与住区对照分析

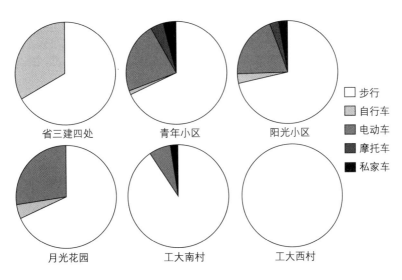

图 4 - 19 学区内重要住区交通方式对比分析

2. 小学生接送情况与交往性的探讨

为了研究小学生上下学的接送情况,问卷设置了相关问题以求全面地把握小学生及其家长对于这一问题的不同看法。针对小学生的问题:通常以何种方式放学回家,更喜欢的上下学方式。针对家长的问题:认为孩子上下学接送的必要性。进而综合地探讨小学生接送问题,并从上下学方式上研究不同年级小学生交往意识的转变。

1)小学生日常上下学接送情况调查分析

通过对于取得数据的整理和对比,把握小学生的日常接送情况。对于小学生日常接送的现状分析,调研时采用家长接送、独自回家、结伴回家三个指标进行表述。为了更好地对比家长这一关键要素的作用,在分析时将独自回家和结伴回家统一归类为没有家长参与的归家行为,以表明有无家长参与的行动和各个年级的对比关系(表 4-4)。

通过问卷的分析,一年级小学生大致在 6~7 岁,二年级学生大致在 7~8 岁,三年级学生在 8~9 岁,四年级学生大多在 9~10 岁,五年级学生在 10~11 岁,六年级学生在 11~12 岁,小学生的活动能力与年龄有着必然的联系。通过折线图可以看出,随着年级的增长需要家长接送的小学生数目逐渐减少,而不需要家长陪同的小学生数目有所增加。两条折线均呈现一定的阶梯状分布,其中独自回家阶梯状更为明显,当两点间斜率较小时,说明两个年级接送比率较为相似,当两点间斜率增大时说明两个年级接送比率差异较大。可以看出,低年级(一、二年级,余同),中年级(三、四年级,余同),高年级(五、六年级,余同)各自具有相似的接送比率,这与不同年龄段儿童行动能力和心理成熟的程度相关(图 4-20)。当然,接送情况的不同与儿童的性别以及离家的距离都有一定的关系。

表 4-4 家长接送情况统计

选项指标 (项) 年级	家长 接送	独自 回家
一	88	10
二	82	12
三	62	32
四	50	40
五	33	59
六	30	68

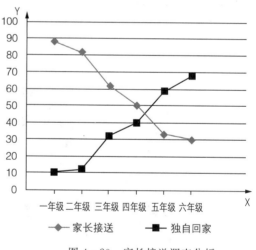

图 4-20 家长接送调查分析

2)小学生放学方式意愿的调查分析

对于小学生是否需要家长接送的意愿调查,采用了家长接送、独自回家、结伴回家三个指标进行描述,这样一方面表达了三种指标和小学生年级的对应关系,另一方面从不需家长陪同的群体中划分出结伴回家的概念,进而探讨小学生的交往情况。

在对于小学生的接送意愿的分析中可以看出,小学生希望独自归家的数目一直处于很低的状态,并没有产生较大的变化,只在二、三年级有着一定的数目(表 4-5)。在此,二年级希望家长接送和希望与同学结伴回家的折线图形成交点。二年级(通过调查处于 7～8 岁)小学生正是经历了一年级必须接送阶段,而进入关于放学时段是否需要接送的彷徨时期,很多小学生对于独自回家和结伴回家的认识并不明确,但对于接送式的放学回家形式已然产生了反抗的情绪。家长接送的放学形式在三年级时接近 X 轴并继续呈现缓慢的下降趋势。与同学结伴回家在二年级之后有着显著的增加(图 4-21)。可见三年级左右的小学生(通过调查是处于 8～9 岁的小学生),已经有着普遍的结伴回家的愿望,该年龄段的小学生已具备较强的活动能力,结伴回家无疑可以促进小学生沿途空间的探索和游憩,从而促进相互之间交往。

表 4-5　小学生接送意愿统计

选项指标 (项) 年级	家长 接送	独自 回家	结伴 回家
一	57	6	28
二	33	19	32
三	18	14	49
四	14	11	62
五	15	7	65
六	10	5	73

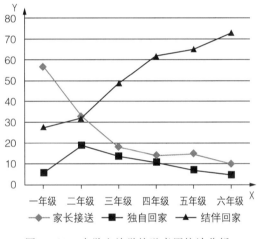

图 4-21　小学生放学接送意愿统计分析

3)学生家长关于接送问题的调查

在对于家长认为小学生的接送是否必要的调查时,家长的选择较为理性,较多地集中在反对、中立与支持这三个选项,而选择非常必要和坚决反对两项则较少。通过条形图的对比分析可知低年级学生家长对于小学生独自回家较为反对。而反对项亦是整个统计中随年级增长变化最为明显的一项,呈每个年级段 50% 以上的趋势递减,在高年级时已经占到最大比重,而选择认为小学生独自放学较为必要的家长在低年级和中年级对比时产生了最大的变化,数量激增 50%,而在中高年级时数量基本持平,可见在中年级时家长对于小学生的独自回家的态度发生了较大的改变。在对于低年级的分析时可以看出一般这一选项水平较低,而在中高年级,呈现逐步递增的趋势,可见低年级学生家长对接送话题较为敏感,而中高年级家长对于小孩独自回家更多地呈现默许态度。对于非常必要和坚决反对两项的分析可知,虽然选择这两项的人数均不多,但仍能表达出一定的趋势,认为小学生独自回家非常必要的选择随着年纪的增加有所增加,而选择坚决反对选项的家长数目则随着年级的增加急剧减少(图 4-22)。

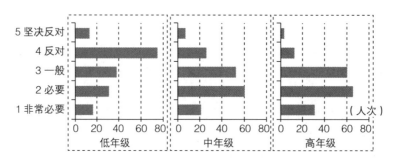

图 4-22　小学生放学接送必要性调查分析

3. 学区内设施的使用及评价

对学区内设施及空间使用情况的分析,首先通过小学生希望增加的设施全面考察小学生的关注点。而后分别考察小学生及其家长对于交通设施这一至关重要的城市要素的考察。对于交通设施方面的放心程度考察,进一步将学校放学时段所有的交通管理措施分类,问题设置从两个方面展开,分别是对于小学生放心的交通措施,以及针对家长的放学时段交通情况改善的统计。前者从小学生的视角分析能让小学生在放学时段交通高峰期感受到安全,对于交通设施从交通警察、交通信号灯、人行横道、人行天桥、家长协管等几个方面展开。后者则提出了车辆管理、城市道路宽度、家长等候区、儿童通道、人行天桥、停车位等与小学生放学时与小学生及其家长切实相关的方面。进而从家长的视角,为学区的评价和改善总结出重要的方面。

1)学区设施要点把握

希望在学校附近增加哪些设施,是针对小学生的一项综合统计,提供了包括文具、书店、餐饮、公交站台、人行横道、人行天桥、路边绿化、活动设施等近10个选项,几乎涵盖了小学生日常接触的商业、交通、文化、娱乐、活动场等各个方面。通过对于学校附近设施的分析可以很好地从小学生的视角分析小学生日常上下学途中所关注学校附近的空间环境,从而有针对性地把握小学生视角下的学区建设的关键点(图4-23)。

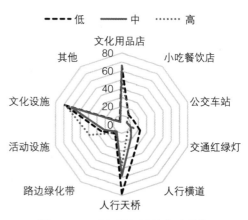

图 4-23　希望增加设施统计分析

关于小学生学校附近设施的综合统计中共统计到低年级数据 333 项,中年级数据 262 项,高年级数据 272 项(表 4-6)。从表 4-6 中可以看出小学生希望在学校附近增加的设施在文化设施方面达到最高,可见小学生的需求仍集中在与学校相关的商业和文化场所上。选择第二多的是人行天桥,可见交通问题已然引起小学生的关注,学校附近活动设施和小吃餐饮两个选项也占有较多的数量,但在选择程度上不同年级的小学生产生了一定的差异,选择小吃餐饮商业设施的大多数为低年级和高年级学生,这主要与小学生的行为能力以及在放学途中是否有家长陪同相关。而关于活动设施的选择高年级学生明显要高于中年级和低年级学生,可见高年级学生对于学校附近活动设施的需求较为强烈,这又与小学生的行为心理及参与活动的形式不同相关,高年级的学生更加需要一个独立的活动场所,而低年级和中年级的学生则以沿途城市空间的玩耍为主。此时,高年级学生的场所观点更加明晰,对于空间功能性的需求也相当明确,因为随着年龄的增长,小学生的活动范围也随之增加。

表 4 - 6　希望增加设施统计

选项指标(项) 　　　　　　年级	低	中	高
文化用品店	66	66	49
小吃餐饮店	13	8	14
公交车站	14	6	6
交通红绿灯	22	11	14
人行横道	29	18	11
人行天桥	78	58	46
路边绿化带	13	10	12
活动设施	25	21	39
文化设施	69	61	68
其他	4	3	3

2)学区交通情况的调查

在对于小学生认为放学时段让自身感到安心的交通管理方式的调查中,由于采用了多选的方式,低、中、高年级的小学生选择的总数出现了明显的差异(表 4 - 7)。低年级的小学生雷达图的面积大于中高年级,可见低年级小学生的关注点更多(图 4 - 24)。通过图表可以看出,三个年级段在人行天桥和交通警察的选项具有一致性,且达到最高水平,可见人行天桥的立体交通方式和交通警察的管理、疏导,让被调查者最为安心。造成低年级和中高年级面积

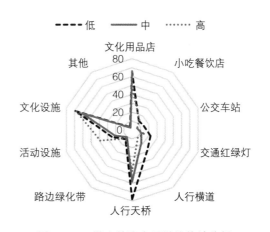

图 4 - 24　学生关注交通设施统计分析

差异的选项主要有两个,家长协管与人行横道。关于人行横道这一选项,中高年级的小学生的统计数据具有一致性,而低年级小学生略高。而关于家长协管的统计,低、中、高三个年级段呈现递减的趋势。对于红绿灯的考察发现,高年级学生认为有红绿灯管理更

为安全。由此可见,低年级学生对家长协管仍存在一定的依赖,事实证明家长协管在被调研小学放学时段起着重要的作用。而高年级的小学生,则通过读取红绿灯的信息,更加方便地确认是否通行。

表 4-7   学生关注交通设施统计

年级 选项指标(项)	低	中	高
交警	81	72	73
红绿灯	19	20	24
人行横道	14	8	8
人行天桥	77	68	72
家长协管	34	21	12

对于家长的调查,认为放学时段交通情况在哪些方面值得注意时,低、中、高各年级的家长选择情况十分相似,只在个别问题上出现不同。家长最为关注的问题便是加强车辆的管理,这也是导致放学时段交通拥挤的重要问题,是关系到小学生安全的一个问题(表 4-8、图 4-25)。同样受到关注的还有加强儿童专用通道的建设、设置人行天桥以及设置家长等候区。由此可见分区的等待、有条理的疏散和人车分流是大多数家长愿意看到的。在此,加强儿童

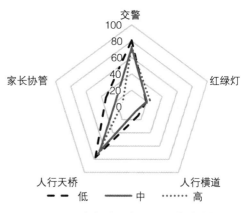

图 4-25   家长关注交通设施统计分析

专用通道建设并不随年级的变化而产生线形关系,低年级家长相比高年级家长认为加强儿童专用通道建设更有必要,但中年级的家长则更加关心该项建设,因为在之前的统计项中,中年级的学生已经更多地不需要家长接送,而高年级的学生虽然这种比率更高,但独自的行动能力更强,很多家长认为他们已经不需要专门的通道进行分流了,而车辆管理对他们来说显得更加重要。

对于摊点的管理问题,中高年级的家长更加关注,因为他们的孩子已经具有相当的购买能力,而露天的摊点可能干扰到小学生放学之后的活动,出于交通、卫生、安全等因素,中高年级的家长更加希望对学校附近的摊点加以管理。而低年级家长的关注点与他们更多地接孩子回家密不可分,虽然不是每个家庭都采用私家车的形式接送孩子上下学,但接送比率的提高,无疑使得低年级家长更加关注学校周边停车场地的建设问题,他们希望增加更多的停车位。而对于拓宽城市道路的提议虽然有一定数目家长选择此项,但更多的家长更加关于与他们孩子安全、便利相关的方面。

表 4-8　家长关注的交通设施

选项指标(项) ＼ 年级	低	中	高
车辆管理	116	123	120
拓宽道路	34	37	39
设置等候区	73	51	65
加强专用通道建设	110	87	96
设置天桥	81	77	77
增加停车位	58	41	46
加强摊点管理	49	53	69

4. 对放学途中滞留场所的把握

在对于小学生放学之后的考察中包含了两个方面的内容:第一,对于小学生放学途中玩耍、滞留场所的调查和分析;第二,对于小学生放学归家之后,活动场地的调查和分析。

1)放学途中游憩场地的调查

在对于放学至归家过程中最经常的玩耍、滞留场所的把握中,问卷给出了包括书店、文具店、公交车站、沿途绿化、道路交叉口、小巷、广场、自家楼下等 12 个选项,并让不同年级的学生进行多项选择,其中设置了选项"其他"用于小学生从不滞留或者有个别其他滞留场所的选择。对取得的数据分低年级、中年级、高年级展开分析。在滞留选项的统计中排除选择较少的其他项,低年级共有 233 项,中年级有 226 项,高年级有 224 项。雷达图可以很好地表示不同年级小学生对于玩耍或停留场所的选择程度,并清晰地比较低、中、高年级在选择上的差异性。从图中可以看出低、中、高三个年级有着明显的相似性,选项 1(书店、文具店、小吃摊),选项 5(居住小区内景观活动设施),选项 10(自家楼下)的选择数目最多。通过数据分析整个小学,选择选项 1 的占 23.1%,选择选项 5 的占 17.9%,选择选项 10 的占 24.7%(表 4-9)。然而不同年级的小学生在选择上仍存在一定差异。低年级在商业、住区景观和自家楼下的选择上数目较为均衡,除此之外广场成为数目较多的选择项。中年级小学生选择在自家楼下玩耍的数目最多,相关商业设施以及住区内景观活动设施也占有很大数量,广场、水边景观和途中公园也成为部分中年级学生的选择。在对高年级学生的分析中发现,高年级学生选择文具店、小吃摊的数目最多。自家楼下、住区景观、广场都有着一定数量选择。高年级学生的最大不同在于,选择公交车站的数目有所增加。由此可见低年级、中年级学生的选择更偏重于自家楼下和住区景观活动设施。而高年级学生对于商业设施、公交车站和其他场所的停留和玩耍也反映了高年级学生心智和行动能力的成熟,从而发生了更为多样的滞留行为(图 4-26)。

表4-9　放学途中游憩场地统计

选项指标(项) 年级	低	中	高
商业摊点	35	50	62
公交车站	3	6	20
途中公园	16	16	9
路边绿化	14	11	11
住区景观	51	35	36
广场	30	27	18
道路岔口	1	3	2
停车场	0	1	0
水边景观	10	16	12
自家楼下	59	60	5
小巷	2	2	4

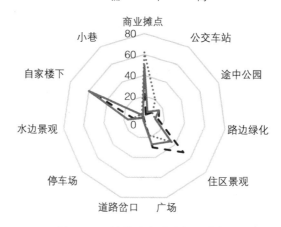

图4-26　放学途中游憩场地分析

2)归家之后游憩场地的调查

小学生放学归家之后活动场地的把握,有助于研究小学生的交往、游憩的场所关系,以及小学生归家之后的活动场地。对于小学生归家之后的活动场地按照小区内外进行划分,分为居住区内的景观设施(亭、廊、水景等),居住区内的活动设施(居住区配套健身器材等),居住区内的绿地,居住区外的城市公园、广场,居住区外的体育运动场地等几大方面。通过调查低年级共选择235项,中年级242项,高年级234项(表4-10)。进一步分析可以看出小区内的活动设施占有最大的比重,是小学生最感兴趣的活动场所,在该选项中,中年级小学生占有最大的比重。其他选项产生了较大的差异,低年级小学生更加倾向于在住区内部的绿化带附近玩耍,而高年级的小学生在小区外的城市广场、公园中活动的更多,且具有更多的其他活动场所,可见高年级小学生的活动范围最为广泛,与此同时对于空间的探索能力也最强(图4-27)。总体来看,小学生仍倾向于放学归家之后在小区内部玩耍,但是随着年龄的增长活动的内容以及行动的范围也随之增加和扩大。

表4-10 放学之后游憩场地统计

选项指标(项) 年级	低	中	高
居区内景观	37	33	28
居区内活动	99	86	68
居区内绿化	56	43	31
居区外公园	22	28	18
居区外体育场	32	28	23
其他	24	24	49

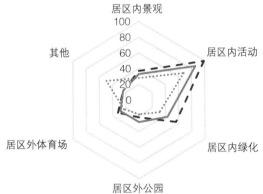

图4-27 放学之后游憩场地统计分析

通过以上对于小学生上下学交通方式、滞留场所、交通设施等重要方面的考察,把握了被调查的小学生的概况,并总结出学区研究的侧重点,为之后的空间分析以及步行实验提供了前期定性分析的基础资料。

(1)通过小学生上下学交通方式与住区位置的对照分析可知,交通方式的差异受到住区距离、道路交口等多方面的影响,学区内主要住区及周边住区的小学生主要以步行为主。

(2)小学生从中年级开始对于同龄人之间的交往与玩耍的需求迅速增加,而到了高年级则形成了较为明确的与同龄人交往的意识。因此,自中年级开始逐步地培养小学生独自回家的能力及结伴交流的能力有利于小学生之间的交往,也有利于小学生的成长。小学生活动场所空间和活动设施的设置方面应考虑低年级家长陪同的因素,并综合考虑中高年级同龄人之间的交往性,深入分析不同年级在学区内空间场所的认知和选择方面的不同。

(3)商业和文化设施的需求成为小学生的主要选择,而对于临时摊点的管理问题也成为家长较为关注的方面。对于交通设施的认识随着年龄的增长有所不同,年级越高的小学生越倾向于选择交通信号灯等交通管理措施,而低年级小学生更需要家长或交通警察的协助,人行天桥的安全性成为各年级小学生的共识。

(4)小学生在放学途中有很多不同的滞留场所,其中以自家楼下数目最多,且低、中、高年级小学生均有较多分布,途中广场、景观以及商业设施均成为吸引小学生滞留的重要场所,各年级在选择上出现了不同。而对于小学生放学归家之后活动场地的选择,低年级以住区内部及周边玩耍为主,随着年龄的增长和行动能力的增加,小学生的活动范围不断地扩大,行动的方式也产生着变化,探索能力亦有所增强。

4.2.2 基于行动调查的小学生行动路径分析

接下来,对安居苑小学、绿怡小学、青年路小学、屯滨小学以及合工大子弟小学等五所学校进行行动调查,对五所小学校的总体轨迹线展开具体分析,并选取合工大子弟小学对其小学生行动轨迹中特殊的穿行效应、迂回效应、转折现象等进行深入探讨。其中,分析研究涉及的核密度计算,是将整体的轨迹点 csv 文件导入 GIS 中,经核函数计算后最终获得显示轨迹点聚集程度的核密度图像。

1. 住宅小区配套小学——安居苑小学与绿怡小学

在规模较大的住区规划中,会考虑同步建设小学校作为配套公共服务设施。安居苑小学与绿怡小学同属住宅小区内部的小学,是与住区内住宅等建筑同步规划、同期建设的,其服务范围主要包括所在的住宅小区。

1)安居苑小学总体轨迹线

由图 4-28 可以看出,安居苑小学处于安居苑小区西苑西南角处,与安居苑东苑隔街相邻,处于整个住区的中间部位的最南侧,校门位于学校建筑的北端。轨迹疏散方向主要以校门为起点,向西疏散到安居苑西苑、向东疏散到安居苑东苑,以及沿着校园西侧道路向两侧分散。小学校门西苑内的轨迹线呈现较为均匀的树枝状分布,有 4 条轨迹线在西苑的中心绿地景观区出现了绕路、迂回折返现象,这一区域吸引小学生在此停留嬉戏。东苑内的轨迹线数量多,分布复杂,除终点在东苑内的轨迹线,另有 10 条轨迹线穿越了东苑到达其他住区。从东苑内穿行符合走捷径的心理特征,节省体力,同时,小区内部的环境与外部城市道路环境相比更为舒适安全。东苑的中心是一处圆形中心景观区,总计 56 条轨迹线中有 17 条途经此处,是轨迹线分布最多的游憩场所。校门前空地区域不临街,而是在东苑内部,并设置了树池、座椅等设施,一些流动小摊贩放学时段聚集在此,小学生放学后在校门前流连,发生较多类型的活动。

2)绿怡小学总体轨迹线

由图 4-29 可以看出,绿怡小学位于绿怡居西村中央西侧外围,右侧临近绿怡居东村,处于整个住区的中心稍偏西北处,校门在学校建筑的南部,门前区域有较大面积的城市绿地。小学附近住宅排列较为整体,形成网状的井字空间,60 条轨迹线以东西向直线为主轴横向发展,并从主轴上发散出多条南北向疏散支路。以校门处划分一条南北向的分界线,其东侧的轨迹线数量较少,呈现散射的枝状分布,延伸的范围与距离较大;西侧的轨迹线数量多,聚集程度更强烈,辐射范围较小。

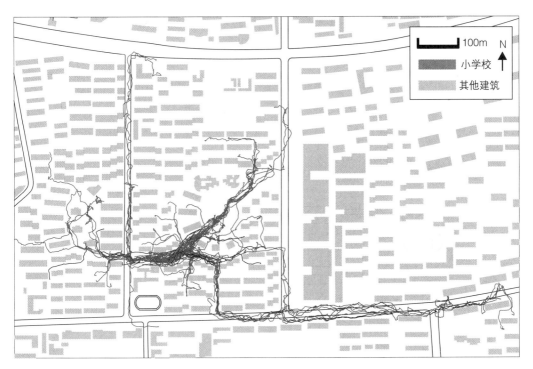

图 4 - 28　安居苑小学轨迹线分布

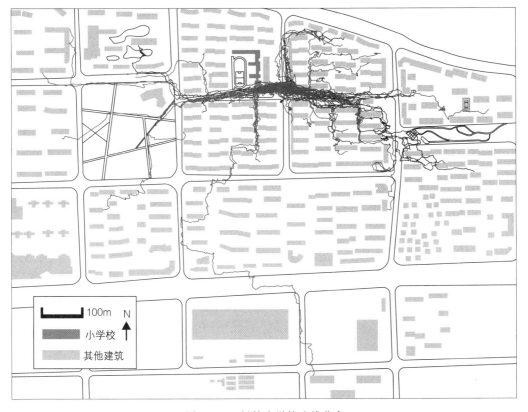

图 4 - 29　绿怡小学轨迹线分布

进入东村有两个方向，主要方向是绿岛正对的东村正门处，正门前有公共绿地，轨迹线穿行其中；次要方向在东村北侧端部，这里并没有设置出入口，而是人为制造的一处缺口，5条轨迹线从这里进入小区。学校门前的绿岛以及东村内的公共绿地和中心景观区因较近的区位优势能够获得青睐，途经这三处的轨迹线较多，并伴随发生较多停留行为。在学校的西侧和东侧各有一处面积较大的游憩场所，环境与设施更为优良，但小学生来这两个地方游玩的现象很少，场所利用率很低，究其原因，首要是它们不在放学主要疏散路径上，与学校距离较远。

2. 市立小学——青年路小学与屯滨小学

住宅小区外的小学多是历史悠久的老学校的沿革，或是市政规划新建或是学校发展设立的新校区。尽管它们被住宅小区环绕，甚至可能处于住宅小区内，但它们与住宅小区内配套公共设施的小学有着很大的差别。

1）青年路小学总体轨迹线

由图4-30可以看出，青年路小学北侧和西侧为一片厂房，小学南侧及西侧临近银杏苑住宅小区的几个住宅组团。轨迹线在小学西侧城市干道与小学南侧、东侧的城市支路的范围之内。校门前东西向道路为疏散的主轴线，以校门为分界点，其东侧轨迹线仅有8

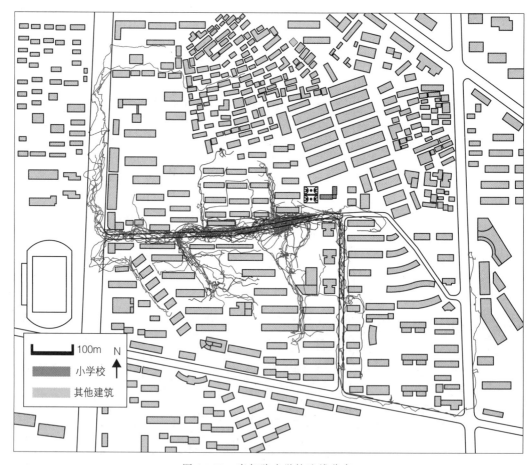

图4-30　青年路小学轨迹线分布

条,其他轨迹线均向校门西侧疏散。主轴线上北向的分支有 3 条,南向分支有 4 条,南向分支上轨迹线更密集,但南北向辐射范围相当。

学校西北侧临近的住宅与道路之间形成的三角形空地上轨迹线最为密集,这处空地以硬质铺装为主,背向的住宅一层是零售店铺,小学生经过此处常常追逐玩闹。校门斜对城市休闲广场,这一区域包含了 14 条轨迹线,很多小学生在此逗留较长时间,进行多种活动。银杏苑北侧住宅组团内有处广阔的以草地为主的公共绿地,轨迹线从草坪上穿越,曲折迂回现象频繁,开阔的草地适宜小学生活动。在轨迹线主轴两侧,小商铺林立,店家门前摆放的货品及游戏器械引得小学生驻足停留。

2)屯滨小学总体轨迹线

显著区别于其他学校,屯滨小学放学时疏散校门有两个,分别位于学校的北侧及东侧。小学生放学时可以根据家宅方向选择不同的校门,两个校门起到了很好的分流作用,能缓解放学时段校门前拥堵情况。以北门为起点的轨迹线有 26 条,以东门为起点的轨迹线有 33 条(图 4－31)。

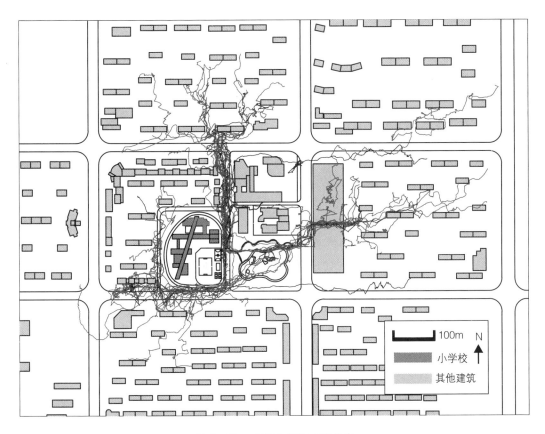

图 4－31　屯滨小学轨迹线分布

整体轨迹线有 3 条轴线,以南门与东门前道路交会处为中心,分别向西、北、东北 3个方向延伸。西侧与北侧轴线上的轨迹线分布趋势一致,都是沿路扩展后向各个住宅组团内发散分支。东北轴则穿越了东门正对的城市小公园,一些轨迹线特意绕行至此处形成折返、迂回前进等特征。小学周边住宅均为新落成的高品质高层住宅区,建筑密度较小,中心景观形成轴线贯通整个住区,小区内广场、绿地等公共空间布点广,小学生可以活动的户外场所多、设施全,轨迹线在小区内部的各类游憩空间中呈现出丰富的形态特征。

3. 合工大子弟小学

1)合工大子弟小学总体轨迹线

由彩图 23 可以看出,合工大子弟小学所呈现的是 65 条小学生的轨迹线,整体轨迹线形态呈现 L 形,除了在门前区小学生大量集中滞留之外,在合工大校内连接东西校门之间的主路也是小学生途经和停留的重要场所之一。

小学生的行为在这个校区产生了较为丰富的变化,大学校园内的斛兵塘、校内住宅区内的绿地都成为小学生利用利率很高的地方。合工大子弟小学位于老城区,所以小学附近的城区内绿地环境较少,小学生停留、迂回轨迹相对较少。

2)行动轨迹线的穿行效应

空间的场所特征赋予了场所控制动线的属性,场所空间在城市空间中起到一定的控制作用,使得动线并未沿着直线距离最近的路径行进,而是发生了偏折、绕行,这是研究对象对于空间的自由选择,从而导致了路径的变化。这时,可以说动线在此类空间具有一定的穿行效应。穿行效应的实现并不是空间结构中功能性的体现,更多地体现了场所空间形态的变化,与场所空间在沿途城市空间的组合模式不同。

对于行动路线的分析可以看出进入合工大西村居住区内的动线共计 24 条,其中有 14 条穿越广场,占进入该区动线总数的 58%。进入青年小区的动线共计 24 条,其中有 20 条动线穿越接近入口一侧的广场,占进入该区动线总数的 83.3%。两个开敞空间均处于住区道路一侧,并非居民入户的必经之路,却使得动线在此发生了具有明确选择性的穿越和绕行现象,对动线的控制起到重要的作用。

合工大西村居住区的开敞空间与住区入口有一定的距离,与住区内道路分界较为明确。面积不大,且入口较少,但仍然吸引了行人的穿行,说明经过了入口空间的主要道路,相对开阔的广场空间对于路径的选择和动线的控制有着明显的作用。青年小区的广场则沿主要道路的一侧展开,与道路空间有一定的划分。中部开口较多,座椅、景观、健身设施较为丰富,且有一定的高差变化。由此可见在入口流线方向上延续的开敞空间,穿行效应更加明显,也形成了丰富的空间感受,并发生聊天、游憩、锻炼等更为多样的行动方式。

对合工大内部道路 7d～7n 的研究发现,沿途的开敞空间 7h～7i、7g～8j 有着一定的动线穿行,但受到大学校区的影响,以及开敞的空间多处于小学生放学便利流线的对侧。故而这种情况不甚明显。在合肥工业大学南村住区景观中有着一定的穿行情况,但因为此空间整体为棋盘形空间,在道路交口的选择上不存在明确的选择倾向。整个区域中景观和道路岔口相对较为平均地分布,提供了更好的空间体验。因此,动线的选择与道路交口的组合更为多样。很少有从主路直接进入住宅的情况,大多数的路线呈现阶梯形分布,从而体现了在此类均质空间中次要道路良好的分流作用,也体现了均质景观空间整体的穿行效应。其中,南村住区景观空间 6g～6h 的开敞程度不够是区间中动线并未发生明显的穿行效应的主要原因。

3）行动轨迹线的迂回效应

当场所空间中的行动轨迹线并未按照最短路径直线行进，而是发生了局部的或者较大范围的迂回与反复的形态时，可以说行动轨迹线在此类空间有着一定的迂回效应。迂回效应的本质应当是针对已经进入的行人所发生的一种改变其既定路径的表征。与穿行效应不同的是，穿行效应更强调了场所空间对其外部动线特征的改变，而迂回效应更倾向于研究场所内部特征，即空间要素和空间形态对于动线的控制作用。

对于门前商业空间的统计，发现动线发生小范围的迂回与反复的现象，其中无须家长接送的小学生发生的迂回效应的动线 46 条，占动线总数的 30.5%，而需要接送的小学生发生迂回效应的动线 24 条，占动线总数的 15.9%。由此可见商业门店、商业摊点对小学生放学路径产生了一定的扰动，且这种扰动对自由归家的小学生更加明显。行动路线在商业门前区域形成了密集的网状分布，商业对于路线的改变产生重大的影响。而在非门店的商业摊点动线也产生了迂回效应，由于摊点是一种非进入式的商业模式，因此这种扰动对校门前区道路对侧的交通疏导产生了一定的干扰。

在合肥工业大学西门区间 7d 北侧开敞空间也有着散布的摊点，同样产生了一定的迂回效应，通过图像可以看出此处的摊点避开了主要路径，对交通的疏导和放学路径并未产生过多的干扰（彩图 24）。

在青年小区门前广场的健身设施区域，青年小区的门前广场有着良好的穿行效应，而整个区间内只有临近健身设施的区域发生了行动轨迹线的迂回效应，动线在此形成了较为密集的网状形态，而周边的座椅、花坛及开敞广场空间均未形成明确的迂回效应。对于同样发生着明显穿行效应的合工大西村住区入口广场空间，迂回效应则几乎没有发生，可见空间要素较为贫乏的该区间 5a~5b 只起到纯粹的交通过渡空间的作用，并不能引起进入行人行动方向上的改变。与此相同的空间还有合肥工业大学图书馆门前区广场空间。动线在合肥工业大学南村住区发生了随机的整体穿行的效应。通过对图像的进一步分析可以看出动线在景观空间的边缘、道路的交叉口以及住宅附近发生了局部的迂回现象。当然这种现象的发生地点有一定的随机性，这与整个住区空间环境较为良好、安全程度较高以及道路布局形态较为均衡密不可分。

合工大内部聚英路整个路段没有发生明确的迂回效应，而在道路的尽端发生了此类效应，区间 7n~7m 北侧景观发生了路线的迂回效应，虽然只有一条路线进入了该区域，却形成了独立于均质的线形空间路径的网状的动线形态。因为空间开敞程度不高，标识及入口也不够明确，所以此类空间的穿行效应较差，而丰富的内部空间要素以及良好的景观效果使得进入的行人产生了迂回与反复的行动路径（彩图 25）。

4）交通节点的通过情况与行动路线的转折现象

对于道路节点的分析可知，在放学归家的交通节点中，动线发生转折现象是必然的。合肥工业大学南村住区空间内，小学生转折具有随机性，又具有增加的趋势，由于 6 号轴线（香樟路）贯穿整个住区，任何一处住宅都可以通过香樟路一次转折到达。而实际观察中更多的小学生选择了多次转折归家的方式，可以看出，在景观较好支路较多的空间，转折数目随之增加。

大学西侧门对侧区间 6c 有一定的动线转折的现象,有着一定的控制动线的作用,但整体没有道路对侧 6d 区间明显,由于道路东侧道路空间形态相对开敞,有大部分小学生及其家长选择在放学时段优先穿行校门前区道路。可以看出 6c 区间更多地发挥交通分流作用,而 6d 空间更多地起到交通与汇集的作用(彩图 26)。

对宁国路与九华山路交叉口进行分析,该区间是学区内重要的交通节点空间,因为受到校门前商业空间、学校位置及放学行动整体趋势等诸多因素的影响,在此仅提取从出校门至归家途中斜穿该区间的被调查者以考察道路交叉口空间的空间形态。通过调查发现,选择斜穿道路交叉口的小学生共 9 人,几乎全部优先通过宁国路段,而后通过九华山路(彩图 27)。

进一步分析此处的道路空间要素,可以发现东西两侧人行道路的空间布置有一定差异。东侧人行横道更靠近道路交口,行人在此方向无须通过转折即可穿越道路,人行道的无障碍设计范围涵盖了整个环岛,由此导致了此处停车较乱的问题。而道路西侧人行横道距离道路交叉口有一定距离,行人穿越道路需多进行一次转折。通过空间分析可以看出,尽管西侧的道路设计更加合理,选择从西侧通行具有更好的安全性。但人们仍然选择在道路交叉口优先选择转折,且选择视觉较为开阔的地段进行穿行。

4.2.3 基于核密度图像的小学生行动与空间关联分析

本书将以安居苑小学、绿怡小学、青年路小学、屯滨小学四所小学校为对象,对其学区空间进行分段式局部性的核密度图像分析,从而得到更加精准的分析结果。

1. 行动路径的核密度分析

1)校门前空间的密度分析

选取四所小学校门前空间横向比较分析,校门前空间节点示意如图 4 - 32 所示。校门是轨迹线的起点,门前区轨迹线与轨迹点较为密集,聚集程度高,这一区域是放学主要疏散区,要求人员快速通过,不能阻碍后方学生疏散。门前密度高说明这一区域通过性较差,人流过于密集。另外,在校门侧方空地容易形成密度核心。安居苑小学与绿怡小学校外密度核心均偏东,前者因为东侧有较大面积景观休闲区引人逗留,后者由于这里的商业门前戏剧演出聚集人气。青年路小学门前道路狭窄,但左方建筑后退形成的铺装空地有利于开展活动成为密度核心处。屯滨小学疏散校门有两处,两处校门区域的密度值相差较大。南校门正对城市干路,东校门与一处城市小公园隔城市支路相望,东门外的聚集程度明显高于南门外(附表 2)。

图 4 - 32 校门前空间节点示意

2)道路空间的密度分析

交通空间是小学生放学途中的必经场所,道路空间节点示意如图 4-33 所示。

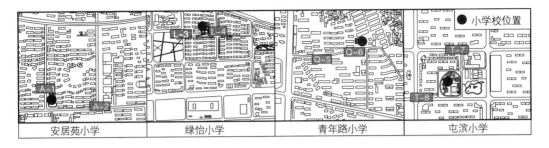

图 4-33　道路空间节点示意

A-1、Q-5、Q-6 为直线道路空间,A-1 中小区入口正对学校,小学生横穿马路进入小区使马路上形成较高密度核心;Q-5 由于道路两侧商铺在门口摆放货品及摇摇车等游戏器械吸引学生逗留;Q-6 中道路旁空地因小学生聚众游戏成为较高密度区域,轨迹点非常密集。

A-2、L-3、T-8 为丁字路口节点,A-2 中多条轨迹线在路口分流,轨迹点密,密度图辐射范围较广;L-3 中轨迹线路口分流偏向于单一方向,轨迹点稀疏,密度最小;T-8 中受学校右侧小公园的影响,轨迹没有沿着丁字路口形态分布,而是在节点处形成斜上方穿越小公园的分支。

L-4、T-7 为十字路口空间节点,L-4 中十字路口为住宅小区左右两个组团入口正对处,与校门相距 50 米左右,周围商业包含小学生喜爱的文具店及超市,这里轨迹点最为密集,轨迹线线性复杂,密度核心的密度值最高;T-7 中路口左侧住宅数量较少,只有一条轨迹线穿越了十字路口,路口处点疏线疏,右侧较高密度核心因文具店、玩具店吸引力形成(附表 3)。

3)游憩空间的密度分析

小学生放学途中在游憩空间内玩耍等停留行为发生频率高,持续时间长。游憩空间节点示意如图 4-34 所示。

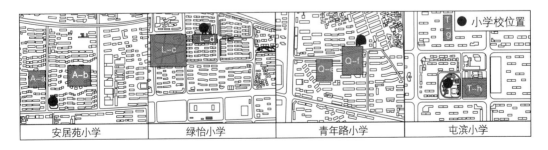

图 4-34　游憩空间节点示意

A-a 与 Q-e 为住区内公共绿地,前者处于高层住宅阴影区,轨迹线较少,只在健身器材集中处形成较低密度核心,后者轨迹线曲折复杂,左下角处轨迹点较密,密度辐射范围更广。

A—b与T—g为住宅小区的中心景观,A—b的圆形中心景观聚合性强,轨迹线与轨迹点集中在出入口与中间位置,在景观区主入口附近的聚集程度最高,T—g矩形条带状轴线景观延续性好,它的轨迹线数量少,轨迹密集程度低。

L—c与T—h是学校周边的小公园,L—c轨迹线稀疏,有绕行现象,密度最低,T—h轨迹点最密集处集中在水景周围。前者距离小学较远,且它设计中强烈的线条切割感不符合儿童审美,吸引力不足,是造成两者密度差距的原因。

L—d与Q—f是学校门前的城市游憩空间,L—d为三块连续的城市绿地,学生放学后喜爱从其中穿过并发生停留行为,轨迹线密集,聚集程度较高。Q—f是城市休闲广场,轨迹点比轨迹线更为密集,聚集程度最高(附表4)。

2.行动路径的速度分析

1)行动路径整体速度水平

以安居苑小学与青年路小学为例,研究轨迹点速度与城市空间及小学生行为之间的关联。因实验存在误差,将轨迹点速度高于5米每秒(小学生跑步的平均速度)的定位点视为无效。轨迹点平均速度为1米/秒,将平均速度小于0.7米/秒和大于1.3米/秒的轨迹点分别提取出来进行研究(表4-11)。

表4-11 轨迹点速度属性

属性	安居苑小学	青年路小学
轨迹点总数	9346个	10141个
有效轨迹点	9227个(100%)	10051个(100%)
速度小于0.7米/秒轨迹点	3020个(32.7%)	3512个(34.9%)
速度为0.7~1.3米/秒之间轨迹点	3853个(41.8%)	4048个(40.3%)
速度大于1.3米/秒轨迹点	2354个(25.5%)	2491个(24.8%)
平均速度	1.0006米/秒	0.9961米/秒

因调研方式为调查员手持仪器追踪调查小学生放学路径,当小学生在某一区域停留玩耍时,观察员在一旁等待,故而速度0.7米/秒之下轨迹点既能反映小学生静止停留行为,也代表了小学生停留在某一区域内迂回、折返、绕圈等行为。而速度1.3米/秒之上轨迹点主要体现疾行或跑跳追逐快速通过场所。

2)速度0.7米/秒之下轨迹点分布与城市空间特征

速度0.7米/秒之下轨迹点分布范围(图4-35)比总轨迹点分布范围小很多,且聚集成多个落在小学门前区、道路、游憩空间上的团簇状点块。但安居苑小学校门前轨迹点最密集处在校门外,由校门向东北方向密度渐大,青年路小学门前轨迹点最密集处距离校门尚有一段距离,由这处团簇点向西延伸密集程度逐渐降低。

从核密度图(彩图28)可以看出,核密度核心点较多,离散分布,波峰与波谷连续延展。安居苑小学中聚集程度最高的红色密度波峰只有中心景观区内的一处,从校门到中

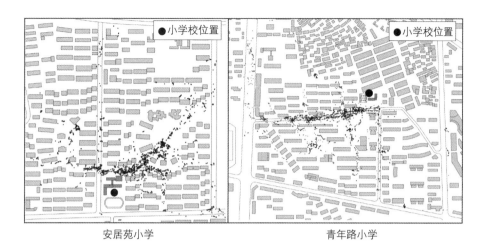

安居苑小学　　　　　　　　　　　　　　　　　　青年路小学

图 4-35　速度 0.7 米/秒之下轨迹点分布

心景观共有三处波峰,这一区域属于小区的内部空间,树池、景观小路、休闲座椅等景观与设施营造了适宜游憩的环境。校门以西,只有两处波峰峰值较低的密度核心,较近的波峰横跨马路,这里是小学生进入西侧住区的入口。较远的波峰主要靠公共绿地景观的局部小广场和健身器械吸引小学生玩耍。青年路小学核密度三处红色波峰均在校门前向西延伸的道路上。三个波峰值稍低的密度区其中两处落在游憩场所内,另一个波峰因小区出入口优势地位形成。

　　3)速度 1.3 米/秒之上轨迹点分布与城市空间特征

　　速度 1.3 米/秒之上轨迹点分布范围(图 4-36)与总轨迹点分布范围相差无几,轨迹点只在分布图的中央区域较为密集,其他区域沿放学疏散方向散布连续且较为均匀。安居苑小学的轨迹点以校门为中心向四方辐射范围较一致,在校门一侧附近形成密集区,而青年路小学轨迹点偏向校门单一一侧发展。

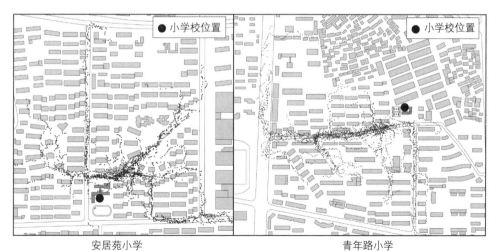

安居苑小学　　　　　　　　　　　　　　　　　　青年路小学

图 4-36　速度 1.3 米/秒之上轨迹点分布

　　从核密度图(彩图29)可以看出,聚集程度最高的红色波峰处于中央位置,外围区域的波峰峰值均较低。两所小学快速点分布范围均远大于慢速点的分布区域。安居苑小学仅有的一处红色波峰点在校门前稍微偏东的位置上,这里临近校门,开阔的场地为动态行为创造了条件。青年路小学门前空间狭小,波峰峰值最高点位于与校门距离更远的一处开敞空地上,值域稍小的另一红色波峰在校门前道路与小区入口道路的交会处。

　　以上通过追踪小学生放学行动路径,将路径轨迹线、轨迹点及核密度图像与城市空间环境相对应进行研究,并在此基础上分析轨迹点速度,以速度值从侧面反映小学生在特定环境下的具体行为类型。由此我们可以得出以下的总结性分析:

　　(1)整体路径轨迹与城市空间的关系:轨迹线整体以学校门前区为中心沿道路方向辐射,呈现树枝状的散射状态,在住宅密集区域分支多;道路空间形式及沿街商业业态类型影响轨迹点沿街分布的聚集度,城市游憩空间能影响或改变轨迹线局部的走向;密度核心为轨迹点最密集处,一般出现在校门前附近区域、道路交叉转折处、城市游憩空间等场所,相同类型场所因其区位要素与环境设施等差异其中的路径数量与形态差异较大。

　　(2)轨迹点速度与小学生停留行为的关系:同一小学中速度0.7米/秒之下轨迹点数量上比速度1.3米/秒之上轨迹点多,但后者分布范围广于前者。速度1.3米/秒之上轨迹点表明小学生此刻处于快速通过状态或追逐奔跑嬉戏,速度0.7米/秒之下轨迹点反映了小学生正停留于某地并发生各类行为。速度0.7米/秒之下轨迹点密度核心多位于城市游憩空间中,核心点较多且呈离散状分布,速度1.3米/秒之上轨迹点的密度核心位于整个辐射区域中央的交通空间部位。

　　以上内容通过行动计测、GIS空间分析等方法,对调研对象在空间中的行为特征展开研究,进而综合评价各场所要素及空间类型对小学生放学行为的诱导作用,把握行动速度与城市空间的关联性。由此我们可以分别从校门前空间、重点道路空间以及游憩空间三个方面提出针对性的优化策略:

　　(1)校门前空间为小学校门口重要的疏散区域,人流量大且聚集程度高,为提高其通过性,避免人流过于密集,应设置大面积疏散场地。同时,临近小区入口的校门前区人流高密度核心明显较多,且无论快慢速通过率都比较低,故小学校门的开设位置应当与其他建筑物的入口保持一定的距离,以确保小学生快速通过。

　　(2)城市道路分叉口等空间人流通过性高且速度较快,极易发生交通事故,为保障小学生安全,宜在此区域设置红绿灯及斑马线,同时安排协警在放学时段于此疏导交通。沿街商铺和活动场地易吸引小学生逗留,通过性低,不利于疏散,此路段应严格管理,预留足够的空间作为人行道,必要时需设置人行道防护栏,以防小学生玩耍过程中进入城市道路发生危险。

　　(3)游憩空间内小学生发生低速停留行为的频率较高,行动轨迹线常常走向曲折,说明他们留恋于此地玩耍嬉戏。设置有树池、喷泉、景观小路以及一系列健身器材城市休闲广场最适宜作为小学生的游憩空间,其间人流聚集度高且通过率大,兼备聚集游憩和疏散人流的功能。因此,在城市合理的位置设置休闲广场不但能为小学生提供快乐舒适的游玩空间,更有快速疏散分流的优势。

4.3　小学生放学路径调查与学区服务半径解析

4.3.1　不同城市小学空间布局与学区划分对比分析

当今,小学教育越来越受到社会各个方面人群的关注,二、三线城市也具有了较高的优质教育覆盖程度。目前城市的小学体制主要是以公办学校为主,结合民办中小学和集团化办学的理念,以此来提高城市的小学教育品质。然而,二、三线城市的小学布局还是存在着若干的空间服务缺陷,这是基础教育设施非均衡配置所带来的社会问题。

本书在调研初期收集了合肥、蚌埠两个城市主城区小学基本情况和学区划分现状的数据,本书的研究数据来源于各个城市的实地调研及规划局的基础资料收集(截至 2016 年底)。

1. 合肥市小学基本情况及学区划分分析

1)合肥小学情况

图 4-37 是合肥市主城区教育设施布点示意,图中不规则线圈内的范围为合肥的主城区,实心圆点表示现状小学,其余点表示合肥市初中和高中的布点现状情况。从图中的布点总体可以总结出以下几点问题:

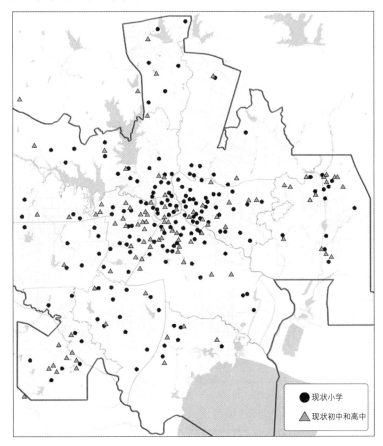

图 4-37　合肥市主城区教育设施布点示意

（1）基础教育设施布点分布不均，主城区内的各种学校数量明显比外围学校数量多出很多，甚至很多新建城区出现大片无学校布点的空白区。城市高速发展，但是教育设施发展速度跟不上城市的发展速度，造成了这一问题的产生。

（2）结合教育局提供的资料，可以了解到合肥市二环内学校生源充足，出现了个别学校学生数量严重超标的现状，但是有部分学校却不能按照计划招收足够的学生。

（3）城区部分学校的服务半径过大，不符合城市规划中对于教育设施布点的要求，应该针对各个学区的情况增设小学。

2）合肥小学学区划分情况

在下文中，将会详细介绍合肥市辖的瑶海区、庐阳区、蜀山区、包河区、经开区和高新区六个城区的学校学区划分的基本情况，包括区域的基本情况、小学数量以及所存在的问题分析。本文收集了合肥市区的学区划分图，在基本划分情况的基础上制出500米服务半径的分析图，可以看出学区内小学布点是否合理。

（1）瑶海区。瑶海区位于合肥市主城区的东部位置，西南滨南淝河，其主管面积70平方公里，常住人口为90万。截至调研时瑶海区小学有32所，九年制学校有5所。

图4-38是瑶海区学区划分现状。图中黑色实线为学区服务划分边界，黑色虚线圆圈则是以小学为中心、以500米服务范围为半径。通过图4-38可以发现，瑶海区的西边城区小学布点过于集中，服务半径重叠会导致很多区域与所属的小学距离较远。有部分小学处于学区的边缘位置，例如螺岗小学、新安江路小学、兴集小学、马岗实验小学以及郎溪路小学。此外，随着远离主城区，瑶海区的中部和东部区域小学数量逐渐变少，学区的范围也远远超过了其服务半径，小学布点不合理。

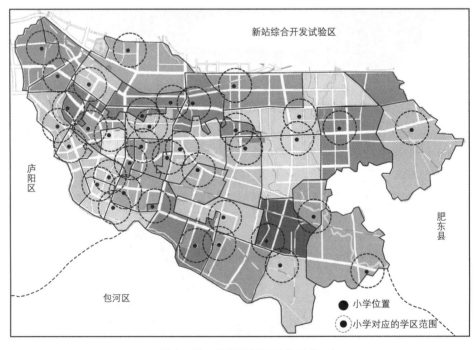

图4-38　瑶海区学区划分现状

104

(2)庐阳区。合肥庐阳区位于合肥市区中心和北部,区域面积是 139 平方公里,常住人口为 60 万,区域是以合肥老城为主体并向西北拓展。截至调研时庐阳区小学有 32 所,九年制学校有 1 所。

庐阳区学区划分现状如图 4-39 所示。本研究发现庐阳区最北部城区学校数量极少,南小、六小和五一小学所辖的学区范围过大。北二环的南侧城区小学分布相比瑶海区的情况要好,分布较为均匀,大部分学校位于学区的中心位置。但是长二小(柏景湾校区)的位置存在一定问题,导致一个服务空白区的存在。从图 4-39 可以看出庐阳区需要在北部地区增设配套小学。

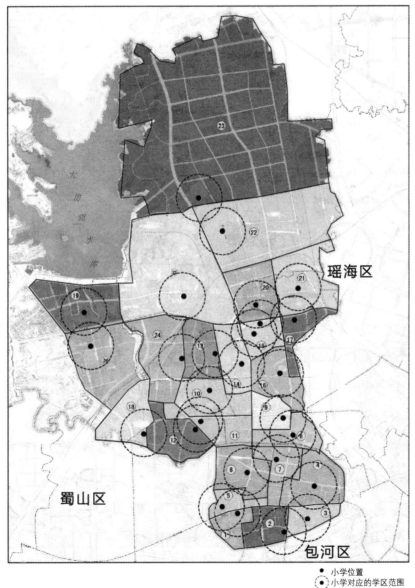

● 小学位置
⊙ 小学对应的学区范围

图 4-39　庐阳区学区划分现状

（3）蜀山区。蜀山区位于合肥市西南部，是合肥四个中心城区之一，是合肥西部门户城区，总面积为457平方公里，总人口达到96万人。截至调研时蜀山区有小学25所，九年制学校有8所。蜀山区的居住用地多集中在辖区的东部，因此学区划分的范围就集中在大蜀山的东侧部分，分为25个学区片。

蜀山区学区划分现状如图4-40所示，可以把蜀山区分为北部、中部和南部。北部城区学校较少，在靠近市区的地点学校密集但是布点过于紧密。中部城区布点较为均匀，整个区域处于服务半径可达的范围内。南侧出现较大的空白区。所以蜀山区的小学应该在南部地区进行改进。

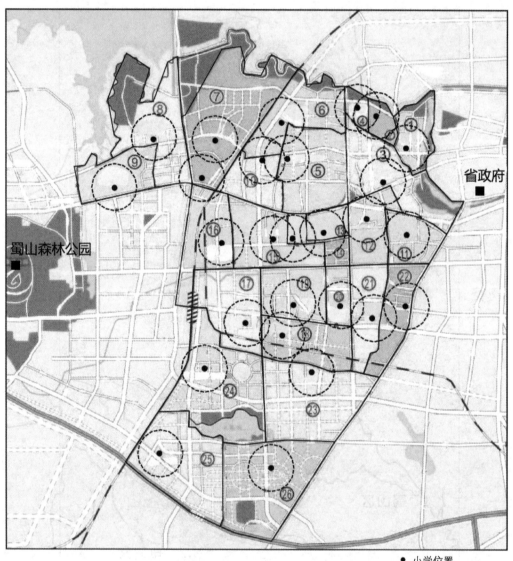

图4-40　蜀山区学区划分现状

(4)包河区。包河区是合肥的老城区之一,位于合肥市东南位置,巢湖北岸,是主城区当中的面积第一大区和人口第一大区。包河区学区划分现状如图 4 - 41 所示,包河区包含着旧城区和新兴的滨河新区,小学的设置也是随着城市的外扩逐渐地减少。在图中可以发现包河区的老城区虽然学校密集,但是小学布点存在问题,导致服务半径的重叠区和空白区。在新城区小学布点极少。所以包河区同时存在着老城区布局不均和新城区数量偏少的问题。

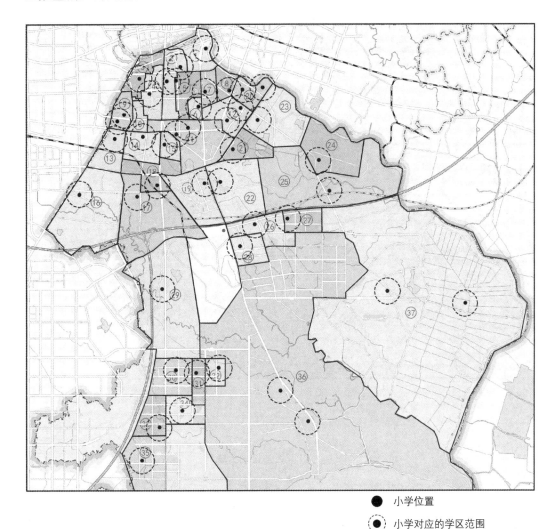

● 小学位置

⊙ 小学对应的学区范围

图 4 - 41 包河区学区划分现状

(5)经开区。合肥市经济技术开发区,简称经开区,位于合肥蜀山区境内,下辖海恒、锦绣、莲花和芙蓉等社区,位于合肥市区西南。全区面积为 78 平方公里,常住人口为 26 万人。经开区是发展中的新城区,共有小学 12 所,分为 12 个学区片。图 4 - 42 是经开区的小学学区划分示意图。经开区成立于 1993 年,2000 年被国务院批准为国家级经济技术开发区,是合肥新兴发展的城区之一。从图 4 - 42 可以发现此区域内的小学数量较少,每一个学区所辖区的范围过大,小学的服务半径远远超过了 500 米的要求。对于该学区应该根据新建居住区的配套服务设施及人口规模来增设多个小学校。

● 小学位置

◉ 小学对应的学区范围

图 4-42　经开区学区划分现状

(6)高新区。合肥高新技术开发区,简称高新区,是合肥 141 城市空间发展战略的西部核心区域。2013 年高新区已有小学 9 所。高新区与经开区同为合肥新兴发展的城区,人口较少,但是增长速度较快,未来的城区发展空间较大。高新区学区划分现状如图 4-43 所示,可以看到与经开区一样,高新区的小学数量过少,服务半径过大。且新城区的配套交通设施也在发展当中,该学区的小学生多数上下学就要通过汽车等交通工具,大大增加了小学生家庭的负担。

因此,在针对新城区的规划发展设计中,应该着重考虑增设配套小学数量,以此满足新城区不断增长的人口需求。

将合肥市城区学区存在问题进行总结:瑶海区内的小学布点不均,靠近主城区的小

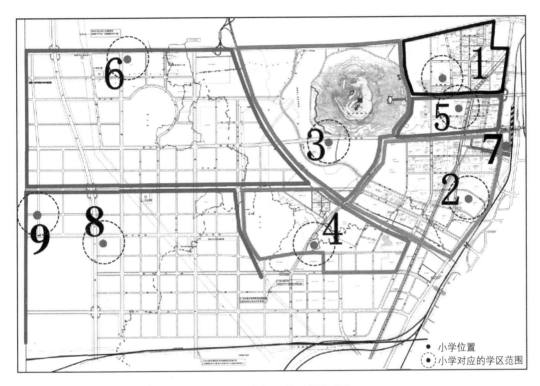

图 4-43 高新区学区划分现状

学布点密集,但是部分小学位于所划分学区的边缘位置,导致服务范围重叠和空白的现象出现。随着远离中心城区小学数量逐渐变少,伴随着小学的服务区域过大。庐阳区内的小学布点问题主要是北部学校数量极少。蜀山区的小学布点在南部城区较为薄弱。而包河区内的小学布点与瑶海区存在的问题类似,都是在主城区位置较为密集,在新城区小学数量极少。经开区和高新区两个新城区存在的问题类似,都是学校布点过少。

3)合肥市小学布局规划

小学布局和建设指标主要有千人指标、班额人数、生均用地和学校规模。本研究对合肥相关的教育指标做了一定的调查。截至调研时,合肥市小学千人指标的平均值是 48.90。按照分片区分别是:瑶海区 49.35,庐阳区 49.35,蜀山区 46.59,包河区 48.79,经开区 30.68,高新区 44.07。而规范中要求的千人指标则是 60 人/千人,可见合肥市小学的总体学生规模偏小,老城区中的瑶海区、庐阳区和包河区的学生人数远远高于新城区的经开区的学生人数,考虑到经开区是正在发展中的城区,千人指标应该要逐渐提高。

《安徽省义务教育阶段学校办学基本标准》中对于城区内小学班额人数的要求是:小学一般不少于 12 个教学班,班额一般不超过 46 人。根据合肥城市中小学布局规划资料,目前合肥小学的班额人数控制在 45 人/班。但是老城区的单班人数大多超过了 50 人。

对于生均用地指标,国际标准按照学校规模分为 10 平方米/人和 11 平方米/人,安徽省标准要求是小学不低于 22 平方米/人,新建中心城区小学不低于 14 平方米/人。《合肥市城市中小学布点规划(2006－2010 年)》中提出,小学每生用地标准是不低于 11 平方米/人,基本满足国家规范要求。

合肥市规划局、市教育局于 2013 年 5 月制定了 2011 年到 2020 年近期和远期的中小学教育布点规划,在规划中提出要为每一位学生提供公平的受教育机会,并且要优化资源配置,合理分布优质教育资源。

合肥市区生源现状与规划预测见表 4-12 所列,合肥市现状人口与规划期末人口对比如图 4-44 所示。结合图表可以明显地看出各个片区人口增长的态势。市辖区中的包河区和瑶海区以及新城区中的经开区和高新区都是人口发展迅速的城区。而从对小学生人数的规划预测中可以发现,包河区的学生人数最多,瑶海区和蜀山区次之,经开区和高新区的学生人数较少,但是高新区的人口发展速度是最快的。所以,对于包河区、瑶海区、经开区以及高新区的小学布点数量应该考虑更多的设置。在合肥市最近公布的城市中小学布局规划当中,预计到规划期末合肥市新增小学 185 所,新增九年制学校 10 所。

表 4-12　合肥市区生源现状与规划预测　　　　(单位:万人)

分区	现状人口	规划期末人口	小学生人数
瑶海区	70	90	5.4
庐阳区	61	70	4.2
蜀山区	81	90	5.4
包河区	82	110	6.6
经开区	26	40	2.4
高新区	12	60	3.6

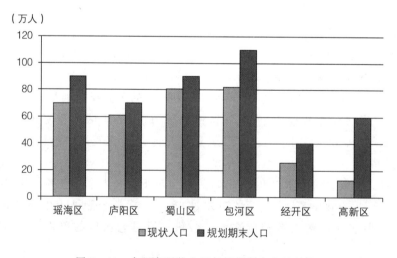

图 4-44　合肥市现状人口与规划期末人口对比

2. 蚌埠市小学基本情况及学区划分分析

1)蚌埠城市基本情况

蚌埠市是安徽省北部沿淮城市群的中心城市,东接江苏省、南邻凤阳县、西靠淮南市、北邻宿州市,淮河穿城而过。截至 2011 年底,蚌埠市现状建成区面积为 602 平方公里,市区总人口为 101.72 万人,其中户籍人口 92.71 万人。中心城区城市人口规模预测是近期(2015 年)120 万~140 万人,中期(2020 年)150 万~165 万人,远期(2030 年)达到 220 万人,呈现逐年增长的态势。

蚌埠中心城区城市现状居住用地由龙子湖、淮河等自然用地条件分隔,呈现出相对集中的、现状特征明确的几大居住片区。蚌埠市下设蚌山区、禹会区、淮上区、龙子湖区四个市辖区,并且管辖怀远县、固镇县、五河县三个县。

2)蚌埠小学情况

根据蚌埠市教育局提供的数据,蚌埠市辖区共有小学 120 所,设 1362 个班,在校学生 54862 人,校均学生 457 人,平均班额 40 人。从表 4-13 可以看到,蚌埠四个行政区的学校数量类似,都是在 29 所到 32 所之间,但是对应的学生数量却不同,学生数最高达到 19722 人(蚌山区),其学校数是 30 所。从学生在校平均数量和班额人数可以发现,蚌山区的小学明显生源充足,远远高于淮上区和龙子湖区。

表 4-13　蚌埠市小学数量及分布情况

蚌埠行政区	学校数(所)	班级数(个)	学生数(人)	校均(人)	班额(人)
龙子湖区	29	303	11936	412	39
蚌山区	30	449	19722	657	44
禹会区	29	342	14077	485	41
淮上区	32	268	9127	285	34
合计	120	1362	54862	457	40

蚌埠市区内的小学总体布点如图 4-45 所示,可以发现蚌埠市中心沿淮河和铁路的旧城区处,小学布点很密集,远离中心城区的周边学校逐渐变少,这与合肥的情况类似,主城区学校多且密,新城区建设发展快,但是学校配置没有及时跟上。

3)蚌埠市学区划分情况

根据蚌埠市义务教育阶段学校招生工作的相关指导意见,蚌埠市区的小学阶段招生按照"划片、就近、免试"的原则通过各个县(区)教育局组织实施,采用两统一的招生方式,即即适龄儿童的户籍与父母或法定监护人户籍相统一,适龄儿童的户籍与实际居住地相统一。

目前蚌埠市区小学招生学区是根据小学生的派出所户籍所在地来划分的,派出所所管辖的地区就是一个学区,在这个地区的小学生就到相应对口小学上学。表 4-14 即为蚌埠市重要城区之一——龙子湖区的小学招生范围,这种划分学区的方式虽然比较简单,但是单纯从小学生的户籍户口来判定小学生的学区归属是存在问题的。蚌埠市区的其他辖区也是按照这种方式进行招生。

图 4-45　蚌埠市区内的小学总体布点

表 4-14　蚌埠市龙子湖区小学招生地段划分一览表

序号	学校	招生范围
1	龙湖小学	宏业村派出所所辖地段：曹山派出所一段、二段、三段及四段（4组、6组、7组、9组）
2	铁三小	解放路以东原铁路宿舍（雪华路北原铁路小区、南湖铁路小区、宏业村原铁路宿舍、龙湖新村原铁路宿舍）
3	蚌山小学	青年派出所一段（1组～10组）、五段（1组、10组～26组）；喻义巷社区（原人民派出所）

（续表）

序号	学校	招生范围
4	一实小	青年派出所五段(2 组～9 组);胜利派出所二段(13 组～17 组、20 组)、三段(3 组、4 组)
5	华昌街小学	人民派出所五段至九段;青年派出所二段
6	回民小学	原人民派出所四段;青年派出所三段至九段;光荣派出所一段、二段、三段(1 组～15 组)、四段至八段;时代广场住宅楼 AD 区住户(青年派出所)和 BE 区住户(光荣派出所);船民子女
7	胜利三小	胜利派出所:书香门邸、工农新村、工农小区、美林苑、丽都园、华景嘉园、沁雅佳苑、奋勇街小区、胜利三小附近散户、航校新增户;黄庄派出所:前进社区、工农社区(前进路 14 巷～18 巷,太平街 474 栋,前进路 14 栋、26 栋,太平街 6 巷,工农路 47 栋、55 栋、107 栋、平房、团结巷)、华美嘉园
8	红旗一小	黄庄派出所一段、二段、三段、八段至十二段,即红旗社区:工农社区(新天地小区、龙源小区、联华小区、朝阳四村、建业小区);禹花园社区:朝阳社区
9	红旗三小	黄庄派出所六段、七段;朝阳派出所三段、四段(1 组～5 组、18～27 组)、六段(1 组～16 组)
10	东海一小	朝阳派出所三段(2 组);黄庄派出所七段(15～20 组、41 组)、八段(1 组、3 组、4 组);钓鱼台派出所七段(9 组、10 组、11 组、16 组)、八段(8 组);雪华派出所二十段(7 组、8 组、12 组～15 组)光彩大市场住户

　　蚌埠市区小学学区存在的问题主要是教学资源分布不均,优势教育资源过度集中,老城区内学校用地严重不足,教育设施严重滞后于城市建设。

　　蚌埠的现状小学校以沿淮河布局的老城区为核心,由内到外布点由密而疏,呈递减趋势,空间分布很不均匀。蚌埠市中心城区小学布点如图 4－46 所示,图中黑色圆点代表学校位置,虚线圆圈代表学校服务半径为 500 米的范围。老城区布点密集,例如蚌埠市的蚌山小学和一实小,凤一小和凤二小的位置都过于靠近,且这些小学由于处于旧城区而校园面积较小。从图上可以很明显地看出中心城区的小学服务范围局部过于重叠,导致很多空白区的出现。情况不同的是,在新建地区学校布点稀疏,周围的城区小学服务半径大大地超过了 500 米。

　　此外,基础教育设施配套未与房地产发展同步。这种状况的延续将造成新的空间分布不均,不仅限制了基础教育的健康发展,同时也不利于城市功能关系的理顺,大量的新区学生必须到老城区入学,增加了城市交通流量及老城区道路拥挤状况。

　　此外,蚌埠小学布点存在的问题还有主城区小学校用地紧张,拓展空间受限;教育资源配置不合理,部分教育资源浪费。具体来说,主城区小学校用地面积严重不足,活动场地偏少,生均占地明显低于国家标准且拓展空间受限。城市发展过程中,受利益驱使,教育用地逐渐被侵占。另外,老城区在整治和改造过程中,现状学校的用地条件未得到相应的改善,部分老城区学校的空间拓展,因涉及其他主体的切身利益,博弈的最终结果只

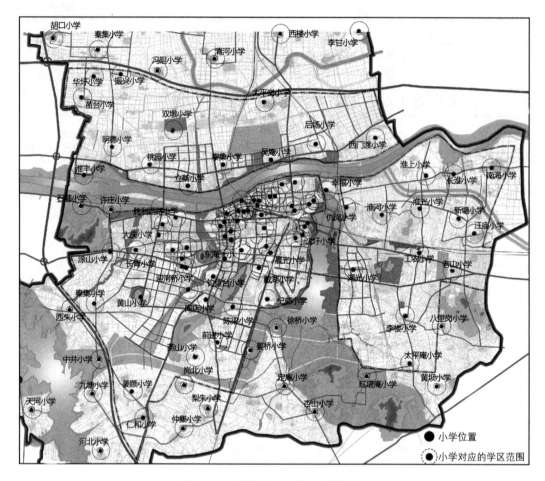

图 4-46 蚌埠市中心城区小学布点

能是放弃学校空间拓展的机会。例如,凤一小校园生均面积是 3 平方米、蚌山小学校园生均面积是 3 平方米、师范附小校园生均面积是 4.5 平方米,但是安徽省办学标准规定小学生均占地不低于 14 平方米,这些市区内重点小学规模和校园面积都远远低于规范要求。

市规划局提供的资料显示,蚌埠市区学生规模千人以上的小学共 12 所,主要集中在老城区,但规模不足 200 人的学校共 61 所,其中不足 100 人的小学共有 26 所,由图 4-47 可以看出学校规模的布点,较大图标代表了 1000 人以上的小学校,其余就是人数较少的小学。可以看到学校规模很大的一实小和蚌山小学集中在一个区域之内且距离很近。

4)蚌埠市小学布局规划

在蚌埠市规划设计研究院所进行蚌埠市市区教育布局规划中,蚌埠认识到合理规划和调整学校的布局,是优化教育资源和提高教育质量的重要手段,对于蚌埠市区的学校布局重新进行了规划和调整。

学区划分综合考虑自然条件、行政区划、城市干道系统的分布等因素,按照行政区划确定的龙子湖区、蚌山区、禹会区、淮上区四个行政区范围界线,分为东中西北四个分区,

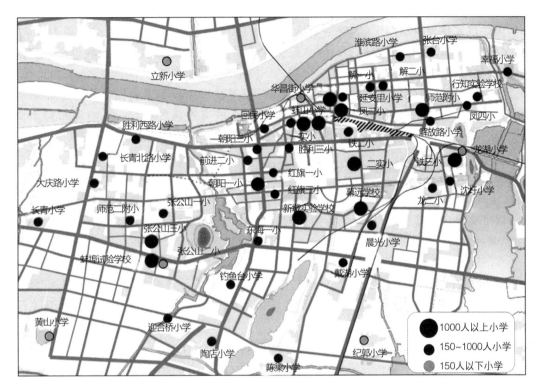

图4-47　蚌埠市中心城区小学学校规模分析

在分区内部按照主干道路系统和铁路分割为若干个规划片区,片区内部再细分为规划单元;由于经开区和高新区两个功能区非行政区,同时功能区与行政区之间管辖界线错综复杂,规划将两个功能区纳入四个行政区内,但在规划片区和规划单元的划分中适当考虑功能区管辖范围。蚌埠市中心城区到规划期末小学学生总数为11.7万人,小学由现状的81所增加为116所,增加35所,其中保留和现址扩建30所,合并改建13所,新、迁建73所。

以上研究通过收集合肥、蚌埠两座城市小学空间布局和教育设施服务情况的相关数据,分析两个城市小学的基本情况和布点,针对合肥的主要区域学区划分问题以及蚌埠的学区划分方式的不足,提出针对性的意见和建议,将合肥、蚌埠小学空间布局与学区划分总结如下,从而为之后的研究做基础性资料保证。

(1)两个城市的城区学校布点相同点在于现状学校空间布点不均。学校在老城市的位置布点密集,而新建地区学校数量急剧减少,空间布局所呈现的是由内到外布点由密而疏。新建居住区的小学配套设施存在着与房地产开发不同步的现象,按照国家标准和规划条件所需配置的学校没有实施到位,一旦住宅开发完成且居民入住,小学配套设施的落实难度就变大。这种状况会造成大量新区的学生到老城区入学,会极大地增加老城区道路拥挤状况以及城市交通压力。

(2)规划区内小学在学校的办学条件和师资配备等方面发展不均衡。老城区在整治改造过程中,现存学校用地和教育设施没有及时改善,甚至部分教育用地被侵占,校园周围没有扩大空间。但是由于生源分配不均衡,教学质量高的小学会存在超规模办学的情况,班额过大导致教室拥挤,学校运动场及绿地不达标,小学教育质量会受到很大影响。情况相反的是,周边教学质量不高的学校生源不足,这种情况会阻碍目前城市小学基础教育的健康发展。

(3)缺少可以顺利实施的小学布局规划。较多城市会着手编制城区中小学布局规划,但是由于各种原因规划没有得到切实地实施。城市高速发展与小学空间布局不协同,会引发空间布局出现失衡,最终会导致基础教育与城市居民的需求不匹配。

4.3.2 基于路径调查的学区服务半径解析

上文以合肥市与蚌埠市的小学校为例进行了学校布点、学区划分的情况概述与分析,而下文将在此基础上,以合肥市为例对现状学区范围进行泰森多边形划分分析以及路径调查解析,从而为合肥市小学校的布点与划分情况提出针对性的指导意见。

1. 基于现状的学区划分分析

将上文中合肥市学区划分情况进行并列分析,如图 4-48 所示,a~f 分别表示合肥市四个主城区包河区、蜀山区、瑶海区和庐阳区及两个新城区高新区和经济技术开发区的学区划分现状。

从 a~d 可看出,四个主城区在靠近合肥市中心城区的位置小学布点较为密集,服务半径重叠较多,导致很多区域距离所属的小学较远;有些小学处于学区范围的边缘位置,这就导致了部分小学生在所处学区内的步行距离比到相邻学区小学的步行距离更长。而在远离主城区的位置,小学布点都非常稀疏,服务半径远远超过 500 米,导致学区内的小学生步行距离大大延长。

图 4-48 中 e 和 f 分别表示高新区和经开区的学区划分现状。高新区是合肥 141 城市发展战略的西部核心区域,2013 年已有小学 9 所,经开区位于蜀山区境内,现有小学 12 所。高新区与经开区均为合肥市新兴发展的城区,从图中可看出这两个城区内学校布点都非常稀疏,学区涵盖面积非常大,服务半径远远超过 500 米,会导致小学生上下学步行不便,多数学生需采用汽车等交通工具。

2. 用泰森多边形法生成的学区划分

泰森多边形法是 GIS 中划分区域归属常用的方法,其最重要的特性是"泰森多边形内任一点到该多边形所属点的距离最短"。泰森多边形不会出现服务区重叠,也没有盲区。该方法的缺点是在城市边缘服务区会很大,供给密度很小。对于每一个空间点目标而言,凡落在其泰森多边形范围内的空间点均距其最近,该泰森多边形在一定程度上反映了其影响范围。

将其应用在小学服务范围划分中,对于每所学校,落在它对应的泰森多边形中的居民点到达该学校的距离最近。由于现阶段国内城市中小学学区划分受管理体制和行政分割的影响,一般以行政区界线作为中小学学区划分的一项依据。因此,将泰森多边形应用在单独的行政区学区划分中比较符合实际。

图 4-49 是依据该方法对合肥市四个中心城区与两个新城区小学服务范围的划分结果。从图中可看出四个老城区靠近市中心地区生成的多边形面积较小,越靠近新城区生

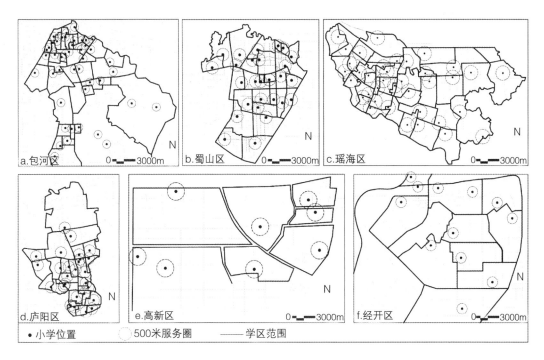

图 4-48 合肥市小学学区划分现状

成的多边形面积越大,而新城区生成的多边形面积均较大。这说明合肥市城市中心部分小学较密集,而越往城市外围小学布点越稀疏,总体来看小学布点非常不均匀。

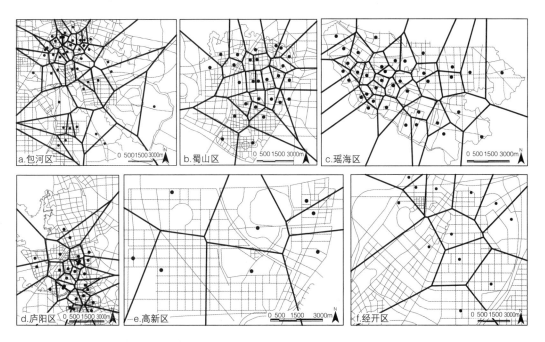

图 4-49 合肥市不同城区泰森多边形

3. 服务半径分析

根据 4.1 章节中对第一组行动轨迹调研的数据分析,下文将针对合工大子弟小学、绿怡小学以及屯滨小学这三所小学校的小学生放学路径来分析现有学区范围与服务半径是否合理。将小学生放学路径最远点相连得到轨迹线范围,以小学校门为圆心作同心圆,叠合轨迹线范围、学区范围,可以清晰地看出轨迹线范围与学区范围的关系,以及小学生的行为轨迹是否在服务半径内,提出合理的小学服务半径设置的建议。

1)合工大子弟小学服务半径分析

如图 4-50 中 a 图是合工大子弟小学的行动圈示意图。在城市规划规定中,小学的服务半径是 500 米。从图中可以看出,合工大子弟小学有 20% 的小学生(13 人)放学路径都超过了 500 米行动圈,学区范围最远达到了 1300 米行动圈所涵盖的范围。在调研的 65 组数据中,大部分小学生行为轨迹线都在 500 米行动圈范围内。南北方向有一人行动轨迹超过了 1200 米,但是该学生所前往的小区仍处于学区范围内。学校的东边方向有 8 人超过了 500 米行动圈,但都位于 800 米行动圈范围内。将行动轨迹线最远点相连得到的轨迹线范围包含且小于现有的学区范围。合工大子弟小学的轨迹线范围反映大部分小学生的活动范围位于 500 米以内,极少会超过 800 米,合理的服务半径应设置在 500 米至 800 米范围内。

2)绿怡小学服务半径分析

与合工大子弟小学学区服务范围相类似,绿怡小学学区范围最远也达到了 1500 米行动圈范围内。且绿怡小学并不位于所处学区范围的中心,而是偏向北边,这就导致北边学区范围外的小学生,即使住得离绿怡小学较近前往该小学也属于跨片生,而南边学区范围边缘的小学生步行距离又特别远。由图 4-50 中 b 图可以看出,绿怡小学小学生运动轨迹线超过 500 米的有 8 个,占到了调研总数的 12%,其中有一个小学生行动轨迹步行距离达到了 1600 米,且需要穿过四条城市干道才可到家,步行距离较长,步行危险系数较高。

将小学生行动轨迹线最远点相连得到的轨迹线范围完全包含现有的学区范围,且学区范围的南向和东向远大于轨迹线范围。究其原因,绿怡小学位于合肥市蜀山区政务文化新区(开发于 2000 年左右),小学规划布点尚不均匀,随着住区适龄人口的增加,应在原有的基础上合理增加小学布点。

3)屯滨小学服务半径分析

对比合工大子弟小学与绿怡小学的学区范围与服务半径情况,可以看出屯滨小学的学区范围与服务半径比较合理。

由图 4-50 中 c 图可以看出,在调研的 60 组屯滨小学的小学生中,大部分小学生的行动轨迹都在 500 米行动圈内,小学生最远的轨迹线也在 900 米行动圈内,说明屯滨小学服务半径设置较为合理。原因是屯滨小学位于合肥市新兴开发的滨湖新区,整个新区规划设计合理,屯滨小学所管辖的学区内,大部分小区都位于 700 米范围内,只有少部分位于 900 米范围内,小学布点相对于另两所小学也较为合理和均匀。

从图中可以看出该小学学区划分仍存在部分问题。前两所小学轨迹线范围都包含学区范围,但屯滨小学轨迹线范围东北角却超出了学区范围,调查发现东北角的小区虽离屯滨小学较近,却未被划分到该小学学区范围内,以至于该小区择近就学的部分学生需跨区来该校就学。

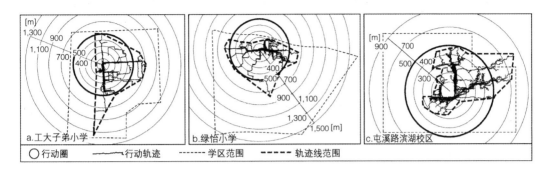

图 4-50　小学生行动圈示意

4.3.3　小学校的布点与学区规划指导意见

本节首先以合肥市与蚌埠市的学区划分对比展开,讨论不同城市的学区划分特点。随后以合肥市为例,具体分析合肥市四个老城区与两个新兴城区的小学布点与学区范围现状,发现新老城区小学布点和资源配给都存在着不均衡的问题,老城区小学布点较密集,而新城区非常稀疏。老城区中心部分学校服务半径过小且有重叠,而城区外围及新城区部分学校服务半径过大。

再使用泰森多边形法重新生成不同行政区内小学学区服务范围,该方法可满足生成的多边形内任意点到达所属小学距离最近,为今后城市中小学学区范围划分提供了技术和方法支持。

对新老城区小学生放学交通工具的统计结果反映当前合肥市小学大都未设校车,部分小学生步行,部分小学生由家长采用代步工具接送。

最后通过 GNSS 技术对合肥市三个不同学区内的小学生放学行动路径进行追踪,发现小学生放学路径大都集中于 500 米行动圈内,只有少部分会超过 800 米行动圈,新城区小学生放学行动轨迹较老城区更为丰富。针对以上分析与调研结果,本研究对今后城市小学规划布点与学区服务半径设置等提出指导意见:

(1)新旧城区小学的资源配置应做到因地制宜。老城区部分学校服务半径过小产生重叠现象,可考虑合并以减少小学数量。发展成熟的新城区部分学校学区范围过大,可根据适龄入学人口的增加逐步增加学校数量。而新兴发展的新城区因前期规划配比日益规范而较为合理,今后规划设计应考虑发展情况优化布点。

(2)城市小学服务半径应根据不同区位具体分析,鉴于小学生所能承受的步行距离与安全系数考虑,根据调查验证的结果,宜设置在 500 米到 800 米范围内。

(3)旧城区教育设施集中,新城区布局稀疏,大多是历史原因造成的。基于当前小学的布点一时难以改变的现状,可考虑对服务半径较大的小学增设校车接送,保证小学生上下学的便利性与安全性。

4.4　学区内城市空间与小学生放学行为关联性总结

　　（1）利用空间句法对各个调研对象进行空间分析，通过实地考察深入探析重要空间的场所特征。从图形理论的层面探讨了学区的划分问题，并分析了城市空间结构和场所空间所承担的功能上的作用及其对居民的影响。重要场所的划分及描述有助于结合小学生相关的进一步观察和实验展开全面分析。就学区内城市空间整体可达性而言，纵向城市干道宁国路、马鞍山路与横向大学校园主要道路聚英路可达性较好，与小学邻近的大学校园内道路整体可达性较好，学区内各住区可达性均处于中等水平。小学校门前区整体可达性较好。而在对校门前区的拓扑深度分析发现，学区内主要住区到达学校门前区的便捷程度较为良好。此类空间组构中，全局可达性影响着学区空间各部分到达门前区的便捷程度，特别是与小学发生直接联系的城市主干道影响着学区内各个住区到达小学的便捷程度。在空间句法分析的基础上实地考察，重点分析道路沿途的景观空间、交通节点、施工场地以及空间的变化情况，分析各个住区内部有特色的景观空间、活动场地，这些空间场所都对小学生的归家及滞留产生着重要的影响。

　　（2）通过分析各个小学校的问卷结果，掌握小学生及家长的基本真实情况，发现在小学学区居住的学生都以步行为主，了解到小学生的接送情况与交往性探讨，大多数小学生放学后有在外逗留玩耍的意愿，并且随着年龄的增长开始偏向于结伴同行。而家长们对接送小学生上下学的观点也比较明确。通过分析小学生及家长对于学区内城市空间设施的使用及评价，可以发现关于活动设施等的选择以及回家过程中的安全性，各年级的选择会因其行为心理及参与活动的形式不同而有很大差距。在放学后滞留场所的相关信息中得知，低年级、中年级学生的选择更偏重于自家楼下和住区景观活动设施。而高年级学生因心智和行动能力的成熟而更多地选择商业设施、公交车站和其他场所停留和玩耍。

　　通过追踪小学生放学行动路径，将路径轨迹线、轨迹点及核密度图像与城市空间环境相对应进行研究，并在此基础上分析轨迹点速度，以速度值从侧面反映小学生在特定环境下的具体行为类型。整体路径轨迹与城市空间的关系为：轨迹线整体以学校门前区为中心沿道路方向辐射，呈现树枝状的散射形态，在住宅密集区域分支多；道路空间形式及沿街商业业态类型影响轨迹点沿街分布的聚集度，城市游憩空间能影响或改变轨迹线局部的走向；密度核心为轨迹点最密集处，一般出现在校门前附近区域、道路交叉转折处、城市游憩空间等场所，相同类型场所因其区位要素与环境设施等差异其中的路径数量与形态差异较大。

　　而轨迹点速度与小学生停留行为的关系为：同一小学中速度 0.7 米/秒之下轨迹点数量上比速度 1.3 米/秒之上轨迹点多，但后者分布范围广于前者。速度 1.3 米/秒之上轨迹点表明小学生此刻处于快速通过状态或追逐奔跑嬉戏，速度 0.7 米/秒之下轨迹点反映了小学生正停留于某地并发生各类行为。速度 0.7 米/秒之下轨迹点密度核心多位于城市游憩空间中，核心点较多且呈离散状分布，速度 1.3 米/秒之上轨迹点的密度核心位于整个辐射区域中央的交通空间部位。

（3）通过对合肥市四个老城区与两个新兴城区的小学布点及学区范围现状的分析得知，在靠近合肥市中心的老城区小学布点密集，服务半径重叠多，有些小学处于学区范围的边缘位置，从而导致了部分小学生在所处学区内的步行距离比到相邻学区小学的步行距离更长。而远离市中心的老城区小学布点又较为稀疏，服务半径大，导致学区内的小学生步行距离大大延长。两个新城区内学校布点都非常稀疏，学区涵盖面积非常大，服务半径远远超过 500 米，会导致小学生上下学步行不便，多数学生需采用汽车等交通工具。使用泰森多边形法所生成的多边形内任意点到达所属小学距离最近，在未来的规划设计中可以结合该方法与区域适龄儿童数量、道路交通等因素共同划定小学学区范围。

第5章 小学生放学途中游憩行为特征解析[①]

第4章中讲述了学区内城市空间及小学生放学行动调查解析等内容。本章分两个方面展开,一方面主要通过行为观察与记录,对小学生发生的行为类型、行为频度等内容进行数据统计以及行为图示化解析。运用主成分分析、聚类分析等多变量解析方法,将不同区域类似空间环境进行类型化,对比不同场所类型下的行为特征差异,进而总结出放学途中的校园周边、住区外部、住区内部三类不同游憩场所的空间分区特征与小学生放学后停留行为的关联性。另一方面,以问卷调查和访谈的方式对社区小学生的行为心理安全展开调查,选取了不同空间结构下的多个典型社区进行研究,并对放学后的小学生进行行动追踪实验。通过对小学生的户外活动及其安全调查,以及家长对小学生在户外活动的安全认知调查综合分析,把握小学生对活动场所的安全性需求,并归纳小学生的行为心理安全空间意象。

5.1 校园周边空间特质与小学生滞留特征关联性解析

对小学附近小学生游憩场所的重点把握,有助于提升小学生放学路径的安全性、改善小学生游憩空间质量,建立满足小学生心理需求的校园周边空间,因此场所空间形态对小学生行为特征的影响亟待进行科学的探讨。本研究对小学生展开步行行动考察,进而结合空间中小学生行为的定点观察及特征分析,以期把握小学周边场所空间形态与小学生放学后滞留行为的关联性。

5.1.1 调研概要

研究采用民用手持式导航仪为实验器材,可以连续计测轨迹点的经纬度、速度及方向等数据。通过定量化、可视化的行动轨迹分析,有助于把握小学生放学的轨迹特征、活动范围和停留状况。通过数据的整理和GIS核密度分析,可以得到学校周边空间的小学

---

① 本章节主要引自硕士学位论文:魏琼. 基于GPS技术的小学生放学途中停留行为与城市空间的关联性研究[D]. 合肥:合肥工业大学,2015. 部分内容刊载于:李早,陈薇薇,李瑾. 学校周边空间与小学生放学行为特征的关联性研究[J]. 建筑学报,2016(02):113-117;魏琼,李早,胡文君. 小学生放学后停留行为与游憩空间的关联性研究[J]. 中国园林,2017,33(01):100-105。

生步行轨迹线的特征,并把握小学生整体运动趋势以及行动密度的变化特征,同时结合分析重要的空间节点,深入研究小学生放学的行为活动与学校周边空间之间的内在联系。下文选取合肥两所典型小学绿怡小学和屯溪路小学滨湖校区(下文简称屯滨小学),于 2013 年 12 月针对小学生放学行为展开考察,获取两校共计 126 组行动数据(表5-1)。

表 5-1　调研概要　　　　　　　　　　　　[单位:数值(百分比)]

属性		绿怡小学	屯滨小学
调查日期		2013.12.9/10	2013.12.12/13
天气		晴 9℃ 西风 3~4 级	晴 9℃ 西风 3~4 级
调研开始时间		15:30	15:50
日落时间		17:07	17:08
有效调查数量		66(100)	60(100)
性别	男生	38(57.6)	38(63.3)
	女生	28(42.4)	22(36.7)
年级	低年级	29(43.9)	27(45.0)
	中年级	26(39.4)	21(35.0)
	高年级	11(16.7)	12(20.0)
家长接送	有接送	39(59.1)	30(50.0)
	无接送	27(40.9)	30(50.0)
目的地	回家	58(87.9)	57(95.0)
	未回家	8(12.1)	3(5.0)
交通方式	步行	62(93.9)	58(96.6)
	自行车	1(2.0)	1(1.7)
	电动车	2(3.1)	0(0.0)
	私家车	1(2.0)	1(1.7)

　　绿怡小学位于合肥市新老城区接合部的居住区内部,周边空间顺应居住区道路呈现出线状分布。门前区由居住区道路和景观绿地组成,作为学校周边较有特色的开敞景观绿地空间,为小学生放学提供了停驻及等候的场所。校门东侧(d5)空间有部分商业门店,其中靠近道路交叉口商业以面向小学生的业态为主。门前道路延伸向东段有与校门前绿地相呼应的景观绿地(b6~b8)及矩形景观休闲广场(a7~a9)共同构成居住区内部景观空间(图 5-1)。

　　屯滨小学位于合肥新城区,学校周边道路呈网格状且较为宽阔,形成较为开敞的城市空间。学校南侧与东侧各设置一个校门,放学时段同时开放。南门西侧(e1)空间有少数针对小学生营业的门店,东门道路一侧为拥有多个景观节点、休闲空间和健身设施的城市景观空间(g5~g7)(图 5-1)。

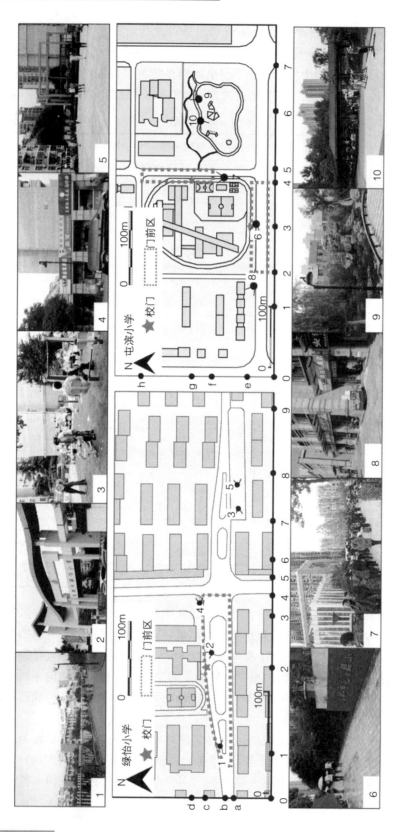

图5－1　绿怡小学和屯滨小学周边场所空间分析

5.1.2　小学生行动与滞留特征

1. 绿怡小学小学生滞留空间场所划分

由轨迹图像可以看出,在放学时间段,绿怡小学学生行动以校门为中心向周边居住组团展开,在横向道路上呈现密集无序的轨迹分布。由核密度图像可以看出其空间呈现三个较为明显的波峰形态,分别位于小学门前区东侧空间 A、商业门前空间 B,以及住区内公共景观空间 C。学校门前区轨迹线表现出密集繁杂的特征,商业空间区域内小学生的轨迹线混乱无序,又由于两个空间距离较近人流密集不易疏散,门前区与商业空间的滞行人流相互影响,从而产生了两个连续的波峰。景观空间中,由于空间较门前区与商业空间更为开敞,因此小学生行动轨迹线较为松散,但迂回曲折的线状反映出小学生在此空间中的积极活动(彩图 30)。

2. 屯滨小学小学生滞留空间场所划分

屯滨小学放学时段小学生行动轨迹总体上沿两条城市道路展开,东侧校门行动轨迹线较为密集,在校园东侧的城市景观空间形成了明显的穿行形态。由其核密度图像可以看出学校附近空间呈现三个主要波峰形态,以及一个次要的波峰组合。三个主要波峰分别位于小学东侧校门周边空间 E、小学东侧城市景观空间 G、小学西侧商业前空间 F,一个密度相对较低的波峰组合位于小学南侧校门门前空间 D。在与南侧校门有一定距离的商业空间 F 处形成了较为独立的核密度波峰。

通过两所小学动线与核密度图像对比分析可以看出,小学门前区空间、小学附近商业空间、小学附近景观空间是小学生放学后在学校周边滞留的主要场所。绿怡小学位于住区内部,直接向小区内疏散,因此在小区宅间道路上,小学生的行动路线的密集程度呈现递减的状态,也没有形成明显的波峰形态。而由于屯滨小学是通过城市道路连接各居住区的小学,因此学校周边行动路线整体性较强,核密度图像的连贯性也较好,没有出现分散的密度图像分布(彩图 31)。

5.1.3　小学生滞留行为与场所空间的关联性分析

选取小学生行动特征较为明显的区域(校门前空间、商业空间、景观空间)展开进一步分析,深入研究各个空间节点的空间构成特征,并对经过期间的小学生进行行为观察与记录(调研采用每隔 30 秒记录一次停留行为特征的方式展开),对比行动数据图像,把握小学生行为特征与场所特征的关联性,分析其滞留影响因素。

1. 校门前区滞留行为影响要素的对比

为了把握小学生放学时间段门前区空间特征对小学生行为特征的影响,研究者对学校放学时门前区小学生的活动展开行为观察。通过行为统计可以看出,两所学校校门前小学生滞留的主要行为类型较为单一,主要以找家长、聊天为主,跑跳追逐发生的概率较大,但不引起小学生的滞留。小学生找家长行为分布的规律性较强,受到小学生放学时段家长沿道路两侧等候的影响,均位于校门前道路两侧。聊天行为在门前道路正中与家长等候区均有分布,且分布较广。

就绿怡小学而言,校门前道路介于学校围墙与景观之间,有着一定的空间限定,并且在东侧由景观弧墙构成了一处凹口,等候的家长在此大量集中,因此在此区域找家长的行为较为密集,从而在核密度图像中呈现波峰形态。门前区内布设有小型绿化区,其中有小路、亭、廊等景观小品,小学生在亭子发生的行为主要以找家长和聊天为主,在游廊发生的行为以聊天跑跳为主,在景观步道上以跑跳追逐为主。在此景观空间中小学生并未发生其他玩耍行为,在核密度图像中也并未出现高密度的波峰,这与放学时段人流混杂,空间拥挤,不能很好地激发小学生玩耍的活动行为有关(图 5-2)。

屯滨小学有两个校门,校门前空间除了道路与沿街绿化没有其他有特色的空间要素,分析可知两所校门行为特征与分布较为一致,但核密度峰值呈现的情况有所不同。这是由于东侧校门空间较为局促,小学生行为分布较为集中,跑跳追逐较少发生,核密度图像呈现波峰形态,而在空间较为宽敞的南侧校门,小学生行为分布较为松散,更容易发生跑跳追逐的行为,核密度图像的密度也相对较小(图 5-2)。

由此可见,不合理的道路空间划分与局促的门前空间都不利于小学生放学后迅速疏散,在小学校门附近空间应更多考虑设置开敞的空间以增加通行率从而避免拥堵。学校在放学时间段应加强管理,通过设置等待区以及实行错峰放学,实施疏导等措施,保证小学生放学时道路的畅通以确保小学生的安全。

2. 商业空间滞留行为影响要素的对比分析

对商业空间行为特征进行分析可以看出,商业空间小学生行为类型较多,大体以买东西、饮食、聊天为主。在商业门店附近买东西行为最为集中,在与商业门店有一定距离的商业门前空间伴随着购买行为更容易发生饮食、聊天、跑跳追逐等行为。

绿怡小学附近商业空间距离校门较近,位于小学生放学回家的途中。商业门前餐饮、玩具及广告宣传的临时摊点占用了小学生放学时的通路,因此商业门前核密度波峰图像并未严格在商业门前,而是向道路交叉口偏移。在商业门前小学生大量集中且伴随着买东西、聊天交流的行为以及沿路一侧发生了坐憩与饮食的行为,这使得本就紧张的放学环境更为复杂。受到小学生在商业空间中停留行为的影响,核密度图像中商业门前空间与学校门前区均出现波峰形态。

屯滨小学附近商业空间与校门有一定距离,且不在小学生放学疏散的主要路径上,商业门前空间较为宽敞,为小学生的活动提供了良好的空间。在屯滨小学商业空间中小学生发生的买东西的行为并不多,这是由于商业空间与校门有一定距离,行为发生以有主观购买需求的小学生为主。同时,在商业门前空间中小学生也发生了游戏的行为,聊天、饮食、跑跳追逐均有所发生,商铺门前的开敞空间为小学生提供了滞留娱乐的空间场所,因此在核密度图像中,该区域也出现了独立的波峰(彩图 31、图 5-3)。

绿怡小学的商业空间距离小学校门较近,受到小学生找家长行为的影响反而产生了一定的行动干扰,而屯滨小学商业门前形成了吸引小学生停留玩耍的空间,且行为更多与玩耍、购物相关。可见商业与学校有一段距离布置,并不影响小学生买东西的行为,良好的门前空间且与主要人流不发生干扰,是增加小学生在商业门前活动的主要因素。在校门附近的商业对小学生的疏散有着一定的影响,应限制商业门店与学校门前区之间的距离,以免出现人流相互干扰的现象。

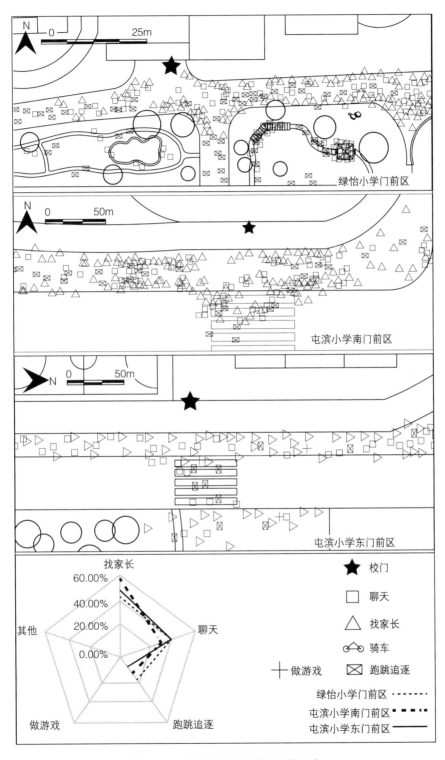

图 5-2　学校门前区小学生行为示意

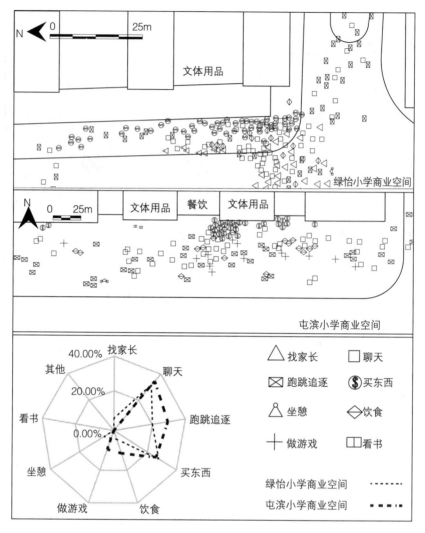

图5-3　商业空间小学生行为示意

3. 景观空间滞留行为影响要素的对比分析

小学生在景观空间中发生的行为类型繁多,行为分布也较为广泛,跑跳追逐、聊天和游戏成为景观空间中普遍发生的行为。同时结合健身设施、亭廊、树池、广场,小学生还发生着其他与各自空间形态相关的行为类型。

绿怡小学紧临住区内部公共景观,景观西侧为健身场地,中间有树池和小型广场,东侧有水景空间,小学生在树池景观中行为密集程度最高,跑跳追逐、游戏、看书、聊天、攀爬等玩耍游憩行为均有所发生,多样的行为及长时间的停留是产生核密度峰值的主要原因。而景观空间中的广场由于基本没有景观要素,且在小学生放学途中,因此虽然有很多动线经过,却不能形成核密度峰值,仅在水景空间中出现了一定的攀爬行为。

屯滨小学与综合型城市景观空间相邻,此城市空间拥有广场、游廊、绿化、水景等多种空间景观要素。小学生在此具有更为多样的行为类型。在景观空间的西南角,由于靠近学校一侧距离学校门前区较近,有的孩子在此等待和找家长。在景观空间内的各个广场、开敞绿地、滨水空间均有游戏与跑跳追逐行为的发生。其中在景观中部较大的广场空间由于有一定的健身设施和临时摊点,因此除了游憩行为外还发生了买东西与健身的行为。在景观空间两个游廊中发生了坐憩、看书、观看棋牌等静态行为,且行为的聚集程度并不高。在水景空间附近多有坐憩、游戏等行为发生,特别是在邻近水景以及东侧道路交口的假山景观出现了攀爬及做游戏等行为,在该空间中,小学生滞留情况突出,在核密度图像中波峰的出现也反映了该情况(图 5-4)。

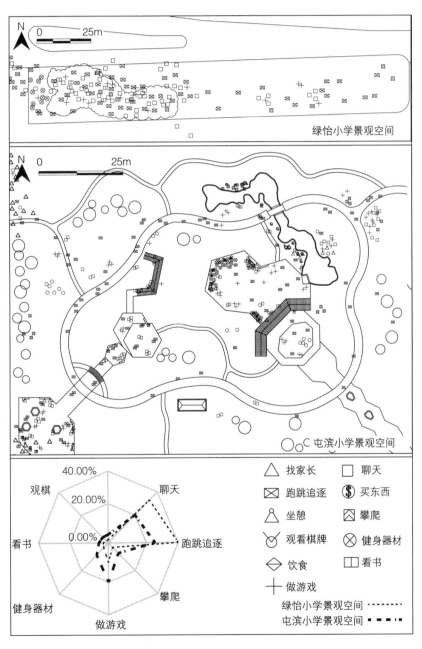

图 5-4　景观空间小学生行为示意

通过居住区内部景观空间与城市景观空间比较发现,城市景观空间中的景观要素较为丰富,易于激发小学生的活动行为,在学校附近的景观空间可设置等待区,以满足家长接小学生放学时等候的需要,也在一定程度上缓解了门前区拥堵的状况。与此同时,小学生在景观空间中易发生攀爬行为以及水池边的游憩行为,应加强安全管理。

5.2 住宅小区外部的小学生游憩空间与停留行为分析

本节内容着眼于小学生在放学后从学校到住区途中的城市游憩空间中的停留行为,并运用数理统计和聚类分析的方法探讨了小学生放学后停留行为与游憩空间的关联性。城市中的游憩空间部分调研共记录了 338 位小学生放学途经的四个游憩空间的 803 个行为。

5.2.1 调研概要

选取绿怡小学校门前临近的城市公共绿地(以下用 LX 代指)及附近的小公园(以下用 LG 代指)、青年路小学校门前临近的城市休闲广场(以下用 QX 代指)、屯滨小学附近的小公园(以下用 TG 代指)四个住宅小区外部的游憩空间作为研究对象(图 5-5)。调研在晴朗天气进行,以下午放学时间为起始时间,对一个半小时之内场所内的小学生属性及行为特征进行翔实记录(表 5-2)。

绿怡小学 　　　　青年路小学 　　　　屯滨小学

图 5-5 住宅小区外部游憩空间节点示意图

5.2.2 各游憩场所的空间划分

由于游憩场所内各部分空间环境存在较大差异,对各个空间节点进行分区,划分中考虑行为观察调研中小学生行为分布,研究相似空间分区及相异空间分区中行为的共性及差异性,以便更科学细致的研究行为与环境之间的关系。

表 5-2 行为观察调研属性表

属性	绿怡小学		青年路小学	屯滨小学
	LX	LG	QX	TG
调研日期	2014.10.24	2014.10.20	2014.10.27	2014.11.10
调研时间	15:40—17:10	15:40—17:10	15:50—17:20	15:50—17:20
天气	晴 19℃ 东南风1~2级	晴 20℃ 西北风3~4级	晴 17℃ 东风3~4级	晴 15℃ 北风3~4级

（续表）

属性		绿怡小学		青年路小学	屯滨小学
		LX	LG	QX	TG
调查对象样本数		67(100)	53(100)	105(100)	113(100)
行为总频度		135(100)	121(100)	267(100)	280(100)
性别	男	42(62.7)	25(47.2)	52(49.5)	83(73.5)
	女	25(37.3)	28(52.8)	53(50.5)	30(26.5)
年级	低年级	48(71.6)	22(41.5)	75(71.4)	84(73.4)
	中年级	17(25.4)	17(32.1)	24(22.9)	26(23.0)
	高年级	2(3.0)	14(26.4)	6(5.7)	3(2.7)
家长 接送	接送	27(40.3)	21(39.6)	64(61.0)	67(59.3)
	不接送	40(59.7)	32(60.4)	41(39.0)	46(40.7)
是否 结伴	结伴	53(79.1)	32(60.4)	77(73.3)	96(85.0)
	不结伴	14(20.9)	21(39.6)	28(26.7)	17(15.0)

注:低年级为一、二年级,中年级为三、四年级,高年级为五、六年级。

1. 绿怡小学校门前城市绿岛(LX)空间划分

绿岛分为 8 个小空间:5 个绿地区 G1、G2、G3、G4、G5,1 个硬质地面区 S1,2 个景观构筑物区 F1 与 F2(图 5-6)。绿岛正对绿怡小学校门,以绿化为主,树木较为高大,绿荫区域面积广,另有廊架及休息亭,除去小路无其他硬质铺装地面。由于家长将这里作为等候区,小学生放学在此处逗留现象显著,部分草地常年踩踏后已经变成硬质泥土地面。窄长三角形绿岛被道路划分为三小块,西侧地块为绿地 G1,包含树木、草坪及两处景观石。中间地块

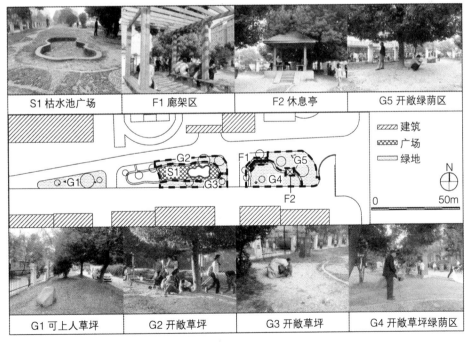

图 5-6　绿怡小学校门前城市绿岛(LX)空间划分

的中部 S1 包含了自由曲线形态的枯水池及附近石子路、部分草地，S1 上侧是临近小学的绿地 G2，下侧为临近住区的绿地 G3。东侧地块将廊架及休息亭两处景观构筑物单独划分出来作为 F1、F2 区，以两处构筑物及它们之间的小路为界限，将整个绿地分为 G4、G5 两处。

2. 青年路小学校门前城市休闲广场（QX）空间划分

城市休闲广场共分为 12 个区，包含 4 个绿地区、2 个亲水区、6 个广场及硬质铺装地面区域（图 5-7）。绿地区分列广场及水体两旁，西侧绿地由广场一条小路分为上下两块绿地 G1、G2，东侧绿地由小路分为左右两块绿地 G3、G4，临近水体的 G3 在小路边侧散布几处健身器材。螺旋状水体为浅水池，W1 是水体狭窄部位的汀步区域，水池边缘高度适宜坐憩的岸缘石质砌体及它附近的铺装地面区为亲水区 W2。S1、S2 是中央大广场 S3 的入口区域，圆形广场 S1 中央为球体雕塑，外缘有环状台阶看台，S2 是带状台地铺装区，在台阶处装饰了大型花盆状树池。S4 是水体边的带状狭长广场，S5 为树池广场，内有 5 个较大圆形树池。S6 是入口处的儿童游乐场，内有儿童大型卡通滑滑梯，深受低年级小学生喜爱。另外，在边缘处零散布置了几个健身器材和两处休息亭，是整个休闲广场中最热闹的区域。

图 5-7　青年路小学校门前城市休闲广场（QX）空间划分

3. 绿怡小学附近小公园(LG)空间划分

小公园划分为 4 个绿地区、2 个广场区及 2 个亲水区(图 5－8)。小公园设计采用简洁的线元素切割方形体量,以中央区块作为水体,周围是大片的绿地,仅在西侧及东北角布置了两处广场。西侧广场 S1 以乱石和草坪铺设地面,用层层下沉的三角形元素营造台地效果,而东北角广场 S2 是赖少其艺术馆的入口广场,除了铺地不含有其他景观元素。四个绿地区除 G3 为平坡,其他三处为缓斜坡绿地。其中,G1 与 G2 是广场边侧的树阵绿地,G3 与 G4 以大面积草坪为主,灌木丛沿着周围的城市道路分布,少量的树木在草坪与灌木丛的交界处。水体四周是临水区步道 W1,步道与水面高度差较大不利于亲水,水面一角为直线形水中下沉小路 W2 区,这一区域便于玩水。

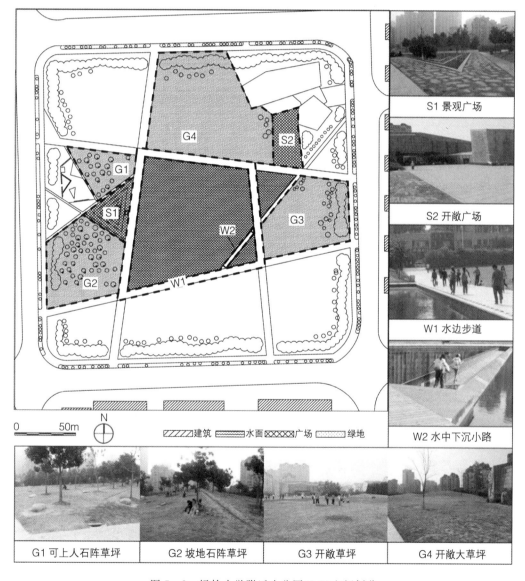

图 5－8　绿怡小学附近小公园(LG)空间划分

4. 屯滨小学附近小公园(TG)空间划分

小公园空间划分为12个区域,包含绿地区2个、广场区4个、景观构筑物区2个及亲水区4个(图5-9)。小公园西侧正对屯滨小学的东门,公园的东南及西南角为入口广场,两个入口以斜轴线向内延伸出硬质铺装场地,水体为自由曲线形态偏居于右上角,由内环路串联起各处空间。两个绿地区G1、G2距离学校较近。四个亲水区中,W1与W3是内凹水体形成的岸边区域,W1区域内有堆叠乱石块形成的假山,W3在水岸边有许多便于坐憩的景观石。W2是内环路上跨越水系的木拱桥,W4为广场边缘的亲水木平台。F1、F2分别为两个广场轴线上的廊架区,区别在于F1顶部为一根根的横木,而F2有遮阳挡雨的屋面。四处广场都呈现组合的多边形形态,其中S3是面积最大的中心广场。

图 5-9 屯滨小学附近小公园(TG)空间划分

5.2.3　小学生行为与空间的关联性分析

1. 数据采集

本次调研在放学后的一个半小时内进行，以小学生个体为样本对象，记录其基本属性，如性别、年级、有无家长接送及有无结伴，并记录持续时间 3 秒以上的行为类型与行为频度，形成行为观察的 excel 记录表(图 5-10)。用不同符号表示不同的行为类型，利用 CAD(计算机辅助设计，Computer Aided Design)将记录表中每一行为的发生地点录入游憩场所地图中，四种类型的行为用四种颜色表示(绿色表示休息类，洋红代表游玩类，橘色表示观赏类，红色代表运动健身类，其他用蓝色表示)，形成图示化的行为分布图(彩图 32)。本次调研观察了住宅小区外部四个游憩空间，共记录了 338 位小学生的 803 个行为。

男-0 女-1	一、二年级-1 三、四年级-2 五、六年级-3	接送-0 不接送-1	结伴-0 不结伴-1	运动健身类				休憩类		观景类				游玩类				其他	
				球类	跳绳	轮滑滑板	健身器材	坐憩	聊天	驻足观景	观棋观牌	听戏听曲	看跳舞	做游戏	玩水	跑跳追逐	其他*1	饮食	其他*2
0	2	1	0					1	1							1			
0	2	1	0						1	1						1			
1	2	1	0				1									1			
1	2	1	0													1			
0	2	1	0						1							1			
0	1	0	1														2		
1	1	1	0														2		
1	2	1	0									1							
1	3	1	0																1
0	1	1	1						1							1			
0	1	1	0													1			
0	1	1	0													1			
0	1	0	1													1			

图 5-10　行为观察 excel 记录表示意

2. 小学生行为与空间关联性的图示化解析

1)校门前城市广场与公共绿地

(1)硬质铺装地面区域。绿怡小学校门前城市公共绿地，LX 硬质铺地区行为分布如图 5-11 所示，青年路小学校门前城市休闲广场，QX 硬质铺地区行为分布如图 5-12 所示。

LX 与 QX 开敞空间中动态行为数量明显高于静态行为，LX-S1、QX-S3、QX-S4 空间开敞，地面平坦，但缺少设施，三处空间中追逐跑跳与做游戏行为数量均较多，分布自由。但在 QX-S3 中篮球运动与骑小车行为分布较广，并且广场中部出现较多的休息类行为，小学生席地而坐现象说明他们的坐憩行为较为随意不受约束。QX-S1、QX-S2 是入口区域，属于交通过渡区，行为量少，前者仅在环形看台处有一个观看传单行为，后者有饮食、看书及跳绳行为各一。QX-S5 由于树池提供了较大树荫区，私密性增强，树池边缘以静态的坐憩、聊天、看书行为为主。与其他开阔区域相比，QX-S6 中丰富的设施引发较多行为，儿童滑滑梯及健身设施能够引发更多行为。

景观构筑物廊架 LX-F1 中全部为静态行为，观牌行为与小学生在条椅上的打牌行为相伴发生，廊架另一侧有看书、写作业行为发生。而休息亭 LX-F2 中除在座椅上发生坐憩行为之外，在中央地面上小学生进行了小组游戏，并有一个跳绳行为发生。这说明尽管景观构筑物提供的是较为私密空间，以静态行为为主，但动态行为仍然能够存在。

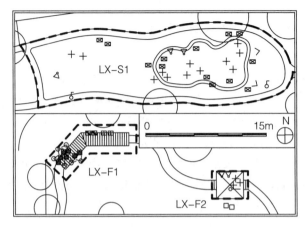

图 5-11　LX 硬质铺地区行为分布

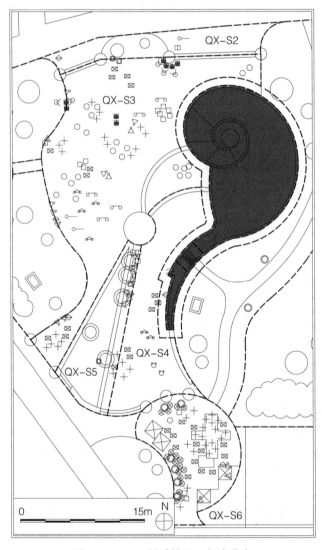

图 5-12　QX 硬质铺地区行为分布

(2)绿地区。将 LX 中 5 块绿地区行为分布(图 5-13)与 QX 中 4 块绿地区行为分布(图 5-14)进行对比研究。

LX-G1 与 QX-G4 分别是两处游憩场所中行为频度最低处。前者无行为分布,后者仅在景观石上有四个坐憩及聊天行为。这两个地方景观构成过于单一,仅有草坪与树木,对行为的诱发作用弱。LX-G2 与 LX-G4 行为密度较大是由区位优势决定的。前者正对小学校门,在离校门近的一端行为密集,有游戏、挖泥土、跑跳追逐行为,而远离校门一端无行为发生。后者是小学生进入住区的穿越地带,行走中短暂行为较多。LX-G3 与 LX-G5 中行为分布与景观石及树木的关系密切,景观石处有坐憩、攀爬等行为,树木下常伴随摘树叶、折树枝等行为。QX-G1 与 QX-G2 属于有高差的花池绿地,边缘花台上的行为均为坐憩、聊天、打牌(儿童卡片)、观牌等静态行为。另外,QX-G2 在雕塑及景观石旁追逐跑跳及游戏行为较多。QX-G3 是景观要素最丰富的绿地区,除绿化外,还有雕塑、卵石小路及路旁健身器,行为主要沿小路分布,健身器械上除健身行为,还有坐憩、聊天行为发生,这里的行为聚集性最强。

绿地对小学生行为有影响作用,单纯的绿化对行为诱发作用不强。包含雕塑、园路、健身器械等景观要素的绿地能够引发多种行为。

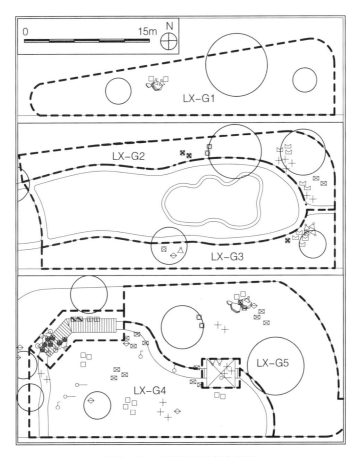

图 5-13　LX 绿地区行为图示

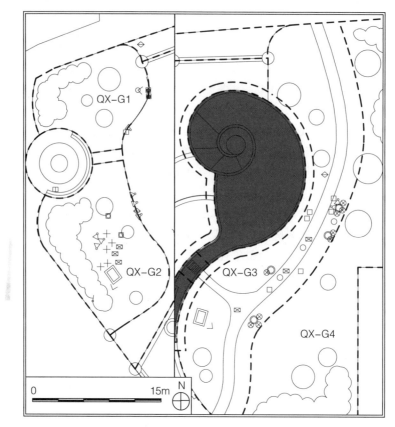

图 5-14　QX 绿地区行为图示

（3）滨水区。两个小学校门前的游憩场所只有 QX 中含有水体，QX 滨水区行为分布如图 5-15 所示。其中，QX-W1 是水中汀步区，这里只有四个玩水的单一行为，小学生

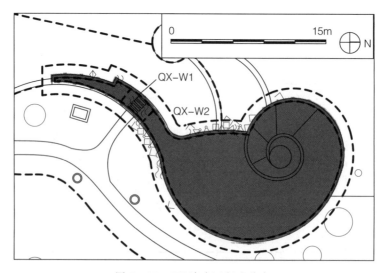

图 5-15　QX 滨水区行为分布

喜欢用树枝等各种物品搅动水面并乐此不疲。QX - W2 为水体边缘 1.5 米范围内的临水空间,在这一空间内,行为的聚集程度差别极大。在两个内凹处行为聚集性最高,以静态行为为主,一类是坐憩、聊天类的休息行为,另一类为观看水景、玩水这类与水互动的行为。其他区域行为频度低甚至无行为发生。亲水性在行为中有较强的体现,内凹水岸处及水中可达区域行为分布密集,水岸兼具座椅功能能引发休息类行为。

2)小学校附近的小公园

(1)硬质铺装地面区域。两个小公园中的硬质铺地区的行为分布具有较大的差异性(图 5 - 16)。TG 中行为的类型与频度均远高于 LG。从区位因素来讲,TG 正对屯滨小学的东门,而 LG 与绿怡小学有 200 余米的距离;从场所自身环境设计来看,TG 中座椅、树池、廊架、健身器材等设施完备,而 LG 设计过于简洁,缺少配套设施。LG - S1 与 TG - S1 是树池广场,前者呈阶梯状,绿化占较大比重,来这里的小学生以追逐跑跳为主,受南侧花台处老年人打牌及弹唱的影响,引发一些观赏类行为;后者为入口树池广场,来此小学生众多,轮滑、跳绳、追逐游戏等玩耍行为集中在中部及入口处,而坐憩、聊天、饮食等静态行为沿着广场边缘展开。LG - S2、TG - S2、TG - S4 三个广场均是简单的铺装地

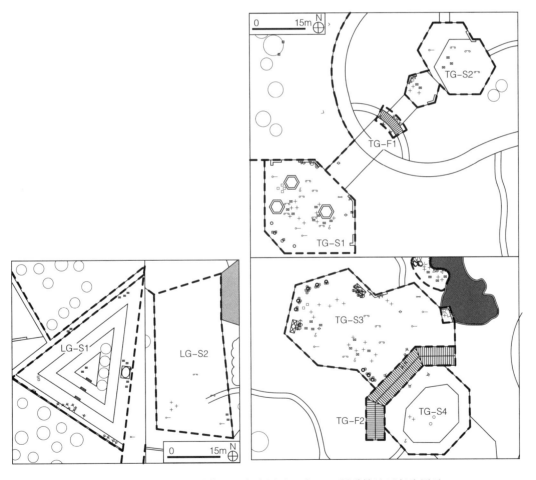

图 5 - 16　左:LG 硬质铺地区行为图示　右:TG 硬质铺地区行为图示

面,没有其他景观元素在其中,行为类型与频度均较小,TG-S3是中心广场,行为分布与TG-S1相似性较高,区别在于中心广场有健身器材,使用率较高。另外,这里的小摊贩吸引小学生驻足观赏并购买商品。TG中廊架区F1与F2空间较小,主要被老年人占据,不能诱发小学生过多停留与游戏,仅有老年人的棋牌及合唱活动吸引小学生停留观看。

(2)绿地区。选取两个公园中的六块绿地区进行行为分布研究(图5-17、图5-18)。两个公园绿地中的行为与硬质铺地区相比,行为频度明显降低。LG中四块绿地总行为量之和仅为38个,近半数的行为为休息类的坐憩与聊天,三分之一为运动类及游戏类,剩余为饮食、看书的其他类行为。TG中两块绿地行为频度总数为33个,其中所占比重最高的为17个足球运动,12个玩耍类行为紧随其后,其他类行为4个,不含有休息类行为。

LG-G1与LG-G2是树阵绿地,树木在草坪上均布排列,空间私密性强,对小学生停留吸引力小,小学生行为仅在绿地最外围发生。LG-G2北侧边缘外有碎石砌筑的挡

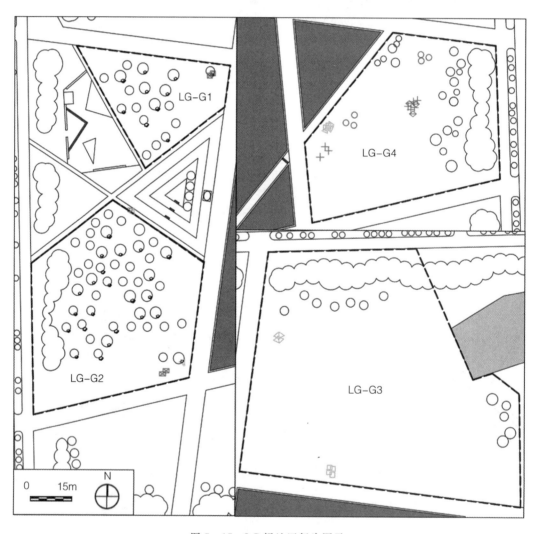

图5-17 LG绿地区行为图示

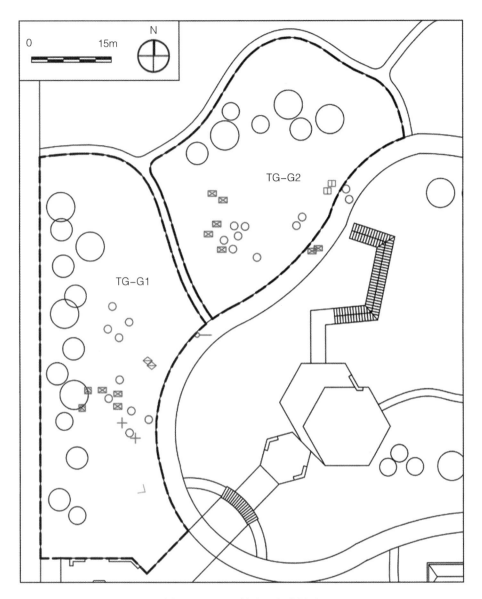

图 5 - 18　TG 绿地区行为图示

土墙,有小学生在矮墙上坐憩、看书。其他四块绿地,树木在绿地的一侧,开阔草坪集中,小学生行为多发生在远离树木密集的草坪上,树木附近只有爬树、摘树叶等短暂行为。LG - G3 面积最大,行为数却最少,只有八个休息类行为,原因在于它不在小学生放学穿越小公园的主要路径之上。LG - G4、TG - G1、TG - G2 以足球及游戏类行为为主,行为持续时间较长。六块绿地只有一处观景行为,说明绿化植物不能很好地诱发观景行为,这也与小学生好动的心理天性有关系。

(3)滨水区。LG 中水体有两部分(图 5 - 19),主水体面积广阔,位于整个公园的中心,它的右上方与三角形小水面被道路分隔开。水岸线平直,水面四周临路,无绿化。

TG中水体位于小公园的东北角,水岸线曲折自由,整体由木桥分成两半,岸边有景观石群、假山、亲水平台等。

　　LG-W1是主水体外围园路,35个行为较为平均分散在四条道路上,其中有12个与水相关(图5-20),包括6个玩水行为与6个观水行为。LG-W2是水中下沉小路,亲水行为发生在小路的两个端部,中间为聊天、游戏及饮食等。相比而言,TG中水体边行为量多,行为分布不均匀,集中在两处水凹口TG-W1与TG-W2。两个空间分区中玩水与观水都在紧邻水面的地方,但亲水并不是主要类型的行为。TG-W1中低矮的假山不仅引发了较多的攀爬行为,小学生围绕假山嬉闹游戏现象多见。TG-G2中水岸边景观石密集,静态的坐憩聊天与追逐嬉闹行为比重相当。TG-G3是水面之上的木拱桥,小学生在小桥上眺望水景,进行游戏。TG-G4是与主广场相连的亲水平台,这里的亲水活动所占比重最大。除所选四个空间分区中,水边发生的其他行为全部集中在水面内侧的凹口中。

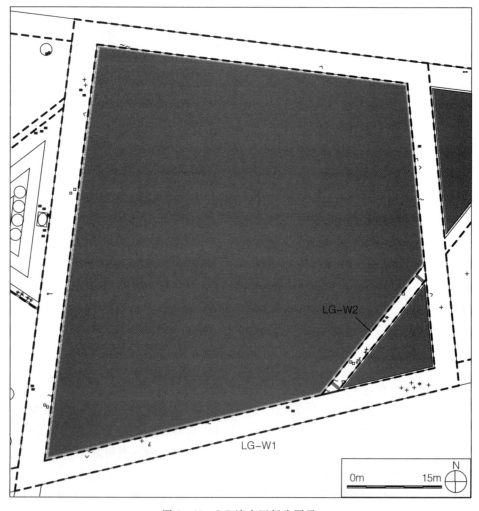

图 5-19　LG滨水区行为图示

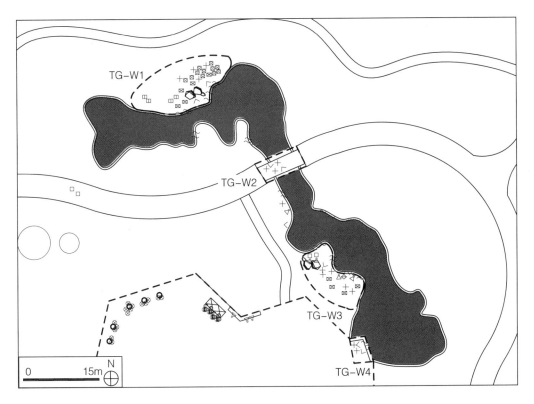

图 5-20　TG 滨水区行为图示

3. 基于数据统计的小学生行为与城市空间的关联性分析

1) 行为频度

(1) 住宅小区外游憩空间行为频度。根据小学生放学途中在游憩空间中的行为属性特征,将行为划分为五大类:运动健身类、休息类、观赏类、游玩类及其他。将小学生在住宅小区外四个游憩空间中的行为进行统计(表 5-3),按照每个场所的空间划分详细统计出各类行为的发生数量。

通过纵向比较行为频度累积量得知,小学生游玩类行为频度最低(406 次),占据总行为频度(803 次)的半数以上,可以将它看作是小学生在游憩空间中的典型行为。行为频度次之的是运动健身类(140 次),休息类行为(134 次)比运动健身类仅仅少 6 件,观赏类行为频度明显降低(67 次),其他行为(56 次)频度最少。小学生的个体属性特征决定了动态类行为占据了主导地位,游玩类与运动健身类行为频度高,而休息类及观赏类的静态行为频度值较低。

通过横向比较各个空间分区内的行为频度累积量得知,绿怡小学门前城市绿荫草地 G4、青年路小学校门前城市广场 S3、绿怡小学附近公园滨水铺地区 W1、屯滨小学附近公园中心广场 S3 分别是四个游憩空间中行为频度值最高的区域,表明广场类硬质铺装地面、水面附近铺地区域及绿荫草地较受小学生喜爱,他们在这些场所内更易于发生各类行为。

表 5-3　住宅小区外游憩空间节点行为发生频度统计

游憩节点	空间分区	运动健身类				休息类		观赏类				游玩类				其他		合计
		球类	跳绳	轮滑滑板	健身器材	坐憩	聊天	驻足观景	观棋观牌	听戏听曲	看跳舞	做游戏	玩水	跑跳追逐	其他*1	饮食	其他*2	
LX	LX-S1	0	0	0	0	3	0	2	0	0	0	12	0	13	2	0	0	32
	LX-F1	0	0	0	0	0	0	0	6	0	0	0	0	0	7	0	4	17
	LX-F2	0	1	0	0	2	0	0	0	0	0	3	0	0	0	0	0	6
	LX-G1	0	0	0	0	2	2	0	0	0	0	0	0	0	0	0	0	4
	LX-G2	0	0	0	0	0	0	0	0	0	0	6	0	2	9	0	0	17
	LX-G3	0	0	0	0	4	0	0	0	0	0	0	0	0	7	1	0	12
	LX-G4	0	2	0	0	9	0	0	0	0	0	5	0	9	3	5	0	33
	LX-G5	0	0	0	0	1	2	0	0	0	0	2	0	4	4	1	0	14
QX	QX-S1	0	0	0	0	0	0	0	0	0	0	0	0	0	0	0	1	1
	QX-S2	0	1	0	0	0	0	0	0	0	0	0	0	0	0	1	1	3
	QX-S3	21	2	5	0	4	9	0	4	0	0	17	0	10	12	1	0	85
	QX-S4	0	0	0	0	0	0	0	0	0	0	3	0	5	4	0	0	12
	QX-S5	0	0	0	0	6	2	0	0	0	0	2	0	1	2	1	3	17
	QX-S6	1	0	0	18	3	3	0	0	0	0	20	0	14	0	1	0	60
	QX-W1	0	0	0	0	0	0	0	0	0	0	0	7	0	0	0	0	7
	QX-W2	0	0	0	0	7	4	9	0	0	0	0	0	10	0	0	1	31
	QX-G1	0	0	0	0	2	0	0	1	0	0	0	0	0	2	0	1	6
	QX-G2	0	0	0	0	8	0	1	0	0	0	5	0	3	2	1	0	20
	QX-G3	3	0	0	9	2	6	1	0	0	0	0	0	3	0	1	0	25
	QX-G4	0	0	0	0	0	0	0	0	0	0	0	0	0	0	0	0	0
LG	LG-S1	0	0	0	0	0	2	0	4	8	0	0	0	9	1	0	0	24
	LG-S2	0	2	2	0	0	0	0	0	0	0	3	0	2	0	0	0	9
	LG-W1	0	1	0	0	0	4	6	0	0	0	9	6	7	1	1	0	35
	LG-W2	0	0	0	0	0	2	2	0	0	0	0	2	0	2	2	2	12
	LG-G1	0	0	0	0	0	0	0	0	0	0	0	0	2	2	0	0	4
	LG-G2	0	0	0	0	2	0	0	0	0	0	0	0	2	0	0	1	5
	LG-G3	6	0	0	0	3	3	0	0	0	0	8	0	0	0	3	0	23
	LG-G4	0	0	0	0	4	4	0	0	0	0	0	0	0	0	0	1	9

（续表）

游憩节点	空间分区	运动健身类				休息类		观赏类				游玩类				其他		合计
		球类	跳绳	轮滑滑板	健身器材	坐憩	聊天	驻足观景	观棋观牌	听戏听曲	看跳舞	做游戏	玩水	跑跳追逐	其他*1	饮食	其他*2	
TG	TG-W1	0	0	0	0	0	0	2	0	0	0	4	7	5	11	0	4	33
	TG-W2	0	0	0	0	0	0	2	0	0	0	3	5	0	0	0	0	10
	TG-W3	0	0	0	0	5	2	2	0	0	0	6	13	4	0	1	0	33
	TG-W4	0	0	0	0	0	0	2	0	0	0	0	3	0	0	0	0	7
	TG-S1	0	3	7	0	4	6	0	0	0	0	10	0	8	5	3	2	48
	TG-S2	0	1	5	0	2	2	0	0	0	0	3	0	5	0	0	0	18
	TG-S3	0	3	4	21	3	2	0	0	0	3	15	0	8	2	2	7	70
	TG-S4	2	0	0	0	0	0	2	0	2	0	0	0	0	0	0	3	11
	TG-G1	9	1	0	0	0	0	1	0	0	0	0	0	0	3	2	3	21
	TG-G2	10	0	0	0	0	2	0	0	0	0	0	0	0	3	2	3	21
	TG-F1	0	0	0	0	1	0	0	5	0	0	0	0	0	0	0	0	6
	TG-F2	0	0	0	0	0	0	0	0	0	2	0	0	0	0	0	0	2
合计		52	17	23	48	68	66	32	20	15	0	144	53	126	83	29	27	803
		140				134		67				406				56		

注:其他*1 为逗狗、吹泡泡、摘树叶、挥舞树枝、溜溜球、攀爬、打牌、挖泥土等行为的叠加;其他*2 为打电话、看书、写作业、买东西等行为的叠加。

（2）对象属性与行为频度的关系。小学生自身属性特征与其行为有关联性,不同的游憩场所中,对象性别、是否接送及是否结伴与行为频度存在异同性(表5-4、图5-21)。

表 5-4　行为发生频度与对象属性

		运动健身类	休息类	观景类	游玩类	其他	合计
LX	男	3	14	3	63	5	88
	女	0	11	5	25	6	47
	接送	1	11	3	32	6	53
	不接送	2	14	5	56	5	82
	结伴	3	19	6	74	7	109
	不结伴	0	6	2	14	4	26
QX	男	25	31	9	55	7	127
	女	35	25	7	67	6	140
	接送	29	32	8	68	10	147
	不接送	31	24	8	54	3	120
	结伴	45	50	12	98	8	213
	不结伴	15	6	4	24	5	54

（续表）

		运动健身类	休息类	观景类	游玩类	其他	合计
LG	男	3	7	12	30	4	56
	女	8	17	8	28	4	65
	接送	4	10	9	18	1	42
	不接送	7	14	11	40	7	79
	结伴	7	24	7	42	7	87
	不结伴	4	0	13	16	1	34
TG	男	51	15	19	107	15	207
	女	15	14	4	31	9	73
	接送	41	17	18	84	13	173
	不接送	25	12	5	54	11	107
	结伴	58	27	21	122	17	245
	不结伴	8	2	2	16	7	35

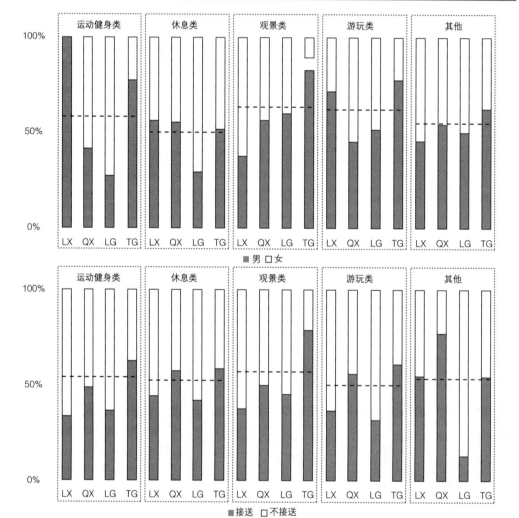

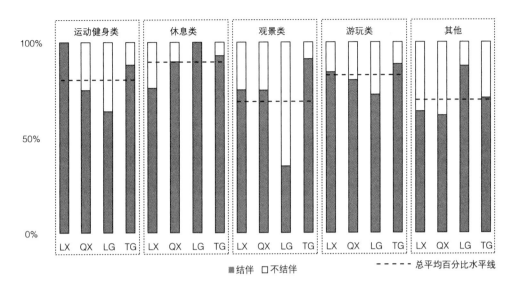

图 5-21　行为发生频度与对象属性

对象性别对行为频度有一定的影响。男生行为频度(478 次)高于女生行为频度(325次),差异较为明显;有家长接送情况下行为频度(415 次)高于无接送时行为频度(388次),但差距较小。四个游憩空间中男女小学生都在游玩类行为中取得最大频度值,说明游玩是小学生放学后的典型行为。场所中各项行为类型多数为男生行为高于女生,表明男生更容易在放学途中发生行为。家长接送对小学生行为干涉作用较明显,家长会干涉孩子的行为发生地及持续时间,实际上不利于诱发行为,但是通过数据得知,家长接送时行为的发生量仍旧较多,体现了放学途中玩耍需求的重要性。

是否结伴对行为频度产生重要的影响。结伴时行为频度(654 次)远远高于不结伴时的行为频度(149 次)。结伴这一要素在不同场所中都对行为的发生具有积极的促进作用,在四个游憩场所中,仅有 LG 中观景类行为不结伴时行为频度高于结伴。结伴时小学生活动以群体形式进行,能更好地促进小学生之间进行交流。应当注意到,离校门越近的区域,结伴现象越显著,随着放学疏散方向的展开,很多原本结伴的小学生分道而行。

2)行为密度

行为密度,本研究中将其定义为每个游憩场所中各空间分区中的行为频度与所处区域面积的比值。行为密度值能直接表明该区域行为的密集程度,同时,反映该区域对行为的吸引程度。将五类行为(运动健身类、休息类、观赏类、游玩类及其他)及行为总和分别计算出行为密度(件/平方米),分别按照游憩场所及空间分区类型进行排列得到行为密度图(图 5-22、图 5-23)。

从整体上看,各空间分区中总行为密度均在 1(件/平方米)及以下,各类行为及总行为密度主要在 0~0.2(件/平方米)之间起伏波动。游玩类行为密度在其他四类行为密度值之上,总计有六个空间分区中游玩类行为密度超过 0.2(件/平方米);所有空间分区中

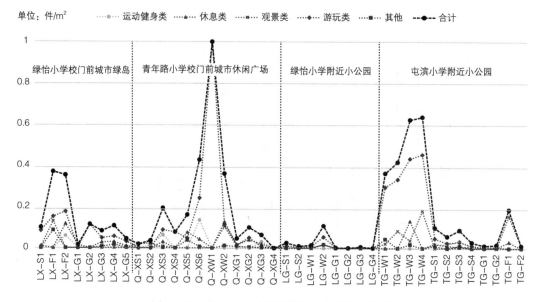

图 5-22 住宅小区外游憩场所小学生行为密度

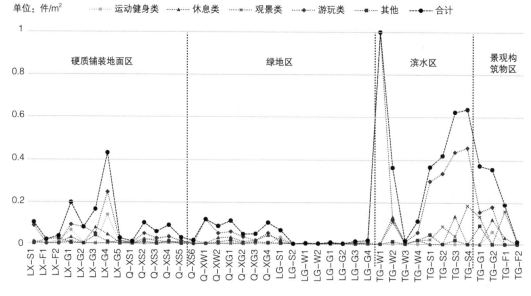

图 5-23 各类型空间分区内小学生行为密度

其他四类行为密度均在此数值之下,并因空间环境要素差异等因素呈现出不同的变化趋势。比较各类行为密度的平均值,按照由高到低将其排序如下:游玩类(0.101 件/平方米)、观景类(0.0202 件/平方米)、休息类(0.0198 件/平方米)、运动健身类(0.0102 件/平方米)及其他(0.0084 件/平方米)。四个游憩场所中各自的总行为密度最高的空间分区三处为滨水区,一处为景观构筑物区;四处总行为密度最低区域均为绿地区。

在四个住宅小区外的游憩场所中,总行为密度最高点及最低点均位于青年路小学校门前城市休闲广场(QX)中,最大密度位于水中汀步 QX－W1,密度值为 1(件/平方米);最小密度位于绿地区 QX－G4,小学生在此没有发生停留行为。QX 的密度起伏变化最剧烈,除最高值波峰外,另形成了两个小波峰(峰值分别为 0.1936 件/平方米及 0.1 件/平方米)。屯滨小学附近小公园(TG)总行为密度大于 0.2(件/平方米)的空间分区有四个,均为滨水空间,另在 TG－S3 及 TG－F1 处形成两个峰值在 0.2(件/平方米)之下的小波峰。绿怡小学校门前城市绿岛(LX)八个空间分区中有六个区域总行为密度在 0.1(件/平方米)之上,其中 LX－F1 与 LX－F2 总行为密度接近 0.4(件/平方米),它的绿地区 LX－G1 总行为密度最低,仅为 0.0152(件/平方米)。绿怡小学附近小公园(LG)整体的行为密度明显低于另外三个游憩空间,仅在水中步道 LG－W2 处形成一个总行为密度值为 0.1081(件/平方米)的小波峰,其他区域总行为密度均低于 0.03(件/平方米)。

从空间分区类型来看,滨水区总行为密度值从 1(件/平方米)到 0.0143(件/平方米)之间起伏变化,最高波峰与最低波谷之间数值差在四个空间类型中最大。八个滨水空间分区中,除去 LG 中两个区域,其他区域的总行为密度在 0.2(件/平方米)之上,这其中有四个密度值大于 0.4(件/平方米)。硬质铺装地面区中有儿童游乐设施及健身器材的 QX－S6 的总行为密度值最大(0.4286 件/平方米),LG－S2 的总行为密度值最小(0.0094 件/平方米),其他区域的密度值在 0.2(件/平方米)之下。景观构筑物区总行为密度均不超过 0.4(件/平方米),LX 中廊架区、休息亭总行为密度值高于 TG 中两个廊架区。绿地区的行为密度整体较低,LG 与 TG 中绿地的总行为密度值均近于零,LX 与 QX 中绿地区的最高密度峰值分别为 0.1149(件/平方米)及 0.1(件/平方米),远远低于另外三种空间类型的最高密度峰值。

因此,滨水区最利于促进小学生发生停留行为,但水岸线类型对行为促进作用差异明显,自然曲折及圆滑曲线的水岸线滨水区易于引发行为,平直水岸线不利于诱发行为。硬质铺装地面区设施的丰富程度对行为有促进作用,儿童游乐设施及健身器材易于诱导小学生停留。树木、草地等绿化景观对行为的诱导作用最弱。另外,游憩场所与疏散校门的距离越近,同类型空间分区中行为密度整体较高。

4. 基于聚类分析的小学生行为与城市空间的关联性分析

1)游憩场所空间分区类型化

将体现空间特征的因子分为亲水性、开敞性、可达性、设施及绿化和铺地程度五类,每类下细分为多个要素,以 1 或 0 分别表示某空间分区具有或不具有此要素,完成空间分区特征的条件列表(附录 1),运用 SPSS 对该列表进行聚类分析,共分为 12 类,以 T1～T12 为标记(图 5－24)。

T1 为景观构筑物区,包括绿怡小学校门前城市绿岛中廊架 F1、休息亭 F2 及屯滨小学东侧小公园两个廊架 F1、F2,具有离水半开敞可达的空间特征。

T5 为滨水区,将青年路小学校门前广场中亲水环带状空间 W1、水中汀步 W2、绿怡小学附近小公园水边步道 W1、水中下沉小路 W2 及屯滨小学东侧小公园两个亲水景观区 W1 与 W3、水上拱桥 W2、亲水平台 W4 聚为一类,具有临水亲水开敞难可达的空间特征,无设施且均为硬质铺装地面。

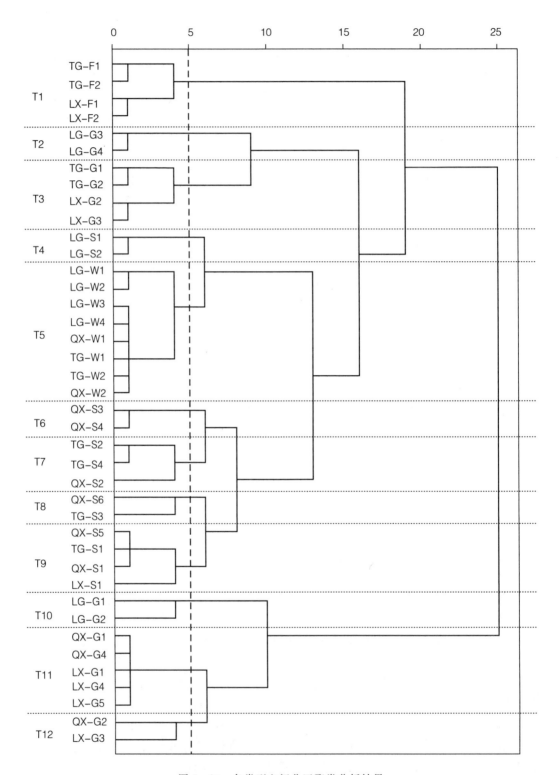

图 5-24 各类型空间分区聚类分析结果

　　T2、T3、T10、T11、T12 五类空间为绿地区。T2 由绿怡小学附近小公园内两处面积较大且平缓少树的绿地 G3 与 G4 组成,T3 包含屯滨小学东侧小公园中两处临街绿地 G1、G2 及绿怡小学校门前城市绿岛中靠近南侧住宅小区的两处绿地 G3、G4。T2 与 T3 为离水开敞无设施空间,草地面积占区域面积一半以上,但 T2 为难可达空间,T3 为可达空间。T10 由绿怡小学附近小公园中树阵绿地 G1 及 G2 构成,T11 将青年路小学校门前休闲广场中西北角绿地 G1、东侧外缘条带状绿地 G4 及绿怡小学校门前绿岛内 G1、G4、G5 聚为一类,T12 包含青年路小学校门前广场中内含雕塑、健身器材等设施的绿地 G2 与 G3。T10、T11、T12 是离水不开敞空间,草坪及树冠面积均超过区域面积一半以上。差别在于 T10 难可达无设施,T11 可达无设施,T12 可达有设施。

　　T4、T6、T7、T8、T9 五类空间为硬质铺装地面区。T4 包含绿怡小学附近小公园近水广场 S1 与 S2,T6 由青年路小学校门前临水广场 S3 和 S6 组成。T4、T6 为临水开敞无设施空间,T4 可达而 T6 难可达。T7 将屯滨小学东侧小公园内环路中的几何形广场 S2、S4 及青年路小学校门前北入口广场 S2 归为一类,T8 由屯滨小学东侧小公园中心广场 S3 与青年路小学校门前南入口儿童游戏场 S6 构成,T9 将青年路小学校门前圆形广场 S1、树池广场 S5、屯滨小学东侧小公园入口树池广场 S1 及绿怡小学校门前枯水池广场 S1 聚为一类。T7、T8、T9 是离水开敞空间,T7 难可达无设施,T8 可达有景观及健身设施,T9 可达有景观设施。各空间类型特征及代表实景照片见表 5-5 所列。

　　2)各类型游憩空间与小学生行为分布的关系

　　实际调查中发现,其他类行为包括饮食、打电话、买东西、看书、写作业等,这类行为频度最低,且行为与空间特征要素相关性较低。去除其他类行为,小学生在游憩空间中行为有 10 种,单一行为的平均发生率为 10%,以 10% 作为判定某一种类型空间中行为发生频率高低的依据。某一空间类型中有半数及以上的空间分区中某类行为发生率高于 10%,可以断定此类行为在该类型空间中发生频繁,且这一类型空间对此类行为诱发作用强;而某一空间类型的所有空间分区中某类行为发生频率低于 10%,则说明这一类型空间对此类行为诱发作用弱。当某一空间类型仅有两个空间分区时,偶然性因素作用过于片面,所以,两个空间分区同时满足某行为类型发生频率大于 10% 时,才认为此类行为频度在这一空间类型中频繁发生(彩图 33)。

　　(1)运动健身类行为。小学生在 T3、T7 空间的运动行为频繁。运动类行为与亲水性、可达性及绿化和铺地程度关系不大,与开敞性、设施相关。开敞无设施草坪地面 T3 以足球运动为主,开敞无设施硬质铺地地面区 T7 铺地区域广阔,球类、跳绳及轮滑滑板运动易于展开。T8 因健身器材的设施优势诱发较多健身行为,健身行为只与设施相关,对亲水性、开敞性、可达性及绿化和铺地程度无要求。

　　(2)休息类行为。坐憩行为的典型分布空间是景观构筑物区 T1 和绿地区 T2,聊天行为频繁发生在绿地区 T2、T11 和硬质铺地区 T9。绿地区坐憩与聊天常伴随发生,而硬质铺地区的聊天行为多伴随游玩类行为发生。休息类行为分散分布,聚集性相对较弱,说明小学生的休息类行为较为随性发生,与空间环境特征相关性较弱。

表 5 - 5 各空间类型特征及代表实景照片

空间类型	空间特征	代表空间实景照片	空间类型	空间特征	代表空间实景照片
T1 TG - F1,TG - F2 LX - F1,LX - F2	离水 半开敞 可达 有景观设施 硬质铺地		T2 LG - G3 LG - G4	离水 开敞 难可达 无设施 草坪地面	
T3 TG - G1,TG - G2 LX - G2,LX - G3	离水 开敞 可达 无设施 草坪地面		T4 LG - S1 LG - S2	临水 开敞 难可达 无设施 硬质铺地	
T5 LG - W1,LG - W2 TG - W3,TG - W4 QX - W1,TG - WI TG - W2,QX - W2	临水亲水 开敞 难可达 无设施 硬质地面		T6 QX - S3 QX - S4	临水 开敞 可达 无设施 硬质地面	

（续表）

空间类型	空间特征	代表空间实景照片	空间类型	空间特征	代表空间实景照片
T7 TG－S2 TG－S4 QX－S2	离水 开敞 难可达 无设施 硬质地面		T8 QX－S6 TG－S3	离水 开敞可达 有景观设施 有健身设施 硬质地面	
T9 QX－S5,TG－S1 QX－S1,LX－S1	离水 开敞 可达 有景观设施 硬质地面		T10 LG－G1 LG－G2	离水不开敞 难可达 无设施 草坪地面 树冠遮蔽	
T11 QX－G1,QX－G4 LX－G1,LX－G4 LX－G5	离水不开敞 可达 无设施 草坪地面 树冠遮蔽		T12 QX－G2 QX－G3	离水不开敞 可达 有设施 草坪地面 树冠遮蔽	

(3)观赏类行为。驻足观景仅频繁发生在滨水区 T5 空间,除 T5 和 T7,其他十个空间类型中观景行为发生频率均低于 10％,说明水景之外的其他环境景观要素难以引发驻足观赏行为,驻足观景仅与亲水性有关。观棋牌、戏曲的典型分布空间是 T1,棋牌、戏曲活动开展场地多为廊架、休息亭及有桌椅的广场等地,所以衍生的观看行为也在这些场所中产生。

(4)游玩类行为。玩水:仅发生在滨水区 T5。临水亲水是玩水行为发生的前提条件,亲水性对此类行为发生起到最重要的诱导作用,其他空间特征因子与玩水行为关系不大。

做游戏:T10 中无做游戏行为发生,T3、T5、T6、T7、T8、T9 是此行为分布的典型空间,说明不开敞与半开敞空间不能诱发这类行为,亲水性、可达性、设施及绿化和铺地程度与做游戏行为无关联。

跑跳追逐:典型分布空间是绿地区 T3、T10、T12 和硬质铺地区 T4、T6、T8、T9,表明难可达无设施绿地和难可达无设施硬质铺地不能诱发跑跳追逐行为,与亲水性、开敞性关系不大。

其他 * 1:逗狗、吹泡泡、摘树叶、挥舞树枝、溜溜球、攀爬、打牌、挖泥土等行为频繁发生在绿地区 T3、T11 和硬质铺地区 T6、T9,这些行为与空间环境要素相关性较强,与环境互动性高,可达性是首要的相关因子。

由此,做游戏、跑跳追逐与其他 * 1 三类游玩行为是小学生主要的行为类型,行为频繁发生的类型空间占总空间类型一半以上,开敞性与可达性对游玩类行为影响较大,亲水性、设施与绿化和铺地程度对这三种行为分布影响不大。驻足观景与玩水行为首要受亲水性影响,运动健身行为主要与开敞性及设施有关,休息类行为与空间特征因子关系不大。

5.3   住宅小区内部的小学生游憩空间与停留行为分析

上一节研究了小学生放学后至住宅小区途中的游憩空间与小学生停留行为的关系,本章从放学路径游憩空间核密度分析八个空间节点里位于住宅小区内部的四个节点,探讨小学生放学后在其中的行为与空间环境特征的关联性。本节的研究目的与方法及数据采集与分析方法与前文相同,在该空间内共记录了 279 位小学生放学途经的四个游憩空间的 630 件行为。

5.3.1   调研概要

选取安居苑小学所在的安居苑小区东区的中心景观(以下用 AZ 代指)及西区的公共绿地景观区(以下用 AL 代指)、青年路小学附近银杏小区的公共绿地(以下用 QL 代指)、屯滨小学北侧和园小区中心景观(以下用 TZ 代指)四处住宅小区内部的游憩空间作为研究对象(图 5-25)。中心景观 AZ 为聚集形态的圆形区域,向心性强,而中心景观 TZ 呈南北延伸的线状布局,形态舒展方正。两处景观绿地区是以绿地为主的观景区,另包含小面积的广场、休息亭或廊架等构筑物、健身设施等。小学生放学途中在这四处集中式大型游憩场所内停留行为频度高,具有广泛的研究价值与意义。

调研选在晴朗天气进行,天气状况良好条件下小学生放学途中停留行为的类型多且

图 5-25　住宅小区内部游憩空间节点示意

停留频度大,利于取得调研数据。本调研以下午放学时间为起始时间,对一个半小时之内住宅小区内部游憩场所内的小学生属性及行为特征进行翔实记录,将小学生个体属性(性别、年级、有无接送、是否结伴等)及行为类型、频度记录到事先设计好的表格中,并在对应的地图中标记出行为发生的确切地点。行为观察调研属性见表 5-6 所列。

表 5-6　行为观察调研属性　　　　　[单位:数值(百分比)]

属性		安居苑小学		青年路小学	屯滨小学
		AL	AZ	QL	TZ
调研日期		2014.10.13	2014.10.22	2014.10.14	2014.11.11
调研时间		15:45—17:15	15:45—17:15	15:50—17:20	15:50—17:20
天气		晴 16℃ 北风 3~4 级	晴 18℃ 东南风 1~2 级	晴 16℃ 南风 3~4 级	晴 13℃ 西风 1~2 级
调查对象样本数		51(100)	85(100)	44(100)	99(100)
行为总频度		113(100)	227(100)	85(100)	205(100)
性别	男	24(47.1)	58(68.2)	26(59.1)	52(52.5)
	女	27(52.9)	27(31.8)	18(40.9)	47(47.5)
年级	低年级	22(43.1)	50(58.8)	20(45.5)	79(79.8)
	中年级	21(41.2)	29(34.1)	16(36.4)	13(13.1)
	高年级	8(15.7)	6(7.1)	8(18.2)	7(7.1)
家长接送	接送	36(70.6)	57(67.1)	15(34.1)	56(56.6)
	不接送	15(29.4)	28(32.9)	29(65.9)	43(43.4)
是否结伴	结伴	32(62.7)	53(62.4)	23(52.3)	69(69.7)
	不结伴	19(37.3)	32(37.6)	21(47.7)	30(30.3)

注:低年级为一、二年级,中年级为三、四年级,高年级为五、六年级。

5.3.2　各游憩场所的空间划分

将单个游憩空间按照区位、类型、环境要素等内容进行空间划分,划分中考虑行为观察调研中小学生行为分布。

1. 安居苑小区中心景观(AZ)空间划分

安居苑小区中心景观划分为 12 个小区域,除去一处绿地区,其他均为广场等硬质铺装地面区域(图 5 - 26)。中心景观属于集中式规划布局,以中央圆形广场 S1 为核心区,层层向外扩展出四级圆环,整个圆形景观区的外围是小区的车行路。在中心广场之外是第一级圆环内的环形台地看台 S2 与扇形平台 S3,第一级圆环外围由构筑物标明了界限,空间限定感强烈。第二级圆环与第三级圆环中相邻的两个扇形硬质铺地区域组成了 S5,它们间隔的局部树池对空间的限定作用不强。第三级圆环中 S4 与 S6 以 S5 为轴线对称分布,是三阶等距连续的台地广场。第四级圆环中 S7 是中心景观的扇形入口区,内有两处小块绿地,区域的边缘由石椅、矮墙限定,在它与 S4 之间是放有两张球桌的乒乓球台区 S8。S9 为健身器材区,健身器材密集且排列整齐,与它相邻的硬质铺地区 S10 及中心景观外的一处紧邻住宅山墙的硬质铺地区 S11 是老年人的棋牌区,老人自带桌椅,在开阔绿荫空间下打牌消磨时间。将第四级圆环中面积最广的一处绿地区命名为 G1,主要由可上人草坪及高大的乔木构成。

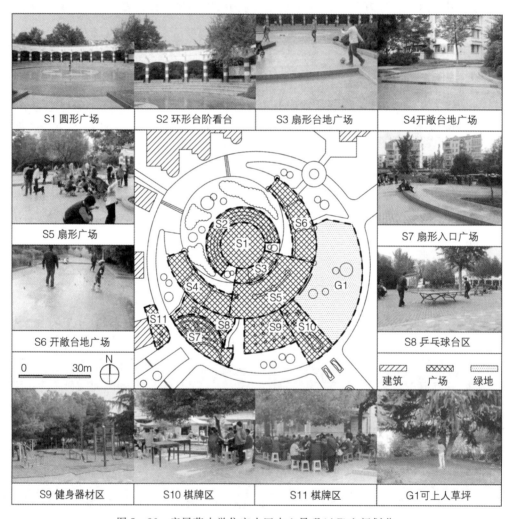

图 5 - 26 安居苑小学住宅小区中心景观(AZ)空间划分

2. 屯滨小学附近和园小区中心景观(TZ)空间划分

空间划分为 12 个小区域,即 10 个硬质铺地区和 2 个绿地区(图 5-27)。整个中心景观连通了小区的南北入口,方形与矩形的模块拼接出整齐的外部形态,中心广场外围与建筑之间满布绿地,景观区边缘与周围绿地之间以铁质栅栏分隔开来。景观区的地下部分是小区停车场,很多采光井、风井突出地面。花池广场 S1 是中心景观的北入口区域,中间的三处花池边缘能够坐憩。北侧的正方形广场 S3 四角立着玻璃平顶的休息亭,中央是三阶圆形台地广场 S2;中部正方形广场 S8 四角的 L 形花池围绕中心三层方形台地广场 S8。S4 与 S6 是连接两个正方形广场的交通区域,它们的边缘紧挨着有廊架、花池等设施的 S5,廊架右侧是块小型狭长矩形绿地。S9 是南侧入口部分,面积较大,它的左侧边缘有桌椅休息区,老人聚集在此进行棋牌活动。S9 左侧狭长绿地 G1 及右侧块状绿地 G2 临近入口。

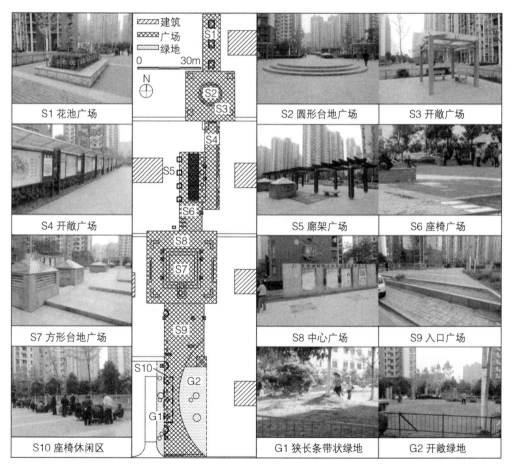

图 5-27　屯滨小学住宅小区中心景观(TZ)空间划分

3. 安居苑小区绿地景观区(AL)空间划分

空间划分为 6 个部分:3 个绿地区、2 个硬质铺地区及 1 个景观构筑物区(图 5-28)。绿地整体呈半圆形,外围环绕着小区主干道,三栋高层住宅坐落于景观区的环状边缘一侧,使得景观区的大部分空间较长时间处于建筑的阴影之内。S2是沿路的广场,是一处平坦的硬质铺地区,以不同颜色的地面铺装材料铺砌出圆和弧线组合形成广场轮廓。它的北侧是一处扇形的健身器材区S1,S1与S2存在三步台阶的高差。两条园路与健身器材区的交会处是休息亭F1,休息亭屋顶是镂空的框架。三处绿地中的G1与G2被一条园路分隔开来,G1左上部靠着建筑山墙面,草坪中部有雕塑;G2沿着硬质铺地区分布,草地上散落低矮的灌木丛与小乔木。绿地G3在小区主干道与健身器材区之间,G3在靠近小广场的部位放置了景观石。

4. 青年路小学附近银杏小区公共绿地区(QL)空间划分

公共绿地分为8个小空间,包括6个硬质铺装地面区和2个绿地区(图5-29)。公共绿地整体为平行四边形,四周外围是人行步道,几条园路将整个绿地分割成五小一大的六块绿地,健身器械、廊架及小广场仅占较小面积比重。S1与S2是北侧及西侧的人行步道区,S2宽度小于S1。S3与S4是健身器材区,健身器材沿着绿地的边缘单行整齐排列。S5是一处较为开阔的小广场,它有两处出入口。S5的东南方向是带顶的扇形廊架区F1,两列圆柱托起实面的屋顶,相邻圆柱之间放置了木质的休息座椅。两块绿地中G1是S1南侧的绿地,树木在草地的外围分布,靠近小区入口的西北角处树木最密集。而G2是六处绿地中面积最大的一块,它由人行道和园路环绕,全部由草地构成,不包含灌木类、乔木类树木。

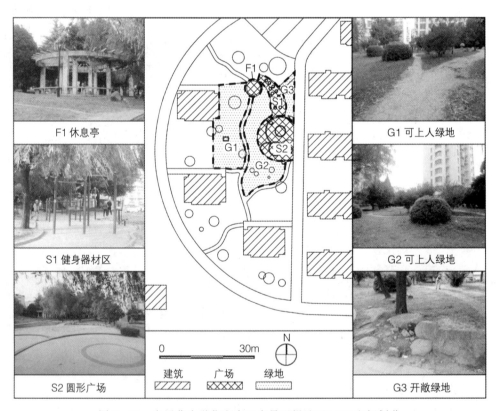

图5-28　安居苑小学住宅小区内景观绿地区(AL)空间划分

图 5-29　青年路小学住宅小区内景观绿地区(QL)空间划分

5.3.3　小学生行为与空间的关联性分析

1. 小学生行为与空间关联性的图示化解析

1)住宅区中心景观行为图示化

(1)硬质铺装地面区。

第一,入口区。

TZ 与 AZ 均有主次两个入口。AZ 主入口比 TZ 主入口多了乒乓球台。硬质铺地 TZ-S9 中小学生主要在设施边缘停留,例如,花池边的坐憩、聊天、饮食、攀爬格栅及地下车库通风口、摊点旁的购买行为。非边缘区仅有南侧空地上的追逐及北侧空地上的轮滑与骑小车行为。硬质铺地 AZ-S7 中的行为边缘化特征更明显,行为几乎都与边缘景观矮墙及连续石椅产生互动。座椅区 TZ-S10 与 AZ-S11 均有小学生观看成人打牌行为,区别在于前者座椅均被成人占据,后者小学生在空闲的桌椅旁发生多种活动。AZ-S8 中成人占据了一个乒乓球台,小学生仅能使用另一个球台。两个次入口 TZ-S1 与 AZ-S10 行为类型单一,TZ-S1 中连续的三个花池的边缘花台被小学生当作座椅,有 6 个休息类行为,AZ-S10 中老年人聚众打牌诱发了 4 个观牌行为(图 5-30)。

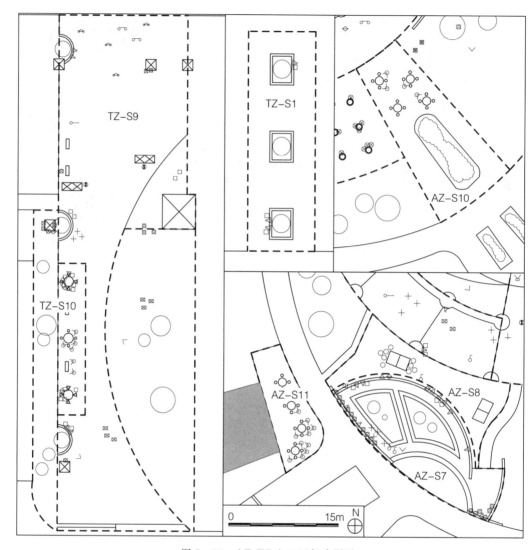

图 5 - 30　AZ、TZ 入口区行为图示

第二,中心广场。

　　TZ 正方形中心广场中央是三级台地广场,外围四周角部有 L 形花池,两个侧边分立宣传栏,行为分布分散,聚集趋势不明显。AZ 的中心圆形广场分为三部分,中央圆形空地、外围环形台阶看台及扇形台地广场,行为多聚集在中心圆形平地内。TZ - S7 台阶处及中心区域行为量相差不多,除游玩类行为,仅在台阶边缘有小学生坐憩聊天。TZ - S8 中空地较大的区域有轮滑、骑小车等活动,花池边缘主要显示坐憩功能,宣传栏引起少量驻足观看,广场边界处用于隔离的栏杆能够作为攀爬的器具。AZ - S1 在放学初始阶段作为广场舞用地吸引小学生观看,观看行为发生在 AZ - S2 及 AZ - S3 中,后期广场舞人群散去后,小学生占据这处广场进行较长时间的运动类及游戏类活动。AZ - S2 与 AZ - S3 行为数量少,除去观看广场舞的行为,环形台阶上有两个小学生坐憩聊天,扇形台地有一个小学生在玩滑板(图 5 - 31)。

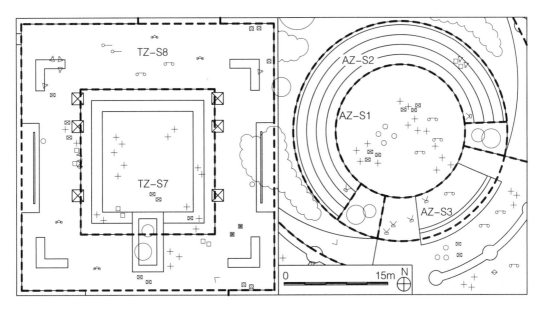

图 5 - 31　AZ、TZ 中心广场区行为图示

第三,设施广场区。

廊架广场 TZ - S5 中廊架下及绿地中无小学生停留,四个追逐嬉闹及三个站立聊天行为分布在左侧四个树池边缘。扇形健身广场 AZ - S9 健身器械丰富,使用率高,另有奔跑打闹、饮食、溜溜球散布在器械的外围区域。因此,廊架广场对行为的诱发作用不大,健身器械能够引发较多行为(图 5 - 32)。

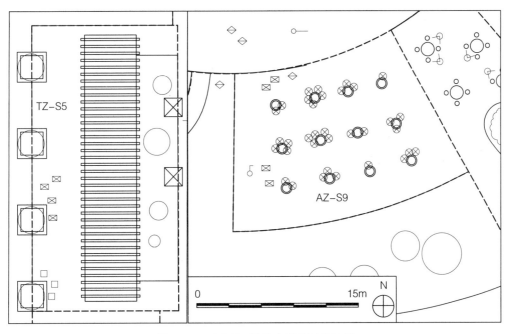

图 5 - 32　AZ、TZ 设施广场区行为图示

第四,其他铺地区。

台地广场 TZ－S2 中心平地及边缘台地均有很多停留活动,且行为类型一致,有做游戏、坐憩及饮食三种。TZ－S3 右侧两个角部的休息亭中有小学生坐憩写作业,亭子之间的空地上有六处游戏类活动。TZ－S4 仅有四个小学生在此停留,东侧沿路的宣传栏引起小学生驻足观看,西侧边缘中部做游戏及观景行为各一。TZ－S6 中长条石椅并没有诱发坐憩行为,反而被当作游戏道具以供攀爬或绕着石椅相互追逐。AZ－S4 与 AZ－S6 是形态对称的台地广场,行为较为分散,AZ－S4 以玩耍类及休息类行为为主,而 AZ－S6 以休息类及轮滑行为为主导,并在第一级台地有小学生观看广场舞。扇形广场 AZ－S5 与其他广场区别最大的地方在于其他类行为数量比重较大,气球售卖摊点引发了六个购买行为,边缘的宣传栏有四个观看行为(图 5－33)。

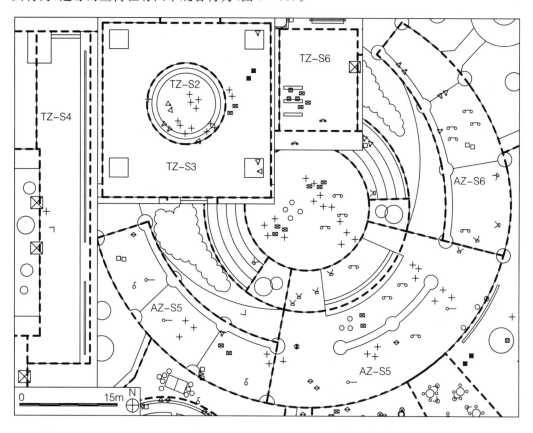

图 5－33 AZ、TZ 其他铺装区行为图示

(2)绿地区。绿地区停留行为较少,行为分布区域分散。AZ－G1 中小学生行为有玩耍类和观景类两种,玩耍分为小学生之间互动及他们与树木间互动两种模式,包括互相追逐、挥舞树枝和爬树。除此之外另有三个观景行为。TZ－G1 与 TZ－G2 属于半封闭式绿地,绿地与中部广场之间均有铁栅栏相隔,其他边缘开敞。TZ－G1 中的行为完全与绿化无关,小学生行为聚集在草地上的地下停车库通风口顶部,风口顶部不足一米,为平顶,利于小学生与它互动,既有攀爬风口现象,也有背靠风口饮食行为。TZ－G2 中仅有七个行为,其中有三个都在绿地与广场的边缘处,是由格栅诱发的攀爬行为。另外四处

中有三处是小学生在草坪中部嬉闹,剩余一个远眺的观景行为(图 5 - 34)。

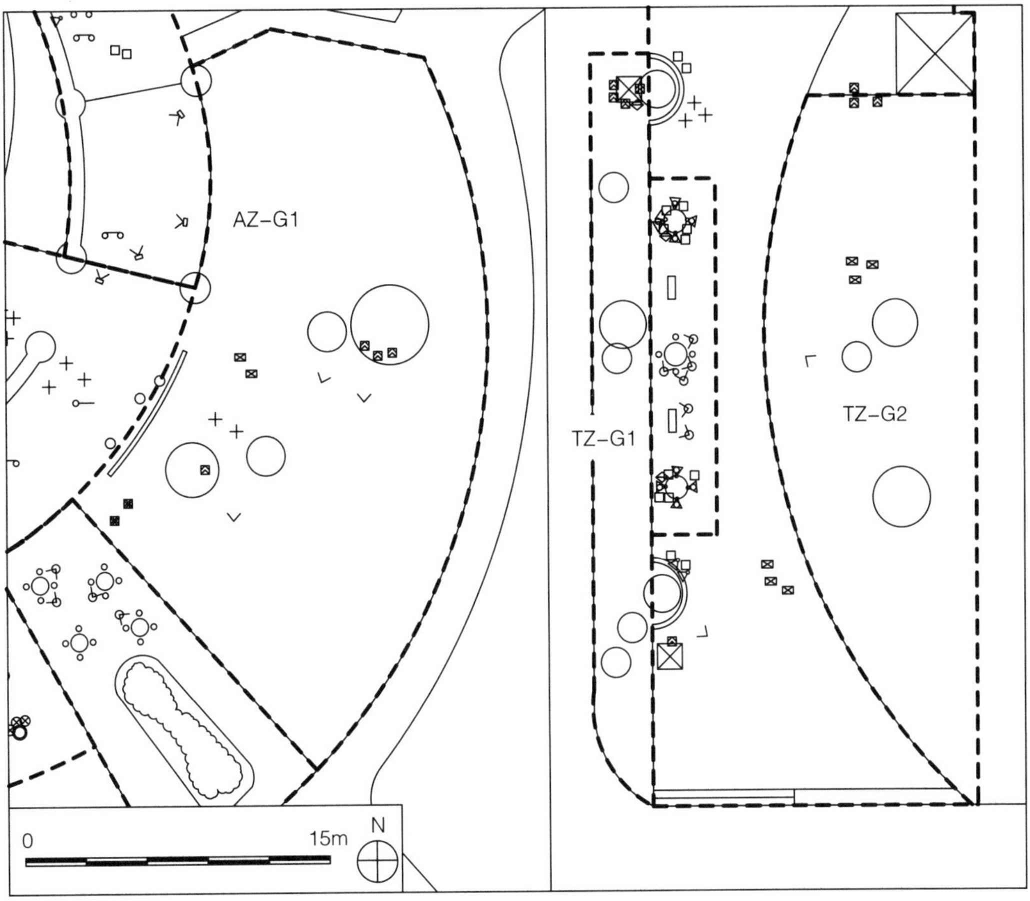

图 5 - 34　AZ、TZ 绿地区行为图示

2)住宅小区公共绿地景观区行为图示化

(1)硬质铺装地面区。

第一,开敞广场。

AL - S2 与 QL - S5 游玩行为较为密集。两个广场特征比较一致,呈现聚集的空间形态,广场上无设施,仅有地面铺装的简单变化活跃空间氛围,但两者中行为分布差异较大。AL - S2 中以玩耍类行为为主,集中在最大的圆圈内,外围圆圈内跳绳运动占优势,休息类及饮食、看书等静态行为在广场外缘条椅处。QL - S5 中小学生玩耍、运动主要是自身愿望引导的,而观看跳舞是中老年人的交际舞诱发产生的,这三类行为量相差无几,另外,广场外围有两个聊天行为(图 5 - 35)。

第二,景观构筑物。

圆形休息亭 AL - F1 与扇形廊架 QL - F1 属于景观构筑物的范畴。休息亭与廊架中均有坐憩行为。小学生活泼的天性决定了他们的好动性,坐憩这种静态行为发生较少,且持续时间较短。另外,休息亭中还有两个小学生在此写作业。总计六个行为均为静态行为(图 5 - 35)。

第三,健身器材区。

AL－S1是集中式健身广场,QL－S3、QL－S4是绿地边缘分散式健身场地。健身器械受到小学生的喜爱,使用率高,但是不同类型的健身器被使用的频率差异大。攀爬型、弹跳型、柔韧型健身器材(天梯、漫步机、肋木架等)更受欢迎,而力量型、耐力型(仰卧起坐平台、室外跑步机等)器械使用率低。除了健身活动,小学生还在集中健身场地追逐嬉闹、跳绳及饮食,而分散场地只有拍球行为,说明集中式健身广场能诱发健身之外的更多活动(图5－35)。

第四,人行步道。

QL－S1、QL－S2是绿地外围面积较大的沿着小区主干道的人行步道,以交通的通过功能性为第一属性。QL－S1有拍球、跳绳、聊天及观景四类行为,QL－S2仅有拍球和饮食两种行为,行为较为分散,没有局部聚集的趋势(图5－35)。

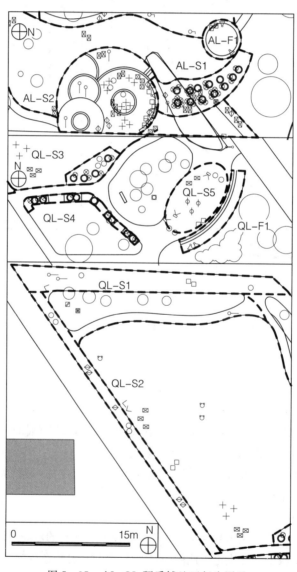

图5－35　AL、QL硬质铺地区行为图示

（2）绿地区。绿地区整体行为频度较小，分布分散，局部有聚集趋势（图 5 - 36）。AL - G1 与 AL - G2 被园路分隔，行为大多数由景观要素诱发，小学生绕着雕塑奔跑、背靠雕塑聊天、折树枝、摘树叶、攀爬石头等行为离不开环境要素。另有六个追逐打闹、两个饮食及两个溜溜球行为。AL - G3 与 QL - G1 是沿小区干路的狭长绿地，行为均分布在草地一端及小路上，绿地中央无停留行为。区别是 AL - G1 端部景观石引起小学生攀爬，而 QL - G1 端头的树木诱发折树枝与挥舞树枝行为。QL - G2 是面积广阔的纯草坪绿地，没有树木及设施，小学生放学中途经草坪，多在其外围活动，互相追逐打闹是最常见的行为，站立聊天也是主要的行为类型之一。草坪中央仅有两个逗小狗行为，发生在草坪中央，是小学生对宠物的追随造成的结果。

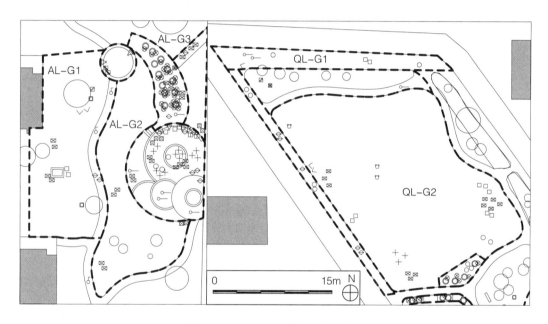

图 5 - 36　AL、QL 绿地区行为图示

2. 基于数据统计的小学生行为与城市空间的关联性分析

1）行为频度

（1）住宅小区内游憩空间行为频度。将小学生在住宅小区内四个游憩空间中的行为进行统计（表 5 - 7），按照每个场所的空间划分细致地统计出各类行为的发生数量。

纵向比较行为频度累积量得知，小学生游玩类行为频度最高（246 次），占据总行为频度（630 次）的四成，可以将它看作是小学生在游憩空间中的典型行为。

按照行为频度递减趋势，随后的行为类型依次为运动健身类（141 次）、休息类（116 次）、其他（80 次）及观赏类（47 次）。玩耍类行为中，群体活动的做游戏及跑跳追逐发生频度高，且两者频度值相当；运动健身类中球类运动及健身器材运动占有绝对优势。静态的坐憩与聊天频度相当，往往伴随发生；观赏类行为的发生与环境密切相关，优美景观及棋牌、戏曲、舞蹈等活动的发生才能诱发观赏。

表 5-7 住宅小区内游憩空间节点行为发生频度统计

游憩节点	空间分区	运动健身类				休息类		观景类				游玩类				其他		合计
		球类	跳绳	轮滑滑板	健身器材	坐憩	聊天	驻足观景	观棋观牌	听戏听曲	看跳舞	做游戏	玩水	跑跳追逐	其他*1	饮食	其他*2	
AZ	AZ-S1	4	0	3	0	0	0	0	0	0	0	14	0	6	0	0	0	27
	AZ-S2	0	0	0	0	0	2	0	0	0	2	0	0	0	0	0	0	6
	AZ-S3	0	0	1	0	0	0	0	0	0	4	0	0	0	0	0	0	5
	AZ-S4	0	2	0	0	2	4	1	0	0	0	5	0	2	2	1	0	19
	AZ-S5	3	2	3	0	0	0	0	0	0	1	10	0	2	0	3	10	34
	AZ-S6	0	0	5	0	5	2	0	0	0	3	0	0	0	0	1	0	16
	AZ-S7	0	0	0	0	11	4	1	0	0	0	4	0	16	2	3	1	42
	AZ-S8	9	0	0	0	0	0	0	0	0	0	0	0	0	0	1	0	10
	AZ-S9	0	0	0	34	0	0	0	0	0	0	0	0	4	1	2	0	41
	AZ-S10	0	0	0	0	0	0	0	4	0	0	0	0	0	0	0	0	4
	AZ-S11	0	0	0	0	0	0	0	10	0	0	0	0	0	0	0	0	10
	AZ-G1	0	0	0	0	0	0	3	0	0	0	2	0	2	6	0	0	13
TZ	TZ-S1	0	0	0	0	3	3	0	0	0	0	0	0	0	0	0	0	6
	TZ-S2	0	0	0	0	5	0	0	0	0	0	12	0	0	0	2	0	19
	TZ-S3	0	0	0	3	0	0	0	0	0	0	2	0	2	2	0	3	12
	TZ-S4	0	0	0	0	0	0	1	0	0	0	1	0	0	0	0	2	4
	TZ-S5	0	0	0	0	0	3	0	0	0	0	0	0	4	0	0	0	7
	TZ-S6	0	0	0	0	0	0	0	0	0	0	0	0	3	4	0	0	7
	TZ-S7	0	0	0	0	2	2	0	0	0	0	14	0	3	0	2	0	23
	TZ-S8	0	2	2	0	5	4	1	0	0	0	5	0	5	12	2	2	40
	TZ-S9	0	1	2	0	4	6	0	0	0	0	3	0	3	9	10	5	44
	TZ-S10	0	0	0	0	9	9	0	6	0	0	0	0	0	0	3	3	30
	TZ-G1	0	0	0	0	0	0	0	0	0	0	0	0	0	0	4	3	7
	TZ-G2	0	0	0	0	0	0	1	0	0	0	0	0	3	2	0	0	6
AL	AL-F1	0	0	0	0	2	0	0	0	0	0	0	0	0	0	0	2	4
	AL-S1	0	1	0	28	0	0	0	0	0	0	0	0	4	1	1	0	35
	AL-S2	3	4	0	0	4	3	0	0	0	0	12	0	8	3	6	2	45
	AL-G1	0	0	0	0	0	2	2	0	0	0	0	0	4	5	2	0	15
	AL-G2	0	0	0	0	0	0	0	0	0	0	0	0	4	3	1	0	8
	AL-G3	0	0	0	0	0	0	0	0	0	0	0	0	3	2	1	0	6

（续表）

游憩节点	空间分区	运动健身类				休息类		观景类				游玩类				其他		合计
		球类	跳绳	轮滑滑板	健身器材	坐憩	聊天	驻足观景	观棋观牌	听戏听曲	看跳舞	做游戏	玩水	跑跳追逐	其他*1	饮食	其他*2	
QL	QL-S1	2	2	0	0	0	2	1	0	0	0	0	0	0	0	0	0	7
	QL-S2	4	0	0	0	0	0	0	0	0	0	0	0	0	0	5	0	9
	QL-S3	3	0	0	5	0	0	0	0	0	0	0	0	0	0	0	0	8
	QL-S4	9	0	0	0	0	0	0	0	0	0	0	0	0	0	0	0	9
	QL-S5	4	0	0	0	0	4	0	0	3	0	0	0	2	4	0	1	18
	QL-F1	0	0	0	0	2	0	0	0	0	0	0	0	0	0	0	0	2
	QL-G1	0	1	0	0	0	0	0	0	0	0	0	0	0	2	1	0	4
	QL-G2	2	0	0	0	0	7	2	0	0	0	3	0	11	3	0	0	28
合计		43	15	16	67	59	57	14	20	3	10	87	0	91	68	49	31	630
		141				116		47				246				80		

注：其他*1 为逗狗、吹泡泡、摘树叶、挥舞树枝、溜溜球、攀爬、打牌、挖泥土等行为的叠加；其他*2 为打电话、看书、写作业、买东西等行为的叠加。

横向比较各个空间分区内的行为频度累积量得知，安居苑中心景观扇形入口广场 S7、和园小区中心景观南入口广场 S9、安居苑西区绿地景观内圆形广场 S2、银杏小区公共绿地中无树大草坪 G2 分别是四个游憩空间中行为频度值最高的区域，表明入口处广场、开敞铺地区域及大片草地易促进行为的发生。

（2）对象属性与行为频度的关系。小学生自身属性特征与其行为有关联性，不同的游憩场所中，对象性别、是否接送及是否结伴与行为频度存在异同性（表5-8、图5-37）。对象性别及是否接送对行为频度有一定的影响。男生行为频度（363 次）高于女生行为频度（287 次）；有家长接送情况下行为频度（370 次）高于无接送时行为频度（260 次）。男生的游玩类行为在四个场所中都高于女生，其他行为类型中性别差异无规律可循。有家长接送的绝大多数为低年级小学生，他们的玩要行为较多，中高年级小学生放学途中游玩现象较少。是否结伴对行为频度产生重要的影响。结伴时行为频度（416 次）远远高于不结伴时的行为频度（214 次）。结伴利于诱发各类玩要行为，特别是做游戏、跑跳追逐等群体活动。

表 5-8　行为发生频度与对象属性

		运动健身类	休息类	观景类	游玩类	其他	合计
AZ	男	55	23	18	53	10	159
	女	11	9	11	26	11	68
	接送	46	24	21	57	14	162
	不接送	20	8	8	22	7	65
	结伴	36	15	12	62	10	135
	不结伴	30	17	17	17	11	92

（续表）

		运动健身类	休息类	观景类	游玩类	其他	合计
TZ	男	4	21	8	52	14	99
	女	3	37	2	41	23	106
	接送	6	20	5	58	17	106
	不接送	1	38	5	35	20	99
	结伴	5	47	6	72	24	154
	不结伴	2	11	4	21	13	51
AL	男	13	3	1	25	11	53
	女	23	8	1	24	4	60
	接送	22	3	1	36	11	73
	不接送	14	8	1	13	4	40
	结伴	23	9	2	34	10	78
	不结伴	13	2	0	15	5	35
QL	男	24	24	2	17	1	52
	女	8	8	4	8	6	33
	接送	18	18	2	9	0	29
	不接送	14	14	4	16	7	56
	结伴	14	14	2	13	5	49
	不结伴	18	18	4	12	2	36

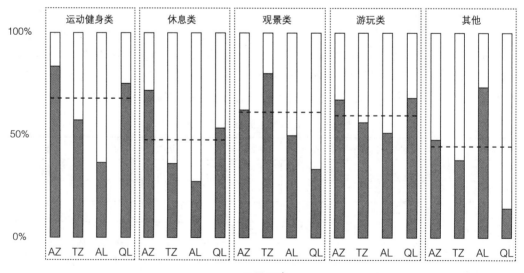

■男 □女

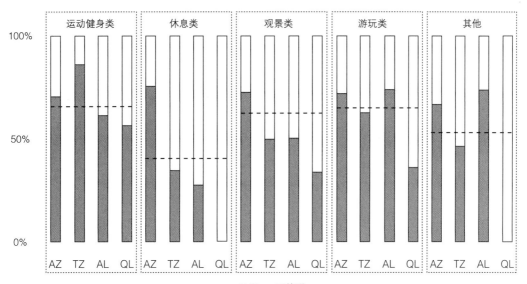

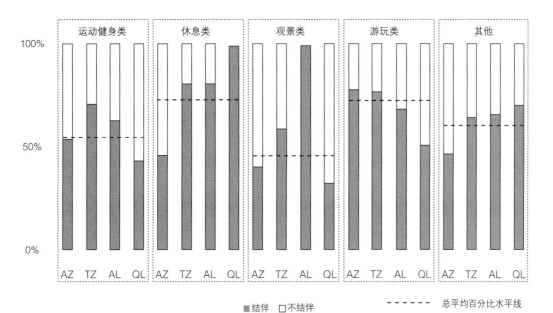

图 5-37　住区内行为发生频度与对象属性

2)行为密度

行为密度,本研究中将其定义为每个游憩场所中各空间分区中的行为频度与所处区域面积的比值。行为密度值能直接表明该区域行为的密集程度,同时,反映该区域对行为的吸引程度。将五类行为(运动健身类、休息类、观景类、游玩类及其他)及行为总和分别计算出行为密度(件/平方米),分别按照游憩场所及空间分区类型进行排列得到行为密度图(图 5-38、图 5-39)。

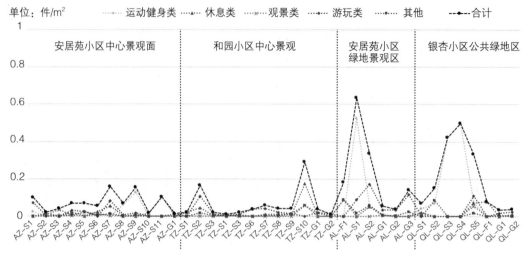

图 5-38　住区内游憩场所小学生行为密度

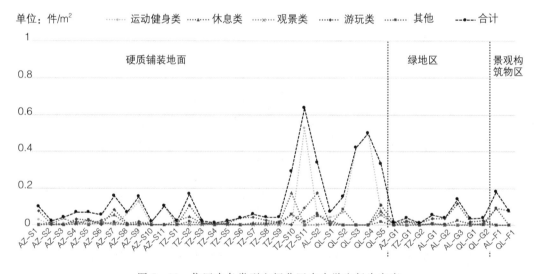

图 5-39　住区内各类型空间分区内小学生行为密度

从整体上看,各空间分区中总行为密度均在 0.7(件/平方米)及以下,各类行为及总行为密度主要在 0~0.2(件/平方米)之间起伏波动。仅有三个空间分区中的运动健身类行为密度超过 0.2(件/平方米);所有空间分区中其他四类行为密度均在此数值之下,并因空间环境要素差异等因素呈现出不同的变化趋势。比较各类行为密度的平均值,按照由高到低将其排序如下:运动健身类(0.0517 件/平方米)、游玩类(0.0297 件/平方米)、休息类(0.0193 件/平方米)、其他(0.0131 件/平方米)及观景类(0.0085 件/平方米)。四个游憩场所中各自的总行为密度最高的空间分区均为硬质铺装地面区;四处总行为密度最低区域均为绿地区。

在四个住宅小区内的游憩场所中,两个中心景观 AZ 与 TZ 总行为密度波动性相似度高,整体波动较为平缓,有一系列的小波峰,波峰皆出现在硬质铺装地面类型的空间分区,两处场所总行为密度最低值相近,分别为 AZ - G1 的 0.0145(件/平方米)及 TZ - G2 的 0.0113(件/平方米),同时,TZ - G2 总行为密度在四个场所中的所有空间分区中的值最低。差异在于空间分区 TZ - S10 出现了密度大于 0.2(件/平方米)的波峰,而 AZ 中密度值均在 0.2(件/平方米)之下起伏变动。在各类行为密度值分布中,AZ 中 AZ - S9 运动健身类行为密度单项最高,为 0.1278(件/平方米);TZ 中 TZ - S10 休息类行为密度单项最高,为 0.1748(件/平方米)。公共绿地 AL 与 QL 整体密度值高于两个中心景观,各空间分区密度值波动较大,最大波峰值均在硬质铺装地面空间分区,且总行为密度值均超过 0.4(件/平方米),单项行为类型密度最高值均为运动健身类,分别为 0.5273(件/平方米)及 0.5(件/平方米)。

从空间分区类型来看,住宅小区内的四个游憩空间均以硬质铺装地面为主要空间类型,配合部分绿地空间及少量景观构筑物,不包含滨水空间。硬质铺装地面区总行为密度值从 0.6364(件/平方米)到 0.0115(件/平方米)之间起伏变化,形成两个大波峰及五个小波峰,最高波峰与最低波谷之间数值差在三个空间类型中最大。总行为密度值排名前两位的 AL - S1 与 QL - S4 区域,健身器材诱导发生的健身行为远高于其他类型行为。绿地区各空间分区仅有一个尖锐的波峰,即 AL - G3(0.1395 件/平方米)。绿地区以游玩类及其他行为为主,整体总行为密度均低于 0.2(件/平方米),八个空间分区中七个区域总行为密度值低于 0.1(件/平方米)。两个景观构筑物区总行为密度分别为 0.1818(件/平方米)及 0.08(件/平方米),以休息类行为为主,运动健身类、观赏类及游玩类行为密度为零,总行为密度高于近九成的绿地区域。

因此,住宅小区内部游憩空间中硬质铺装地面区行为类型多样,行为密度较大,特别是健身器材对小学生行为有显著的诱导作用。另外,入口及游憩场所中心区域广场更容易引发行为。景观构筑物区行为类型单一,以休息类为主,行为密度介于另外两种空间类型之间。绿地区空间分区行为密度整体最小,树木、草地等绿化景观对行为的诱导作用最弱。

3. 基于聚类分析的小学生行为与城市空间的关联性分析

1)游憩场所空间分区类型化

将体现空间特征的因子分为四大类,分别是开敞性、可达性、设施及绿化和铺地程度,每类再细分为多个要素,以 1 或 0 分别表示某空间分区具有或不具有此要素,完成四个游憩场所共计 38 个空间分区品质特征的条件列表(附录 2),运用 SPSS 对该列表进行聚类分析,共分为 9 类,以 T1 - T9 为标记(图 5 - 40)。住区内各空间类型特征及代表实景照片见表 5 - 9 所列。

T7 为景观构筑物区,包括银杏小区公共绿地内廊架 F1 与安居苑小区绿地景观区中圆形休息亭 F1,具有半开敞可达的空间特征。

T1 与 T9 两类空间是绿地区。T1 将安居苑小区绿地景观区可上人开敞绿地 G1、G2、G3,银杏小区公共绿地大草坪 G2 及和园小区中心景观开敞绿地 G2 分为一类,T9 由安居苑小区中心景观外环东侧可上人草坪 G1 及银杏小区绿荫草地 G1 构成。T1 与 T9 均为可达无设施空间,草坪面积超过区域面积五成,区别是 T1 开敞,而 T9 不开敞且区域面积一半以上由树冠遮蔽。

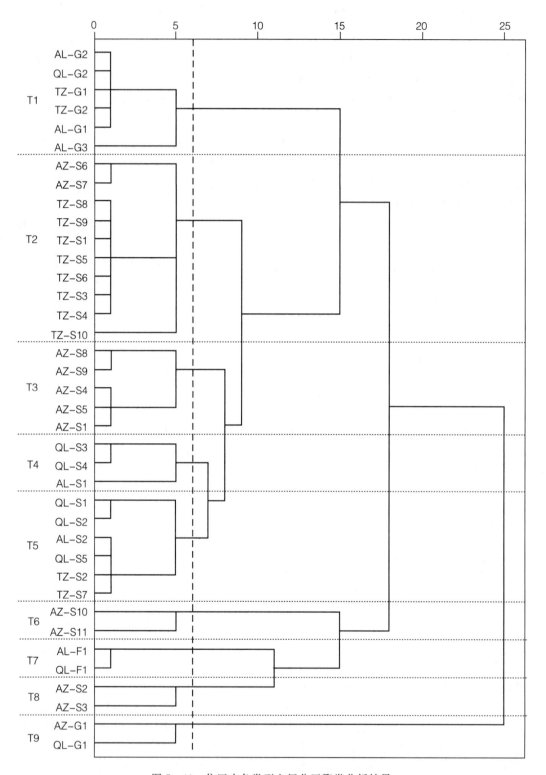

图 5－40　住区内各类型空间分区聚类分析结果

表 5 - 9　住区内各空间类型特征及代表实景照片

空间类型	空间特征	代表空间实景照片	空间类型	空间特征	代表空间实景照片
T1 AL - G2 QL - G2 TZ - G1 TZ - G2 AL - G1 AL - G3	开敞 可达 无设施 草坪地面		T2 AZ - S6 AZ - S7 TZ - S8, TZ - S9 TZ - S1 TZ - S5 TZ - S6 TZ - S3 TZ - S4 TZ - S10	开敞 可达 有景观设施 硬质铺地	
T3 AZ - S8 AZ - S9 AZ - S4 AZ - S5 AZ - S1	开敞难可达 硬质铺地 有设施（景观或健身设施）				

（续表）

空间类型	空间特征	代表空间实景照片	空间类型	空间特征	代表空间实景照片
T4 QL-S3 QL-S4 AL-S1	开敞 可达 有健身设施 硬质铺地		T5 QL-S1 QL-S2 AL-S2 QL-S5 TZ-S2 TZ-S7	开敞 可达 无设施 硬质铺地	
T6 AZ-S10 AZ-S11	不开敞 可达 有景观设施 硬质铺地		T7 AL-F1 QL-F1	半开敞 可达 有景观设施 硬质铺地	
T8 AZ-S2 AZ-S3	半开敞 可达 有景观设施 硬质铺地		T9 AZ-G1 QL-G1	不开敞 可达 无设施 草坪地面 树冠遮蔽	

T2、T3、T4、T5、T6、T8 六类空间为硬质铺装地面区。T2 把安居苑中心景观开敞台地广场 S6、扇形入口广场 S7 及和园小区中心景观北入口花池广场 S1、四角带休息亭的开敞广场 S3、一侧分布宣传栏的带状广场 S4、廊架树池广场 S5、座椅广场 S6、中心广场 S8、南入口广场 S9、座椅休闲区 S10 聚为一类,T3 将安居苑中心景观中心圆形广场 S1、开敞台地广场 S4、扇形广场 S5、乒乓球台区 S8、健身器材区 S9 归为一类,T4 由银杏小区公共绿地草坪外缘块状健身器材区 S3、条带状健身器材区 S4 及安居苑小区绿地景观健身器材区 S1 组成。T2、T3、T4 是开敞可达有设施空间,依次为有景观设施、有景观或健身设施及有健身设施。T5 是开敞可达无设施空间,将银杏小区公共绿地北侧人行道 S1、西侧人行道 S2、椭圆形广场 S5、安居苑小区绿地景观区临路组合圆形广场 S2 及和园小区中心景观圆形台地广场 S2、方形台地广场 S7 聚为一类。T6 由安居苑中心景观两处入口附近的成人棋牌广场 S10、S11 组成,T8 把安居苑中心景观外围一侧被立柱或墙限定空间的环形台阶看台 S2 与扇形台地广场 S3 分为一类。T6 与 T8 具有可达有景观设施的空间属性,前者不开敞,后者半开敞。

2)各类型游憩空间与小学生行为分布的关系

将景观空间类型化之后,对小学生在各类型空间中的行为发生频度进行统计,定量化分析空间类型与行为分布之间的关联(彩图 34)。

(1)运动健身类行为。小学生在硬质铺地区 T3、T4、T5 的运动行为频繁。运动类行为与开敞性及绿化和铺地形式有关,与可达性及设施关系不大。健身行为只有 T4 一个典型空间,但 T3 中 AZ-S9 因存在健身器材,这一空间分区中健身行为发生频率单项最高。健身行为只与设施相关,对开敞性、可达性及绿化和铺地形式无要求。

(2)休息类行为。坐憩行为的典型分布空间是景观构筑物区 T7 和硬质铺地区 T2,聊天行为频繁发生在硬质铺地区 T2,绿地区及硬质铺地区均有无休息类行为发生的空间类型。开敞或半开敞,可达有景观设施硬质铺装地面区域利于休息类行为发生。但从总体上看,各项空间特征因子对休息类行为的影响较弱,开敞性、可达性、设施及绿化和铺地程度对休息类行为的发生影响都不大。

(3)观赏类行为。驻足观景行为无典型分布空间,半数以上空间类型无驻足观景行为,且所有空间分区中这一行为发生频率均低于 20%,说明所选各个空间分区没有吸引驻足观景的空间要素。观棋牌戏曲与看跳舞的典型分布空间分别是 T6 和 T8,棋牌戏曲活动开展场地多为廊架、休息亭及有桌椅的广场等地,跳舞一般在开阔广场进行,所以衍生的观看行为也在这些场所中产生。

(4)游玩类行为。做游戏:T3、T5 是做游戏行为的典型分布空间,说明与开敞性及绿化和铺地程度有关,可达性与设施的影响不大。做游戏一般以群体形式进行,所以要求场地有一定的面积,平坦且较为开阔。

跑跳追逐:典型分布空间是绿地区 T1 和硬质铺地区 T2、T5,表明开敞性、可达性高的空间利于跑跳追逐行为发生,与设施及绿化和铺地程度相关性不大。

其他 *1:逗狗、吹泡泡、摘树叶、挥舞树枝、溜溜球、攀爬、打牌、挖泥土等行为频繁发生在绿地区 T1、T9,绿地区的树木、草坪、景观石等环境要素能诱发相关的互动行为,这些行为的发生与可达性相关,开敞性、设施及绿化和铺地程度的影响较小。

由此,游玩类行为是小学生主要的行为类型,行为频繁发生的类型空间数量高于另三类行为,开敞性、可达性及绿化和铺地程度对游玩类行为影响较大,与设施不相关。运动健身类行为主要与开敞性及设施有关,休息类及观景类行为对不同场所类型不存在一般规律。

5.4 住区外部与住区内部游憩空间的行为对比分析

放学归途中与住区内部小学生停留行为选取的研究对象均为游憩空间,包括住宅小区外部的两处校门前城市绿岛与休闲广场、两个小学校附近小公园及住宅小区内部的两处中心景观、两个公共绿地。从场所类型来看,住宅小区内外所选游憩空间以广场为主的硬质铺地区及以绿化为主的绿地区空间各一半。所选空间类型相似,其中行为的类型、数量和分布既有共同之处,也存在不小的差异。

5.4.1 行为发生频度

从行为发生频度来看,住宅小区外与住宅小区内游憩空间分别记录了803件和630件行为。两者的相同之处在于,游玩类行为是五类行为中发生频度最高的,运动健身类与休息类分列第二、三位,高于观赏类与其他。对比每类行为中的各项行为类型,休息类中均是坐憩行为略高于聊天行为,而运动健身类中住宅小区外球类行为较多,住宅小区内健身器材行为更高;观赏类中驻足观景与观棋观牌分别是住宅小区外部与内部单项最高行为;游玩类中住宅小区外部做游戏行为发生频度最高,住宅小区内部跑跳追逐行为略高于做游戏行为。同时,对比分析小学生属性对行为发生频度的影响,发现男生、有家长接送及结伴对行为均有积极的促进作用,并且,结伴对行为的诱导作用远远高于性别及家长接送的作用(表5-10)。

表 5-10 游憩空间各类行为发生频度统计 ［单位:数值(百分比)］

行为类型		住区外	合计	住区内	合计	行为类型		住区外	合计	住区内	合计
运动健身类	球类	52(6.5)		43(6.8)		观景类	驻足观景	32(4.0)		14(2.2)	
	跳绳	17(2.1)	140(17.4)	15(2.4)	141(22.4)		观棋观牌	20(2.5)	67(8.3)	20(3.2)	47(7.5)
	轮滑滑板	23(2.9)		16(2.5)			听戏听曲	15(1.9)		3(0.5)	
	健身器材	48(6.0)		67(10.6)			看跳舞	0(0)		10(1.6)	

（续表）

行为类型		住区外	合计	住区内	合计	行为类型		住区外	合计	住区内	合计
休息类	坐憩	68(8.5)	134(16.7)	59(9.4)	116(18.4)	游玩类	做游戏	144(17.9)	406(50.6)	87(13.8)	246(39.0)
	聊天	66(8.2)		57(9.0)			玩水	53(6.6)		0(0)	
其他	饮食	29(3.6)	56(7.0)	49(7.8)	80(12.7)		跑跳追逐	126(15.7)		91(14.4)	
	其他*2	27(3.4)		31(4.9)			其他*1	83(10.3)		68(10.8)	

注：其他*1 为逗狗、吹泡泡、摘树叶、挥舞树枝、溜溜球、攀爬、打牌、挖泥土等行为的叠加；其他*2 为打电话、看书、写作业、买东西等行为的叠加。

5.4.2　行为发生密度

从行为发生密度来看，住宅小区内外各空间分区行为发生密度起伏较大，大多数空间分区行为密度在 0.2 件/平方米之下变化，住宅小区外各空间分区行为密度最高值（1 件/平方米）大于住宅小区内各空间分区行为密度最高值（0.7 件/平方米）。对比硬质铺地区，住宅小区外空间分区行为密度最大峰值大于住宅小区内空间分区行为密度值，行为密度大于 0.2 件/平方米的空间分区在住宅小区外部仅有一处，而住宅小区内有六处；绿地区内各空间分区行为密度值在住宅小区内外整体均低于 0.2 件/平方米，起伏变化范围小；景观构筑物区行为密度值较高，住宅小区外空间分区行为密度平均值高于住宅小区内部。滨水区仅在住宅小区外有分布，故无从比较。整体来看，行为密度分布相似性较高，硬质铺地区、景观构筑物区及绿地区的行为密度整体平均水平渐次降低。

5.4.3　行为分布的典型空间

从各行为分布的典型类型空间来看，各类行为分布的典型空间在住宅小区内外有一致性。游玩类行为无论是在住宅小区内部还是外部，均受空间的开敞性与可达性影响，另外，在住宅小区内部，绿化和铺地程度也产生较大的影响。运动健身类行为以开敞性及设施作为诱导因子。而休息类及观赏类行为与空间特征因子关系不大，对场所的选择不存在普遍规律性。

5.5　游憩空间中小学生行为特征总结

本章选取合肥市四所小学，分别是安居苑小学、绿怡小学、青年路小学和屯滨小学，通过 GNSS 行走实验取得小学生放学轨迹线，对轨迹点、轨迹线、核密度分布和轨迹点速度进行分析,研究其空间分布。同时调查了住宅小区内部的两个中心景观区及两个公共绿地区,观察小学生放学后在其中的停留行为。针对其中绿怡小学与屯滨小学做比较分析并提出规划与管理策略(附表5)。

将各游憩场所分成多个空间分区,分为硬质铺地区、绿地区、滨水区及景观构筑物区四类,通过行为的图示化解析小学生行为与空间的关联性。基于聚类分析将所有的空间分区进行归类,以开敞性、可达性、设施及绿化和铺地程度区分各类型空间,分析不同类型行为与空间特征因子之间的选择关系。对比分析住宅小区内外游憩空间中小学生行为,找出共性规律。

通过行为发生频度的统计,说明游玩类行为是小学生在游憩空间中的典型行为。按照行为频度由高到低依次排序为:游玩类、运动健身类、休息类及观景类。统计小学生属性与行为发生频度,可知男生、有家长接送及结伴对行为发生频度有积极的促进作用。其中结伴诱导行为发生的效果尤为明显。

分析各空间分区的行为密度,可知硬质铺地区的设施对行为频度有重要的影响,景观构筑物区对行为频度有一定的诱导作用,绿化景观要素对行为的诱导作用最弱。基于聚类分析将各空间分区分类,游玩类行为受空间的开敞性与可达性影响,运动健身类行为以开敞性及设施作为诱导因子,而休息类及观赏类行为与空间特征因子关系不大,对场所的选择不存在普遍规律性。

本章通过运用GNSS技术以及行为观察法对合肥四所小学的小学生进行了调研,把握在放学时间段小学生的行为特征与既有空间形态之间的内在关联性。综合分析学校周边空间、回家途中的住区外空间、住区内空间中小学生行为与空间的关系。分析学校门前区、商业空间、景观空间对于小学生放学行为的影响,进而提出优化小学周边空间环境的策略,根据研究结论为规划管理小学周边城市空间提出一些建议。

第6章　小学生放学路径与社区空间结构的关联性研究^①

第 5 章主要讲述了对小学生展开行为观察分析与相关问卷调查及访谈,本章从小学生行为心理安全空间、社区空间结构对小学生通行安全的影响、社区空间环境对小学生行为安全的影响三个角度得出本章的研究结论,运用调查问卷、实地走访、GNSS 技术对小学生行动路径与社区空间结构的安全性关联进行解析。研究对社区空间结构的类型进行梳理归纳,并从小学生行动轨迹线总体分布特征与行动路径的核密度分布视角探讨社区空间的安全因素。研究发现,"街道型"社区所代表的开放社区,其空间路网更利于居民出行,缓解城市交通压力,更适于小学生的通学安全。但开放社区应不断完善监控设施,完善安保巡逻与空间死角管理;合理规划主次路网,通过设计手段维护小学生出行安全,包括人性化的交叉路口设计、保护步行和自行车路权的道路断面设计,从而进一步维护小学生通学安全。

6.1　基于问卷调查的小学生行为心理安全调研分析

6.1.1　研究目的与方法

小学生在社区内的活动及上下学过程中的安全性存在诸多不稳定因素,其行为习惯的改变,心理安全的薄弱,防范犯罪意识的不足都会导致安全事件的发生。通过对家长的问卷调研,取得家长对小学生安全了解与认知的相关意见,从而分析小学生在社区内活动玩耍的时间规律,小学生活动场所的安全性以及社区内小学生安全事件频发的类型与场所。再者,对比小学生自身行为习惯的规律,分析小学生与家长在看待安全问题上的异同。

同时,从新老社区家长和小学生的视角分析,在不同社区空间结构影响下,小学生活动的安全性也有所不同,并对处在不同年龄阶段的小学生进行对比分析,其自身的安全意识也各有不同。研究从多维视角剖析了小学生的行为心理安全要素,对社区空间安全的优化具有积极的意义。

---

① 本章节主要引自硕士学位论文:杨燊.基于儿童通学安全的社区空间环境调查研究[D].合肥:合肥工业大学,2016。部分内容刊载于:杨燊,高翔,李早.儿童放学后行动路径与社区空间结构的关联性研究[J].城市设计,2017(04):62-69。

本调研采用问卷调查辅以访谈的形式对小学生安全状况展开调查。研究的主要内容是社区内小学生行为心理安全的调研分析,分为家长问卷和小学生问卷。其中家长问卷侧重于家长对小学生安全的认识与态度,问卷共有 11 题以及基本信息的填写,1~3 题的问题设置从小学生活动玩耍的时间规律展开,5~6 题主要反映小学生经常玩耍的场所及其安全性,分别从空间的基本属性、空间的范围、空间的特征和空间的可达性对空间的安全程度进行描述。第 7 题区别于前两题社区公共场所的意义,在于分析小学生上下学过程必须经过的不安全场所及安全感知,8~9 题重在了解社区内发生的小学生安全事件的类型及场所,最后两题的侧重点是家长对小学生的看护及安全教育的认识。

小学生问卷的设置则侧重于小学生活动玩耍的行为习惯调查,从而比照家长问卷中涉及安全性的问题,分析其关联性。问卷共有 8 题并少量辅以漫画的形式辅助小学生对问题的理解,1~3 题与家长问卷的时间规律设置一致,4~6 题是小学生活动玩耍的场所及安全性表达,最后两题则强调了小学生自身对行为心理安全意识的认知。

6.1.2 调研概要

本研究将小学生界定为学龄小学生,其具备自我行动的能力且能独立完成问卷的填写。调研选取合肥市凤凰城小学(以下简称凤小)和合肥市虹桥小学(以下简称虹小)两所存在新老城区地理关系的小学作为调查对象(图 6-1),其周边的社区空间结构的规划存在年代变革的差异性,包含社区内部道路结构、景观架构、绿化比率和环境氛围等。

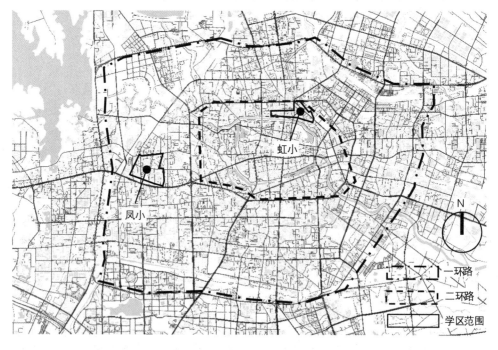

图 6-1 调查点的区位关系

本次问卷采用间接的发放形式,区别于常规的一对一问卷填写,且有利于数据的准确性和高效性。在选取的两所小学中按照低中高年级统一发放,小学生问卷在课堂上填写,家长问卷让各自家长于家中填写,隔天再将问卷调查表统一收回,发放时间为 2015 年 9 月 28—30 日。其中在凤小周边发放的家长与小学生问卷各 150 份,实际收回家长问卷 124 份,小学生问卷 148 份,有效家长问卷 103 份,有效小学生问卷 143 份。虹小周边发放的家长与小学生问卷各 150 份,实际收回家长问卷 110 份,小学生问卷 111 份,有效家长问卷 96 份,有效小学生问卷 111 份(表 6-1)。

从表 6-1 中可以看出调查的样本中小学生的男女比例基本保持了均衡的比例关系,低中高年级也相对均衡。而在家长样本中女性高于男性,侧面反映出女性家长对孩子的关注度更高,同时家长学历在高中及以上水平的比例大,表明符合对问卷回答者的知识层次要求,保证了问卷结果的准确有效性。

表 6-1　问卷调查属性　　　　　　　　[单位:数值(百分比)]

属性		凤小		虹小	
调研日期		2015 年 9 月 28—30 日		2015 年 9 月 28—30 日	
问卷类别		家长问卷	小学生问卷	家长问卷	小学生问卷
有效调查数量		103(100)	143(100)	96(100)	111(100)
小学生性别	男	52(50.5)	71(49.7)	50(52.1)	61(55.0)
	女	51(49.5)	72(50.3)	46(47.9)	50(45.0)
小学生所在年级	低年级	34(33.0)	44(30.8)	36(37.5)	41(36.9)
	中年级	30(29.1)	50(35.0)	49(51.0)	54(48.6)
	高年级	39(37.9)	49(34.2)	11(11.5)	16(14.5)
家长性别	男	37(35.9)	/	39(40.6)	/
	女	66(64.1)	/	57(59.4)	/
家长学历	高中及以上	67(65.0)	/	66(68.8)	/
	高中以下	36(35.0)	/	30(31.2)	/

6.1.3　小学生活动的行为心理安全调研

小学生在社区内的活动玩耍是其日常生活中的一部分,不论是老城区内邻里活动交流频繁的社区还是新城区活动设施完善的大型社区,小学生在社区内的活动玩耍仍存在诸多安全隐患,亟待解决。本节将凤小和虹小两个学区内的社区调研数据进行整合,从小学生活动的时间规律、家长对小学生活动及场地安全和小学生自身的心理安全三个方面分析小学生活动的行为心理安全现状。其中,有效家长问卷共计 199 份,有效小学生问卷共计 254 份,从中随机选取家长和小学生问卷各 199 份进行部分问题的对比分析。

玩耍是儿童的天性，由于小学的上学时间及家长闲暇时间的多种限制条件，小学生多在下午、傍晚及晚上时间在社区内玩耍，这三个时间段的比例总和分别达到90.2％（小学生问卷）和95.3％（家长问卷）（表6-2）。其中，家长问卷反映的晚上玩耍的比例仅次于傍晚，而小学生反映的晚上玩耍的比例仅有16.7％，即家长由于工作的繁忙，陪护孩子外出玩耍的时间多为晚上，而没有家长陪护的小学生多在下午和傍晚独自玩耍。这样的时间差导致看护力度不够，往往也是小学生安全事件诱发的因素之一。另外，在周末休息制体制下，周末的上午和中午也有较多小学生在社区活动，与工作日的对比存在差异。

表6-2　小学生活动时间段调查　　　　　　　　　　（单位：百分比）

	早晨	上午	中午	下午	傍晚	晚上
家长问卷	3.7	0.9	0.0	17.8	42.5	35.0
小学生问卷	1.4	3.3	5.1	53.0	20.5	16.7

小学生从家里到活动地点的路程不超过15分钟的占了74.0％，说明小学生在社区内活动是一项长期多次发生的高频行为，这类行为一般遵循就近原则，距离居民家庭较近的适宜活动场所备受青睐。通常情况下，30分钟到一小时（选择比例占56.5％）是小学生每次在社区内玩耍的最佳时间，既不会由于时间过短没有玩尽兴，也不会因为时间过长家长缺乏时间陪同。小学生在社区内玩耍不同于在家长陪同下外出游玩，每次玩耍时间超过两小时的寥寥无几，仅占总数的0.5％（图6-2）。

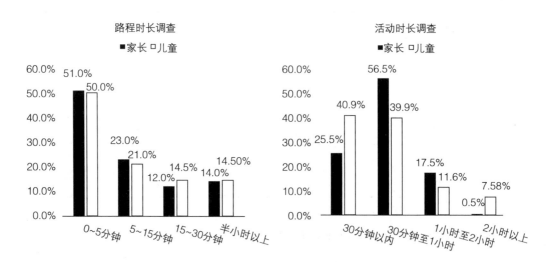

图6-2　小学生活动时间调查

1. 针对家长对小学生活动及场地安全的调查

小学生活动的空间及场地安全是社区规划中的重要环节，研究将空间的类型、空间的描述作为问卷的主要内容，通过对空间的基本属性、范围大小、场所特征和可达性分析安全性。其中空间的安全与否通过几组形容词进行描述（表6-3）。

小学生出门玩耍是每日的必修课,家门口的宅前区是一处适宜性场所,当玩耍时间不多或家长无法陪同又担心小学生发生危险不希望小学生走远的情况下,小学生经常就在住所附近活动(图6-3、表6-4)。小广场一般场地较宽阔,配备休息座椅,有部分活动设施可以利用,受到家长和小学生的共同欢迎。小区门口和公共绿地也是小学生玩耍行为发生频率较高的场所,这两处地方一处以开阔热闹取胜,另一处以景色优美颇受青睐。

从调查问卷反馈后整理的数据可以看出,家长认为"具备活动设施的场所"是小学生活动最频繁的场所,其次是"家附近的场地"和"广场";而小学生自身认为"家附近的场地"与"广场"是自己经常活动的场所,其次是"具备活动设施的场地"。由此可以推断"家附近的场地""广场"和"具备活动设施的场地"是小学生经常活动的三种场所类型,其空间特征主要表现为与家距离较近、开阔且有大量集聚人群

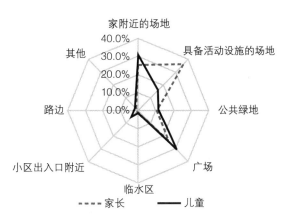

图6-3 小学生活动场所调查

以及具有一定活动设施的场地。"公共绿地"(在此必须说明"公共绿地"并非建筑规划学中的概念,而是指公共开放的大草坪)并非小学生最愿意活动的区域,而"临水区"作为人们经常游憩的地段,并非小学生经常活动的区域。同时,从调查数据可得知,家长对小学生活动心理还并不是完全了解,但与小学生的判断大致一致。

表6-3 小学生活动空间的安全因素分类

空间类型	空间描述	认为安全的因素	认为不安全的因素
家附近的场地 具备活动设施的场地 公共绿地 广场 临水区 小区出入口附近 路边 大平台	基本属性	出入口多	出入口少
		植物少	植物密
		场地平整	场地不平整
	范围大小	视野开阔	视野封闭
		水面小	水面大
	场所特征	运动器械质量好	运动器械容易使人受伤
		车辆少	车辆多
		水边有护栏	水边没有护栏
		有保安	没有保安
		人多安全	人多混杂
	可达性	离家近	离家远
		容易到达	不易到达

表6-4　小学生活动场所调查　　　　　　　　　　　　　（单位:百分比）

	家长问卷	小学生问卷
家附近的场地	25.4	30.8
具备活动设施的场地	36.2	15.8
公共绿地	10.8	11.7
广场	23.8	30.8
临水区	0.4	1.2
小区出入口附近	0.4	4.9
路边	1.2	2.4
其他	1.9	2.4

　　行为分析学指出,人们的活动有聚集性原则,小学生在活动中喜欢同龄人的陪伴,小学生之间的交流带来更多的幸福感。从心理学角度出发,美的事物能激发人对生活的热爱,社区中景色优美的公共绿地、水边、小花园让小学生流连。随着生活水平的提升,社区硬件配套设施越来越完善,健身广场、小学生游戏广场的活动设施多样且具有趣味性,也同样吸引着小学生来此玩耍。

　　从家长调查问卷可以看出,家长认为最为安全的场所是"家附近的场地",其次是"具备活动设施的场地""广场"和"公共绿地"(表6-5、图6-4),对于这样的安全场所,家长大多数认为"离家近""车辆少""场地平整"是判断场所安全的标准。其中,"车辆少""场地平整"是场所安全的客观因素,家长选择"车辆少"的主要原因是城市中车辆较多,小学生身高小,易跑动,不易被行车司机所察觉,容易造成不安全事件;而"场地平整"的原因为小学生容易在不平整场地活动如奔跑、打闹等出现意外事故。"离家近"是场所安全的主观因素,其原因是家长能在离家较近且有效的距离范围内察看小学生的活动,一旦出现紧急情况,也能迅速赶到现场。"离家近"作为判断场所安全的最主要标志,与家长所认为的"家附近的场地"这一最安全的场所一致,说明家长大多希望孩子在活动时能够离自己较近,而能够被照看。而小学生问卷中小学生愿意去玩的原因中离家近(31.9%)和安全(19.5%)占了大部分比例,这与家长问卷中家长认为安全的场所一致,也表明了与家长的安全教育息息相关。

表6-5　家长认为场所安全与否的调查　　　　　　　　　（单位:百分比）

	家附近的场地	具备活动设施的场地	公共绿地	广场	临水区	小区出入口附近	路边	其他
家长认为安全	31.3	23.7	14.1	20.7	3.0	5.9	0.3	1.0
家长认为不安全	1.8	7.8	5.4	12.2	19.4	23.9	28.1	1.5

　　从家长调查问卷还可以看出,家长认为最不安全的场所是"路边",其次是"小区出入口附近""临水区",而判断其不安全的标准是"车辆多""人多混杂""水边没有护栏"。上文已提及场所安全最主要的因素是"车辆少",与最不安全的因素"车辆多"的原因一样,城市中的交通事故已经是家长关心孩子活动场所最重要的因素。小区出入口附近由于

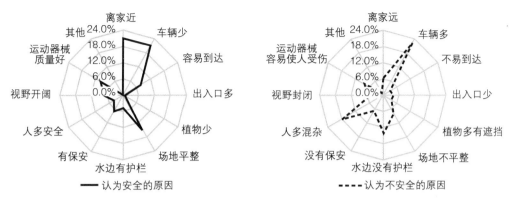

图 6-4　家长认为场所安全与否的原因调查

人多混杂,进出小区的人员较多,对小学生的活动影响较大,容易引起不安全事件。对于临水区,家长普遍认为小学生在靠近临水区的场所玩耍,容易造成落水、溺水等事故,而且认为"水边没有护栏"是不安全因素的主要原因。

通过对家长认为场所安全与否及其原因的调查分析中可以得出,"家附近的场地"是家长认为小学生活动最为安全的场所,而"离家近"是其场所安全的最主要原因,可以推断,家长认为小学生活动最安全的场所是自己能够照看得到并且离自己较近的区域。而对于问卷中关于交通方面的问题是家长认为最不安全的因素。

而在小学生上下学途中必须经过的最不安全场所是"路边",其次是"小区出入口""停车场"和"小巷子"(图 6-5)。"路边"是小学生认为最不安全场所,其次是"小区出入口",这与家长调查问卷得出的最不安全因素的前两位要素一致。"停车场""小巷子"是小学生认为不安全的场所其他两个方面,其原因主要是该类场所没有较多的人员活动,停车场则也是由于交通原因,车辆进出较多,容易引发不安全事件,不适合小学生活动。对于以上这些不安全场所,小学生大多数认为其原因主要是"车辆多""人多混杂""水边没有护栏",这与家长调查问卷中认为的不安全因素的原因一致,可见小学生也不希望活动场所受交通、不同人群的影响,也不希望临水区没有护栏。

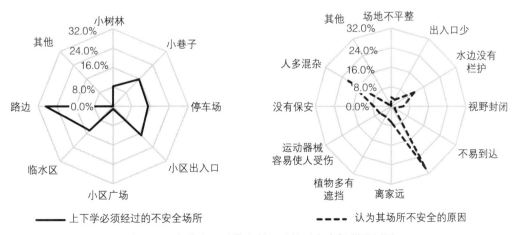

图 6-5　小学生上下学必须经过的不安全场所及原因

通过对家长认为其不安全场所及其原因的调查分析可以得出,"路边"是小学生认为活动最不安全的场所,而"车辆多"是其场所不安全的最主要原因,可以推断,小学生认为活动场所与行动路径过程中不能受到交通方面的影响,对来往车辆较多的场所感到非常不安全。

综合以上分析得出,小学生活动的安全空间应该为离家近、场地平整、具有较多聚集活动人群且具有一定的活动设施的场所,远离交通、人多混杂等区域。进而围绕安全空间的基本属性、范围大小、场所特征和可达性归纳概括小学生的行为心理安全空间意象,得出平整的场地、可控的视野、安全的设施、秩序的交通、和谐的环境和易达的空间六个关键词汇,构成了针对小学生的安全空间意向表达(图6-6)。

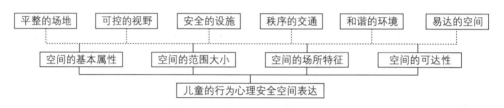

图6-6　小学生的安全空间意向表达

2. 针对小学生自身的心理安全分析

通过小学生玩耍场所的喜好调查数据,"小伙伴多的"选项比例最大(表6-6),其次是"风景漂亮的",可见小学生最喜欢和年龄相仿的小伙伴一起玩耍,对于风景漂亮与否并不是很感兴趣,而"游戏设施多的""平坦开阔的"也不是非常吸引小学生的注意,"安静的角落"是小学生最不喜欢活动玩耍的地方,说明小学生最害怕安静无人的场所。同时在其喜好的场所玩耍时,与家人和玩伴一起玩耍占了87.8%,这也表明了大部分小学生是有人照看的,得到了一定的安全保障。

通过小学生安全事件类型与场所的调查可以看出,小学生不安全事件比例最高是"车祸"和"溺水"(表6-7),而事件发生的场所中,比例最高的是"小区出入口",其次是"临水区",这类空间场所具有车流量大、人员混杂、靠近水面等主要特征。"车祸"和"溺水"与前文调查问卷中小学生最不安全的因素"车辆多""水边没有护栏""小区出入口"相一致。

表6-6　小学生玩耍场所的喜好调查　　　　　　　　　　　　(单位:百分比)

小学生玩耍场所的喜好	小伙伴多的	风景漂亮的	安静的角落	游戏设施多的	平坦开阔的	其他
各项比率	40.3	19.9	6.9	14.3	16.0	2.6

表6-7　小学生安全事件类型及场所调查　　　　　　　　　　(单位:百分比)

小学生安全事件	小学生走失	小学生被绑架	一般伤害	车祸	溺水	坠落	其他
各项比率	19.7	9.6	12.4	22.0	22.0	9.4	4.8
事件发生的场所	小树林	小巷子	停车场	小区出入口	小区广场	临水区	其他
各项比率	7.4	8.2	14.9	22.0	9.9	21.3	16.3

　　面对小学生不安全事件,小学生对此类偶然事件的教育与安全问题态度也不相同,通过调查问卷数据可以看出,小学生在放学路上遇到坏人所采取的措施中,选择"报警"的选项占到了最大比例(图 6-7),其次是"大声喊救命",而且比值几乎是"报警"比例的一半,说明小学生对于遇到不安全的突发事件所采取的做法都很清楚。对于小学生受安全教育的途径调查中,"家长的叮嘱"和"学校上安全课"是小学生接受教育的最主要的两种途径,说明现在小学生接受的安全教育已较为普及。

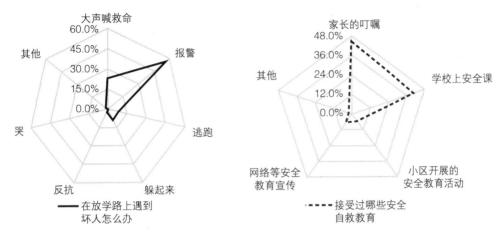

图 6-7　小学生问卷中反映的安全教育问题

　　而在家长问卷中,安全监督方式中叮嘱孩子当心占了 39.8%,安全教育中教育小孩拒绝陌生人占了 28.1%,这些均与在小学生问卷中的反映一致,说明家长的安全教育达到了有效的引导。

6.1.4　不同社区空间结构下小学生行为心理安全分析

　　社区是小学生行为发生的载体,社区空间结构的不同会导致小学生的行动行为产生偏差,以至于存在的安全隐患不同。本节调查了以虹小和凤小为辐射范围的周边社区(图 6-8),以及通过问卷调查了解小学生反映的心理安全空间结构,从而探讨针对小学生的安全社区空间结构模式。

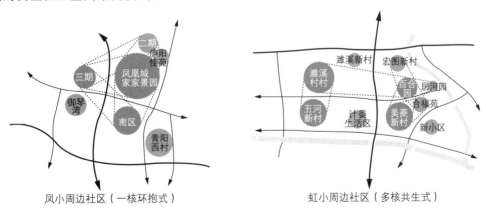

图 6-8　学区内的社区关系

凤小周边社区的空间结构表现为"一核环抱式",以凤凰城·家家景园大型居住小区为核心,周边按期分布为南区、二期、三期和沿街小型高层住区。城市主干道潜山北路南北穿越该片社区,其两侧为凤凰城·家家景园的一期和三期,均为封闭式管理的居住小区,内部环境设施完备,而南区为开放式多层住区,该片社区内的小学生群体以北侧史河路上的凤小为主。而位于北一环的虹小周边社区的空间结构表现为"多核共生式",以美菱新村、濉溪二村和五河新村为中心共同构成了多向维度的社区模式。其中美菱新村是类似于城中村的发展模式,具有丰富的生活形态,例如傍晚的双岗老街的空间形态是以沿街小吃为主体,形成了人流集中、交通堵塞和生活氛围浓厚的线状空间,同时在该区域的核心位置设有双岗集贸市场。虹小位于美菱新村西侧,城市主干道阜阳北路上,处于该片社区的南部。这是两者社区的空间结构特征。

从时间上看,虹小周边小学生在傍晚与晚上的活动比例(43.0%)高于凤小周边小学生(34.4%),而两者小学生于下午时间活动的比例均到达50%左右(表6-8),表明下午时间段是小学生玩耍的高峰期,而前者社区的空间环境在较晚时间段更加吸引小学生的玩耍行为,这与社区空间结构的变化存在相关性。虹小周边社区以美菱新村为主,其夜间的空间结构与白天有所不同,主要表现为双岗老街地段的小吃街空间形态的介入,空间氛围更加丰富,人员构成更加混乱,由此得出空间结构的变化对于小学生的行为发生产生了影响,也使学生的活动安全、通行安全等存在一定的隐患。

表6-8 不同社区空间结构下的小学生活动时间段调查 (单位:百分比)

	早晨	上午	中午	下午	傍晚	晚上
虹小周边小学生	5.3	1.8	1.8	48.2	22.8	20.2
凤小周边小学学生	1.2	3.0	7.8	53.6	18.7	15.7

再从被调查小学生从家到玩耍的地方所消耗的时长来看,15分钟之内便可到达的区域虹小周边的小学生比例77%,高于凤小周边小学生(67.3%),15分钟以上的时间比例差值正好相反,表明前者位于老城区的社区空间结构的尺度比后者小,小学生在途中所消耗的时间短,也更加符合前文得出的小学生心理安全空间"离家近"的意向。从小学生一般玩耍的时长统计来看,两者社区的小学生并没有太大差别,也表明社区空间环境对小学生玩耍的时间没有太大影响。

在小学生对于安全场所及安全事件问题上,两个社区小学生反映的结果基本与前文的结果一致,即有很多安全方面的问题,存在共性的安全隐患。综上,社区空间结构的不同对于小学生安全行为心理的影响主要体现在时间、路程和活动范围等,而具体的活动场所安全受空间结构影响不大,与场所自身的空间环境更为密切。

6.1.5 不同年龄阶段的小学生行为心理安全分析

本次问卷还针对不同年龄阶段的小学生进行了心理安全调查,将小学生问卷及家长问卷中小学生的年龄与性别的分布进行统计(表6-9、表6-10),其中中年级样本数最多,男生比例比女生多,进而结合问卷内容分析年龄差距对于小学生心理安全的影响。

表 6 - 9　小学生问卷中小学生的年龄与性别分布　　　　（单位：人）

年级 \ 样本数	男生	女生	样本总数
低年级(6～9)	34	51	85
中年级(8～11)	58	46	104
高年级(10～13)	40	25	65

表 6 - 10　家长问卷中小学生的年龄与性别分布　　　　（单位：人）

年级 \ 样本数	男生	女生	样本总数
低年级(6～9)	29	41	70
中年级(8～11)	44	35	79
高年级(10～13)	29	21	50

问卷统计发现,低中高年级的小学生在玩耍的时间段和前往玩耍地方所消耗的时间并无很大差异,而从每次玩耍的时间统计来看,低中年级的小学生在 30 分钟内玩耍行为结束后转而发生通行行为的比例均达到了 47.6%,而高年级仅占 28.8%,30 分钟至一小时时间段以上占 44.0%,表明年龄较小的小学生在外玩耍的时间较短,高年级小学生更加贪玩。小学生在外玩耍的时间越长,对小学生的自我防范意识要求越高,从小学生安全防范意识的接受程度看,年龄较大的小学生接受度更好,其玩耍时间相对较长,而较小年龄的小学生若玩耍时间过长其安全隐患就越大。

从小学生经常玩耍的场所统计看,低中年级的小学生更愿意选择离家近的场地（32.9%,31.3%）,而高年级的小学生经常活跃的场所包含了游戏场地和广场空间,公共绿地空间尤其受到低年级小学生的欢迎（15.1%）。而各年级小学生选择玩耍场所的原因基本一致,其中离家近是小学生认为最重要的因素,比例高达 36.2%,且低中年级选择离家近的比例高于高年级（图 6 - 9）,表明较小年龄小学生的行为心理活动空间意向是以家为核心的周边场所,对熟悉的环境有较强的依赖感与认知感。

图 6 - 9　不同年级小学生选择"离家近"的比例分布

其中,安全因素在所有小学生选择中所占比例较高（19.6%）（图 6 - 10）,仅次于离家近,即小学生对于场所是否安全具备一定的敏感度和防范意识。"小朋友多"这一因素也是影响小学生选择场所的主要原因（15%）,与小学生喜欢聚集的行为方式相当,而其他场所因素对于小学生自身而言,相差无几。总结其活动场地的特征,场所的安全性及场所特征的丰富性较为吸引小学生的行为触发,而场所的基本空间形态、范围大小及可达性对小学生而言并未显得重要。当然,部分小学生未能意识到的安全因素,在家长的安全调查中显得尤为重要。因此,既要从小学生自身的行为心理角度也要从看护者的角度,双向把握小学生行为心理安全的现状。

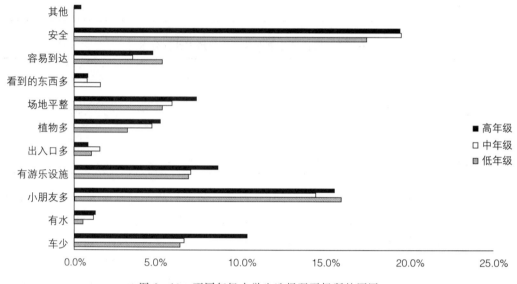

图 6-10　不同年级小学生选择玩耍场所的原因

再从小学生安全教育及安全防范意识角度分析,较小年龄小学生选择与家人(59.1%)一同活动,而较大年龄小学生选择与玩伴(55.1%)一起,自己玩耍的比例均偏低,说明后者较为独立,对于安全的防范意识较高。而在安全教育方面,所有小学生所接受的方式方法基本相同,其中,家长的叮嘱与学校的安全课比例最大。因此,如何有针对性地进行安全指导对于小学生的安全具有较大意义。

综上,不同年龄段的小学生对于安全的理解有所不同,其行为心理安全空间的意向也存在差异,对于年龄较小的小学生应着重加以看护,以防安全事件发生;对于年龄较大小学生应着重授予其安全防范要点,并叮嘱要密切联系家长;对于两者年龄段之间的小学生应有针对性地进行安全引导,并深入了解小学生行为心理安全的特点,为小学生筑起牢固的安全之篱。

6.2　针对小学生的社区空间环境安全性调查分析

本节着重针对小学生行为活动的空间载体与社区环境设施进行安全性调查并总结归纳其特征,旨在探讨怎样的社区实体空间和社区环境设施对于小学生的安全能够起到良好的引导与保障作用。

6.2.1　研究目的与方法

在小学生行为心理安全空间相关分析结论基础上,通过小学生的行动轨迹和使用情况分析各种空间个体的内在联系及安全相关程度,选出小学生认为的安全和不安全的社区空间与环境设施进行实地调查,最终找出各个实体空间和环境设施存在的安全优势与存在问题,为各种类型的实体空间和环境设施的安全建设提供实例借鉴。选择的社区实体空间类型主要有居住单元、景观广场、街道空间及学校入口空间等;环境设施则包含了信息设施、交通设施、休憩设施、景观设施和游乐设施五个方面。

研究采用实地观察法,选取安全程度不一的主要类型的实体空间与环境设施,从空间的基本特征及小学生的使用状况进行逐一调查分析,找出影响该类型实体空间与环境设施安全与否的要素,得出其类型实体空间的安全特征归纳与环境设施的安全设计要点。

6.2.2　调查概要

同前文社区空间结构类型归纳的调查对象一致,针对合肥多个社区进行了基本概况和空间安全调查,包含了一环内的柏景湾社区、琥珀山庄、长淮新村和美菱新村,一、二环之间的安居苑、凤凰城社区、盛世名城和绿怡居,以及二环外的翠庭园社区、翠微北园、和一花园和紫云花园。调查点涵盖了不同类型空间和多样的环境设施的多个社区,并通过实地观察和抽样选择进行深入的安全性调查分析。

6.2.3　社区实体空间与环境设施的分类

经上一章的小学生追迹实验以及现场观察,本章提取具有代表性的四类社区实体空间作为分析对象,分别为居住单元、景观广场、街道空间和学校入口空间。居住单元的空间界定及特征阐述主要从居住小区的空间氛围及小学生的活动情况进行分析,在最新的国家推动城市规划建设的意见上强调了构建邻里和谐的生活街区的重要性,且今后不推荐新建封闭住区,因此本章的居住单元空间也从"街道型"和"住区型"两类进行研究分析。

景观广场作为小学生游憩的重要场所,小学生的聚集程度较高,其场所空间的安全性对于小学生也十分重要。而街道空间类型的选择基于对小学生通行安全的把握,从小学生所认为的安全街道和不安全街道进行逐一分析。

社区实体空间安全的把握主要从空间的氛围、位置和人为因素入手,而作为空间中较为常见的组成部分(图6-11),环境设施占到了大部分,因此社区环境设施的安全性对于小学生活动而言也是极为重要的。随着信息时代的到来,社区中的信息设施的设置越来越普遍,小到草坪中的微缩扩音器,大到沿街立面的 LED 广告牌,这些大大小小的信息设施已经不知不觉植入大家的生活当中。而作为一种可变的信息传播设施,它可以无形之中作为一种安全引导,如安全教育宣传栏、安全指导广播或者安全宣传片等,使得小学生在活动玩耍时也能接受安全防范的知识。

交通设施则为小学生在通行过程中遇到的一些基础设施如台阶、坡道、人行天桥以

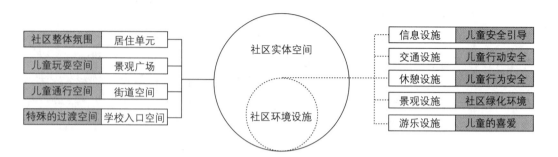

图 6-11　社区实体空间与环境设施的分类

及站牌等,主要强调小学生行动中的基础设施不完善导致的安全事件。而休憩设施则注重小学生日常活动中作为调节功能的基础设施,如凳子、椅子和休息亭等小品建筑,其也是提供孩童们交流、读书和休息等功能的较为安静的空间。相较于前两者基础设施,景观设施偏向于社区的环境因素,如绿色的布置、水体的设计以及景观雕塑的摆放等。而小学生的行为心理特征也较为偏向自然的环境,也就是景观环境设施安全性的提高对于小学生活动的安全也是较为有利的。

游乐设施对于小学生而言是较为特殊的基础设施,每一个小学生都是喜爱玩耍的,一些有趣的游乐设施往往会汇集许许多多的小学生,他们玩耍的天性由此打开,变得天真可爱。因此,如何从小学生的视角设计更多适合小学生玩耍的游乐设施并保证其安全性是至关重要的。

6.2.4　针对小学生的社区实体空间安全性

1. 居住单元

1)美菱新村("街道型"社区)

美菱新村小区的开放程度较高,拥有多个出入口,建筑的宅间空地主要以硬质铺地为主,午后和傍晚经常会有许许多多的中老年人坐在这里交谈、聊天和下棋等;此外,还常常会有居民在宅前小院进行修理花草、装饰院子等活动,显得整个社区气氛温馨而祥和。在实地考察中,一些居民好奇地看着我们在拍照并上来和我们交流,不经意间也聚集了一些在此活动的居民,从居民之间的谈话和行为举止可以看出他们彼此之间都很熟悉,邻里关系也很和睦,谈笑风生。宅后空地多以绿化种植为主且归属低层住户,领域感较强,因此较少有居民在此活动,但此处的绿化种植为整个小区增添了绿意,美化了环境。在小区内道路拐角的空地上有一处具备众多游乐设施且为小学生而设计的小型游戏场地,老年人和小学生在这里活动的频率较高,游戏场地附近的花坛边上常常会有老人坐着交谈,同时看护着小学生的安全,其场景充满着着祖孙齐乐的幸福感。小区的内部道路较窄且路网密,因此机动车辆相对较少,孩子们放学后的活动空间主要分布在小区内的道路边缘、宅前空地和小学生游戏场地,除了游戏场地内的活动是以游乐设施为主,道路边缘和宅前空地内的活动多是自发型的结伴玩耍。

在这些小学生活动空间的周边一般会有老人在旁休息,小学生的活动也自然而然成为老人视觉焦点。综观整个小区,其建设年代虽然较为久远,内部的公共设施和建筑都显得略微破旧,但是整个社区的生活环境较为和谐。在孩子放学途中,经常会有成群结队的小朋友在社区内嬉戏玩耍,还有小孩和老人之间互动的场景,整个社区的邻里关系显得尤为和谐。

2)凤凰城家家景园("住区型"社区)

凤凰城家家景园属于"住区型"社区的一部分,其封闭性程度较高,经过与安保人员协商沟通之后,才得以进入小区内部进行实地考察,在拍照取景的过程中总会有保安人员上来询问,表明该小区的安保工作做得很到位,一般陌生人不会随意闯入。进入小区后,发现内部建筑较新,景观绿化、基础设施等都较为整齐干净。在观察小学生的活动时发现,在宅前空地和道路旁边几乎没有小学生和居民在玩耍休息,仅有通行的车辆和过往的路人。孩子们放学之后大多集中在小区的中心景观带,景观带呈线状,分为水景、广场和游戏区,整体地势较为平坦,居民也经常会在此活动。有趣的是孩子们在没有水的泳池里踢足球(图6-12),不亦乐乎,老人在一旁交谈并关注孩子的安全。

图6-12　小学生在泳池里活动

除泳池外的其他水景主要为流水且水池较浅,安全性较好。在小学生游戏区的周边有几处大台阶和花坛,其中较低处因雨天容易积水而地面光滑,没有家长看护的小学生在此处玩耍会常常滑倒,而年龄尚小的小学生因家长的陪护不常摔倒。该区域场地高差的变化,既是孩子们最喜欢的场所,却也是容易发生意外事故的地方,场地设计对高差的安全性还存在疏忽。中心景观带周边的建筑都以山墙面对着景观,其主要的开窗朝向均不对着景观且距离较远,楼层较高,对景观区域内的视线监视较差;不过有少数保安人员通常会在其附近巡查,看到摔倒或者大哭的小孩还会上去搀扶和安慰。

3)居住单元的安全因素分析

两者大相径庭的社区尽管存在各自的缺点,社区的整体氛围也有所不同,但社区仍是孩子们心中最安全的空间之一。而两者社区安全的原因也有所不同,"街道型"开放社区美菱新村最主要的特征是温馨和睦的邻里关系。其主要的空间体现为:建筑多为五到六层,街道尺度适宜步行,氛围融洽;建筑之间的宅间空地多被用为活动场地,绿化、道路、游戏场划分明确,为小学生进行自发性交往交流提供场地和机会;建筑和活动场所之间的视线关系良好,家长可较有利地监视场所中小学生的活动,以第一时间确保小学生安全;居民之间较为熟悉,关键时刻能互相照看小学生,加强了对社区的认知感和归属感。

2.景观广场

对于"住区型"社区凤凰城家家景园而言,其最主要的空间特征表现为整齐的空间界定、高度的人工监视,主要体现为:小区内的地面整齐干净,铺装分类明晰,清洁度高,显得社区光线明亮,小学生犯罪侵害事件较少发生;由于封闭式的管理模式和高高围墙相隔整个小区内的环境较为安静,舒适度高;小区内的治安和安保人员配备齐全,且工作到位,对小学生的安全监视程度提高。

景观广场的场地环境所呈现的氛围直接影响小学生的安全,小学生户外玩耍意外而受伤的原因中场地的整体氛围所占比例较大,如场地环境混乱、广场空间布局凌乱、地面铺装设计忽视了小学生的安全需求等。

一些景观广场与小学生公园类似,其周边的停车场和仓库大多是空置的,并且广场被大量乔木环绕背向住宅。这样的广场虽然不缺乏人员的聚集,但其与周边环境缺乏联系,一旦有陌生人员对小学生实施犯罪,不易被周边群众发现,即失去了对场地中小学生的看护作用。而这类不被家长关注的空间往往也是小学生喜爱的场所,与此同时,封闭感强烈的场所正是小学生安全事故的易发地。而在居住单元之间的景观广场如山墙之间、底层架空及入口处的活动区,往往在家长和小学生的脑海中形成了离家近的直观印象,但这些区域并未形成较好的自然监视效果,因此小学生遭遇侵害的隐患仍然存在。

综合而言,可以从景观广场空间的元素构成、场地氛围、边缘问题和空间布置对小学生安全的影响进行逐一分析。其一,元素构成具备多样性,空间边界多以植被为主,且小学生的游憩场地以沙坑、滑梯和休憩草坪为主(图6-13)。面积较大的广场则把不同的游戏设施进行归类布置,通过功能特征建立空间布局,从而不同年龄阶段的小学生选择适合自己的游戏区,并在场所元素多样性的同时保证小学生之间的干扰最少。其二,场地氛围具有多面性,一般的景观广场较开敞,强调多类空间的渗透与行为之间的交流,比如通过游戏设施的布置、地面铺装的设计等方式营造适宜小学生交往的领域感。随着季节的变化,植被的生长变化使得场地的空间感不同,丰富了小学生对不同空间的认知与感受。绿化构成的自然空间视野开阔,氛围安静,适合小学生活动并促进学习交流,但自然是无限延伸的离心空间,围合性差,对小学生的约束力不强。部分空间的围合性强,具有一定的私密性,为小学生提供了捉迷藏等场所,但封闭性过强,易给小学生带来恐慌。

图6-13 沙坑、植被等空间元素构成

其三,场所边缘是信息堆积繁杂的地方,其多变性易导致安全事故的发生。而小学生的行为心理所反映的边缘效应,使其容易受到变化的东西影响并产生兴趣,对一成不变的东西产生厌倦心理,因此边缘空间的处理也是提高小学生安全性的一部分。为了避免外界因素的干扰,辅助空间应设置在游憩场所周边,并相对隔离,由此小学生在玩耍期间才能集中于个人行为活动上,以免不小心摔伤等。其四,空间布置的合理性,鉴于小学生的识别能力较弱,场地的范围应明确划分。对于功能不同的游憩场地,既要明确划分,又要场地之间有一定的联系,为小学生的活动玩耍提供一个安全舒适的场地。

3. 街道空间

在前文调查虹小和凤小周边小学生的行为心理过程中,并结合实地考察发现小学生对最安全的街道和最不安全的街道偏好分别为史河路和双岗老街,因此从这两条街道的空间安全构成因素分析街道空间对小学生安全的影响。

1) 双岗老街路段

双岗老街与虹小的背侧紧邻,其商业业态的分布模式分为白天和晚上,白天多为沿街店铺,晚上多为沿街小摊贩,车行交通量较少,街道空间围和感较强烈。置身该街道中给人的心理感受颇为紧凑,体现为:空间很局促,压抑感油然而生;道路两旁的建筑略显陈旧,面朝街道的窗户多为紧闭状态,氛围感觉有点冷清;街道靠墙一侧时常会有垃圾随意堆放,垃圾车也偶尔停放在街道出入口处,道路两旁的安全警示牌、广告牌等基础设施的排列不一致,空间感觉有些混乱;出入口处常常会有小型机动车停放和通过,给原本空间不宽裕的道路增加安全隐患;街道空间由于周边高楼林立自然采光不足,整体氛围偏暗。

据了解,在这段街道区域发生过摔倒、车辆擦伤、争吵和坏人干扰等不安全事件,究其原因,首先是街巷的高宽比小于 0.5,相对于一般小学生的身高,空间显得较为局促,尺度不合理。其次是街巷空间过于狭长且一侧围合界面多为墙体,巷与巷之间不够通透,缺乏外围景观和人流的渗透以及公共空间的转变,导致街巷空间光线灰暗,给人一种压抑的心理感受。再次是街道两旁的自然监视环境较差,因其周边高层建筑的主要开窗方向均背向街道,缺少视线联系。最后从街道空间形态上看,其空间过于狭长,呈带状且人流密集,对防卫安全逃离产生阻碍,造成安全隐患。

2) 史河路路段

史河路路段为凤小,因此该路段是在小学生放学途中人流量较为聚集道路。与双岗老街不同的是,史河路较宽,沿街两侧商业业态分布均衡稳定,车行交通量适中,且存在路边两侧停车的现象。该路段的整体空间氛围较为舒适通畅,主要体现为:道路两旁绿化植被丰富,步行与车行分开,空间划分明确;街道两旁的建筑底层为商铺功能,2~6 层为居住功能,均朝向街道,秩序感强烈;街道中部有两个小区出入口,虽在高峰期人流密集,但在安保人员的引导下,交通依旧秩序井然;街道的整体色彩感给人以明快、透亮的感觉,视野开阔,氛围亲切。

从该区间发生的小学生安全事件看,主要是交通带来的安全隐患较大,其他安全事件较少,表明该区间为小学生心中较为安全的街道。而究其安全问题主要是街道的车流量较大且路边停车现象严重,导致小学生通行过程中易发生交通事故。因此在这样的安全街道中,适宜的街道尺度、明确的车道划分、视线的渗透等都为小学生的安全提供了基础。

4. 学校入口空间

在社区空间的研究中,小学学校入口空间作为一个特定时间才会发生小学生聚集现象的公共空间,其存在的安全隐患也不小,是容易被忽视的空间。小学学校的入口空间是校园与城市之间的纽带,也是校园规划设计中空间序列的起始,既起到了门前区安全疏散的缓冲作用,又是提升校园空间品质与形象的关键。随着学校规模的新旧交替、交通方式的多样变化,上下学高峰期校门前区产生拥堵的现象,人流量过于聚集,交通干扰严重,对于小学生的安全产生影响。

通过对合肥市多个小学入口空间的调查研究,分析入口基本空间形态并归类(表6-11),从而揭示其存在的问题,为小学入口空间的安全设计提供参考。

以虹小、屯滨小学和绿怡小学为案例代表,三者均表达了三种不同的入口空间类型。虹小位于合肥市老城区,用地紧凑,交通便利,其入口空间为内嵌式,建筑底层设置通道形成入口,并未预留宽裕的校门前缓冲区,家长等候区缺乏,导致上下学高峰期交通拥堵,人员混杂。屯滨小学和绿怡小学均位于合肥市新城区,规模适中,校门前留有一定的缓冲区。

表6-11 学校出入口空间分类

学校案例	实景照片与空间特征	空间类型
虹小	门前区空间紧凑,车流量大,家长等候空间缺乏	内嵌式(置于建筑底层空间)
屯滨小学	门前区空间宽敞,车流量大,家长等候空间充裕	平行式(紧贴城市主干道)
绿怡小学	门前区空间充足,车流量小,家长等候空间充裕	内凹式(避开城市主干道)

前者入口空间为平行式,紧贴城市主干道,校门前区预留的空间宽敞,家长等候空间充足,能够有效地进行疏散。其不足之处在于主干道的车流量大且车速过快,在小学生穿行道路时存在安全隐患。后者入口空间呈现内凹式,避开了城市主干道的交通繁忙紧邻住区内部支路,校门前区结合住区景观广场空间,为家长等候空间提供了休憩等场所,较为人性化。

浅析小学学校入口空间产生安全问题的原因,一是入口空间尺度不足以提供高峰期家长等候、小学生安全疏散的范围,部分校门前区空间局促,设计中未将人流密集期所需的空间尺度考虑进去。校园内部的空间设计是大部分设计者考量的方面,而学校的入口空间设计往往容易被忽视,导致入口空间尺度较小。二是入口空间的交通组织不合理,目前小学的布点设置多为社区配套功能,提供周边居民的教育服务。其对于周边交通安全的疏导功能缺乏考虑,导致高峰期的交通拥堵而影响入口空间的正常使用。

6.2.5　针对小学生的社区环境设施安全性

环境设施通常指处于室内外环境中的人为构筑物,其具备艺术性、功能性和环境适宜性的特征,涉及的领域由室内到室外,个人到共有,大尺度到小尺度,极具多样性。根据不同的情况,环境设施的分类也有所不同,本章的环境设施从小学生安全的视角,选取与小学生安全密切相关的五个类型进行分析,包含了休憩设施、信息设施、景观设施、交通设施和游乐设施。

1. 信息设施

信息设施主要由传达视觉信息的标志设施、广告设施和传递听觉信息的声音传播设施两大类组成,通常的具体表现形式有交通标志、电话亭、售货亭以及宣传栏等。

随着社会经济的发展与商业的进步,越来越多的沿街商业融入社区空间中,而为了吸引顾客,招揽生意,店铺广告牌标志的风格较为多样,甚至出现奇特的形式以引人注目。一般情况下,人流聚集的地方常常设有通亮刺眼的广告牌,而在广告牌现场的安装过程与后期维护工作中,其散乱自由的布局方式是造成消防安全不合理和物体坠落砸伤行人的重要原因。如果设施的维护不及时,遇到极端恶劣的天气往往会发生坠落砸伤等事故,对小学生的安全造成影响。

商业空间所具备的信息设施类型多以传达商业价值的信息为主,小学生居住单元内部的宣传栏等信息设施所传达的内容更为广泛,包含了科学知识教育、劳动安全教育、政治思想教育、法律法规教育以及社会文明教育。宣传栏虽然面积不大,但它传达的内容可以影响到社区居民的生活。因此在宣传栏中专门设置小学生安全的防范教育知识,并以生动的方式进行设计,让家长与小学生都能及时全面地了解安全的重要性,起到一定的科普作用。

2. 交通设施

社区空间环境中,以交通功能为主导的环境设施种类繁多,其功能引导性也不尽相同。如大大小小的汽车停车场和公交车站,五花八门的人行天桥和路边护栏均是交通设施的范畴,像地下通道、大台阶和无障碍坡道是人们日常生活中接触较频繁的交通设施。

　　在上海的一项关于小学生交通事故率研究实验中得出交通设施的设计应多从小学生的角度进行换位思考，才能有效地降低事故发生率。该实验区域面积达 20 平方千米，人口 20 多万，在小学生上下学期间，校门前区人车混行，通行途中常常被机动车和小摊贩占用，沿途的交通设施缺少引导性，因此交通事故不免会发生。初期，相关调查人员与该社区协商展开关于小学生通学环境的安全性调查，调查步骤分为两部分，一是让孩子回忆并绘制出上下学的步行路线，二是让孩子协助拍摄途中需改善的交通设施。随后进行数据的收集，共有近百条关于存在安全隐患的交通设施意见，进而将这些意见作为改善步行交通环境的依据，让各个相关部门尽快采取解决措施。通过各个领域部门的共同努力，近一半的交通设施在半年后得到了改善。最后，经数据统计核实，三年后该区域的小学生机动车交通事故率降低了 0.1 个百分点，非机动车的交通事故率降低了 7.3 个百分点，且小学生对于交通标志（图 6-14）的认知明显提高，小学生的安全意识也有所提升。

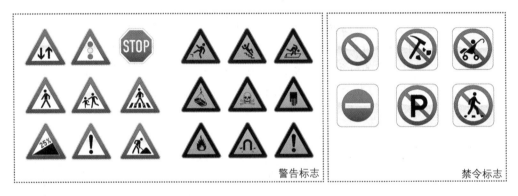

图 6-14　部分交通安全标志

　　从以上研究案例中小学生对于交通设施的反映情况看，交通设施的安全性对于小学生的行动和活动产生了极大的影响，因此对交通设施进行了安全调查（图 6-15）并梳理归纳其存在的问题。一是台阶的设计不合理及维护缺乏，如场地高差导致台阶数量过于集中，休息平台缓冲空间不足等；两种不同性质场地之间的连接存在不足一级高度的落差，易导致小学生摔倒；部分台阶由于年代久远破损严重，台阶的铺面损坏以及有小石子等物体散落，也易发生跌倒。二是道路路面的破损及道路间的阴暗空间，如地面坑洼、井盖出现洞口等都易造成小学生伤害；现场施工导致交通复杂多变，且破坏道路路面；立体交通产生阴影空间及植被茂盛区域的幽静小路等。三是水景和低洼处的周边未设置护栏或者护栏损坏，导致小学生发生溺水、跌落等事故。

3. 休憩设施

　　休憩设施是与人们活动息息相关的设施之一，其品质的高低直接表现为设施的人性化水平，同时休憩设施也是人们使用率较高的设施之一。休憩设施的种类也较多，一般以座椅、凳子为主，宽泛地讲，一些休息走廊也可提供人们休息、交流等功能。

　　座椅是休憩设施中使用率最多的设施，小学生的休息方式也大多以座椅、凳子为主，部分会就地选择暂时可供驻足休息的地方，如大块石头、软性地面和玩具等。由

图 6-15　交通设施的安全调查

此,座椅的布置方式、形式构成、尺寸大小以及安全舒适性等对小学生的休息都有着很大的影响。

　　同时,座椅既可以作为公共基础设施,也可以被视为景观设施而融入社区环境之中,因此座椅的设计不仅要做到舒适安全,也要紧密结合周边环境考虑其丰富的形态色彩。座椅的种类较多,如单人、双人、多人座椅以及从施工类型角度可分为装配式、整体式和因地制宜而建造的座椅。针对小学生的座椅设计及设施布置需注重其小学生适宜性、安全引导性和环境整合性。

　　1)小学生适宜性

　　形形色色的人物个体都有其所习惯的坐憩方式,因此在设计之初就应考虑座椅的多样性,以适应不同类型的人群,尽量让每个人都有选择适合自己休憩座椅的余地。尤其是针对小学生的座椅设计更应考虑其安全舒适和尺度适宜,避免形成锐角形态以及高差甚大的设计。同时休憩设施的布置在朝向方面也需要考虑到小学生的行为心理和周边的景观环境,如春秋季小学生多喜欢在阳光底下玩耍,夏季小学生多选择阴凉的地方休息,且景观与座椅的对位关系也很重要,良好的对景可使人们心情愉悦、交流紧密。

　　2)安全引导性

　　虽然座椅等休憩设施的形式千变万化,可供人们进行多种交流休息的行为,而单一的设施能够得到较好的运用,也可以有效地引导人们进行更为丰富的休憩行为。将形式各异的座椅进行有序的、恰当的、趣味的设计和布置,对于人们进入该空间休憩起到了引导性的作用。对于小学生而言,此类静态的休憩空间能够诱发孩子进行更为舒缓的活动,且提供适当的休息场所,避免孩子因过度玩耍处于疲劳状态,导致晕倒、跌倒等。因此,休憩设施的合理布置对于小学生玩耍过程中的休息行为起到了安全引导的作用。

3)环境整合性

随着公共艺术的发展,休憩设施的设计逐渐由功能单一性转变为社会多样性,更加注重设施的文化导向、环境融合等。如座椅结合树池周边进行环状布置,既提供了小学生交流的机会又给人一种与大自然相结合的舒适环境;又如原本单一的社区文化墙作为景观来处理,未必能吸引小学生去观赏学习宣传栏上的内容,而通过将座椅与墙体巧妙地结合,构成了休憩空间与展示空间相结合的多元空间(图6-16),促进了孩子间以及孩子与大人间的互相交流。因此休憩设施的设计应遵循环境整合的原则,将休憩设施与周边环境积极地融合,为小学生创造更为友善的休憩空间。

图6-16 休憩设施的设计与整合

4. 景观设施

景观设施是城市景观环境的重要组成部分,分为像建筑小品和景观雕塑等人为建造而成的硬质景观和具备自然属性的绿化与水体等软质景观。随着经济和社会的发展,人们对景观环境的要求越来越高,更加注重环境效益和生活氛围,而景观设施的种类也不再像以往那样单一,从过去简单传统的亭廊和自然形成的湖景等到现在设计感十足的雕塑小品和丰富多样的水体设计,转变为集建筑空间、场地设施和人为活动于一体的复合化景观设施设计。

在城市基础设施中,景观设施的品质对于城市风貌的建立具有重要作用,它是市民所能接触到较为频繁的设施,能间接反映城市对于公共开放空间的重视程度。而大多景观设施是市政、规划、景观等各类设计的交叉部分,导致景观设施的设计和维护处于模糊的边界,一旦有严重的设施破损,其修复时间较为漫长,成为小学生在活动玩耍时发生事故的导火索。不过随着城市化进程以人为本的发展,景观设施被搁置在角落的状态已经慢慢转变为城市发展过程中的重要角色,其人性化的设计也在逐步深入人心。

从调查结果来看,现阶段景观设施的建设与维护对于小学生而言存在需求不足、视觉干扰和杂乱无章三个方面的弊端。首先在社区的公共空间中存在景观设施不完善的现象,如景观灯、绿篱、水边警示标志等都有不同程度的破损乃至缺乏,与小学生的行为安全需求不同步。其次是景观设施所传达的信息对小学生产生视觉干扰,在基础设施大规模建设的背景下,许多步行空间被车辆所需的空间挤压,同时景观设施的空间需求也被忽视。各种形式的店铺发布各种广告等信息,构成了大量商业信息的堆积,且以交通标志为代表的公共信息也开始膨胀,这些信息的堆砌不仅打破了景观设施的原有特质,也因信息模糊混乱的传达而小学生安全趋于边缘状态。

公共景观设施所表现的杂乱无章是无序的发展带来的弊端,其设施过度的多样性导致了社区公共景观空间的整体性与延续性。在同一空间内,若能因地制宜结合公共空间的整体效果进行设置,将有助于强化社区空间结构。然而,往往大多景观设施存在风格迥异、色彩搭配混乱以及尺寸差异甚大等情况,影响到各类景观设施的有效利用,且不利于小学生的活动。因此如何将不同的景观设施进行有机的布置,并整合到公共空间中,是景观设施建设的重要内容之一。

5. 游乐设施

游乐设施一般分为静态、动态和组合式三大类,如固定的游戏墙、动态的秋千和不同组合的滑梯,其针对的人群也不同,尤其是小学生和成年人的游乐设施在内容和规模上有较大差异,本节仅将小学生的游乐设施安全性调查作为研究的主要内容。

小学生的游乐设施主要有花式沙坑、高低滑梯、深浅戏水池、攀登构架、组合游戏墙等类型(图 6-17)。沙坑是小学生游戏的一种重要设施,小学生可在沙坑地上凭借想象自由完成开挖、堆砌等轻松的活动。一般沙坑的深度以 40～50 厘米为宜,且布置在向阳处,同时也可与秋千、独木桥等相结合。滑梯是一种结合攀爬和下滑两种运动方式的综合游戏器械,一般的滑梯宽度为 40 厘米左右,两边护栏高度 18 厘米左右,下滑时分单、双、多轨道等方式。其材料多选择平滑、环保、隔热的材质,且接地部分宜设置软质地面,以免小学生跌倒受伤。与水亲近是小学生的天性,一般较大的场地常常设有戏水池,供小学生玩耍的戏水池为浅水且水池见底,水深控制在 20 厘米左右,其所用的地面材料必须做适当的防滑处理。而组合式的游乐设施往往是将不同类型的游戏器械混合而成,构成一个较为集中的丰富的游戏场地,供不同年龄层的小学生活动玩耍。

通过游戏的方式,小学生的知觉系统、运动系统和神经系统逐步完善并开始认知社会,同时提高了自我保护能力,避免伤害,也改善了小学生的柔韧度、敏捷度、协调和平衡能力。因此为了小学生健康成长,游乐设施的安全设计应注意以下四点:一是从小学生的角度考虑,激发小学生自身的想象力和创造力;二是小学生游戏区域应设有专项区域,且周边设置一定的休憩设施,以供家长看护;三是地面铺装的设计应结合小学生行为心理进行加工设计,并以质地柔软、色彩丰富为主导;四是考虑其造型、结构、材料对小学生的安全,可多使用天然材料,给予小学生接触自然的机会,同时也要便于维护、修缮和管理。

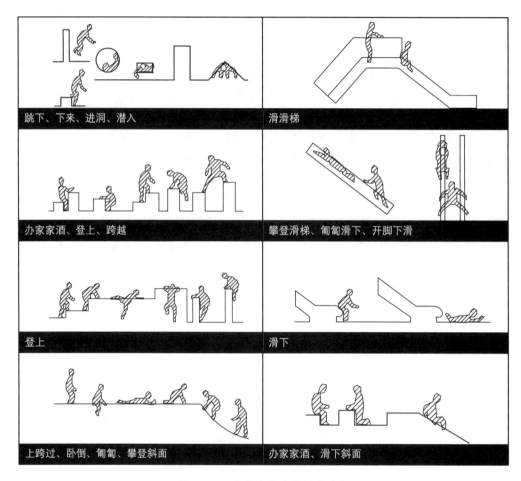

图 6 - 17　小学生游戏的基本动作

6.3　小学生行动路径与社区空间结构的关联性分析

基于上文小学生行为心理调查的初步分析,结合社区小学生行为心理特点,以下以小学生的通行安全作为调研对象,深入探讨小学生在社区中的通行安全并分析其与社区空间结构的关联性。同时了解小学生在通行过程中的停留行为及场所特征,以便后文展开针对小学生的社区实体空间环境安全性的调查。

6.3.1　研究目的与方法

本节主要内容是小学生行动路径与社区空间结构安全性关联分析,其研究目的在于分析小学生在日常活动与通学中的行动路径与社区的空间结构存在某些行为安全方面的考量。本节首先对社区空间结构的基本类型进行归纳分析,进而选取不同空间结构的社区进行行动跟踪调查,最终从轨迹点的速度、轨迹线的分布等方面分析其路径与社区空间结构安全性的关联。

　　小学生的行动追迹实验选取手持式导航仪器进行跟踪调查,以获取小学生在社区中活动、行走和停留的数据。调研采用的仪器为集思宝 G3 系列的导航仪,调查者手持该仪器,与被调查者保持 5 米左右的距离进行一对一实时追踪,同时记录被调查者的基本情况(性别、年龄和组群人数)及停留行为的发生场所和时间节点。

　　后期将导航仪与电脑连接,获得原始 kml 格式的实验数据,运用 GIS Office 软件将原始文件转换为 csv 格式与 dxf 格式,将 dxf 格式的文件用 AutoCAD 打开可以对轨迹线进行修正,将轨迹线与地图相关联得到轨迹线分布图;将 csv 格式的文件经 excel 处理后导入 ArcGIS 软件的 ArcMap 中,生成轨迹点图像及核密度图像等。将以上可视化数据与社区空间结构及空间环境进行对比分析,研究小学生在社区空间中的行动特征及其安全性关联。

6.3.2　社区空间结构类型归纳

　　"社区"一词在早期是指人们在散落的社会群体中构成的一种亲密关系,后被建筑师解释为居住体系的一个层次。进行行动追迹实验之前,本文针对合肥多个社区进行了基本概况和空间布局特征调查。调查点涵盖了不同空间结构的多个社区,鉴于目前社区规划的发展趋势与合肥市多个社区调查的实际情况,本文将社区类型分为"街道型"社区(开放社区)和"住区型"社区(封闭社区),以及部分具有政府属性的居委社区("单位制"大院),其中第三者为社区职能类型,而前两者为空间结构类型,并逐渐成为社区组织的主要空间载体。同时,选取了具有代表性的社区案例(调研点 A "街道型"社区——虹小周边社区空间,调研点 B "住区型"社区——凤小周边社区空间)进行小学生的行动追迹实验(图 6-18)。

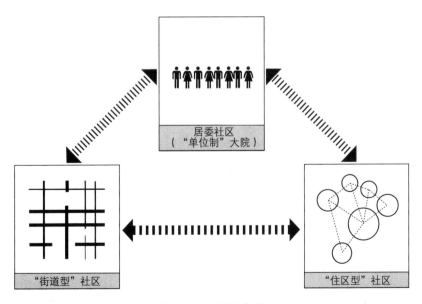

图 6-18　社区分类

6.3.3 小学生行动追迹实验调查概要

调研以小学生个体为样本对象,记录对象属性。调研当天天气晴朗或多云,确保小学生的行动行为不受特殊因素的干扰。研究所需调查部分为社区内小学生轨迹线的分布,调查过程分为以下两部分。阶段一是以小学校门口为起点跟踪,途中随时记录小学生的停留行为,终点为家楼下,该阶段持续时间为40分钟。阶段二是在小学放学基本结束之后,以小学周边社区主入口为起点,任意跟踪下一个在外逗留的小学生,终点为家楼下,该阶段持续时间为一小时。

针对两个社区被调研的小学生分别进行两次行动追迹实验,共计4次。有效数据虹小周边社区64组、凤小周边社区60组(表6-12)。

表6-12　调查属性　　　　　　　　　　[单位:数值(百分比)]

属性		虹小周边社区	凤小周边社区	合计
调研日期		2015.11.30—12.7	2015.12.1—12.10	/
有效调查数量		64(100)	60(100)	124(100)
小学生 性别	男	41(64.1)	38(63.3)	79(63.7)
	女	23(35.9)	22(36.7)	45(36.3)
小学生 所在年级	低年级	25(39.1)	32(53.3)	57(46.0)
	中年级	29(45.3)	18(30.0)	47(37.9)
	高年级	10(15.6)	10(16.7)	20(16.1)
组群 人数	1人	28(43.8)	24(40.0)	52(41.9)
	2人及以上	36(56.2)	36(60.0)	72(58.1)
小学生行动 路径时长	0~5 min	12(18.8)	12(20.0)	24(19.4)
	5~15 min	41(64.1)	28(46.7)	69(55.6)
	15~30 min	11(17.1)	18(30.0)	29(23.4)
	30 min 以上	0(0)	2(3.3)	2(1.6)

将小学生轨迹线、社区建筑布局和社区道路结构叠合构成了行动追踪调查分布图,用于分析不同社区空间结构下的轨迹线对比以及不同速度环境下空间的分布,从该空间的围合界面、绿化、视野、位置、形态和氛围等因素分析其安全性(图6-19)。

6.3.4 小学生行动轨迹线总体分布特征及安全分析

1. 小学生行动轨迹线总体分布特征及安全分析

扬·盖尔在《交往与空间》中提出:大部分小学生都倾向于在街道、停车场和居住区的出入口处玩耍。进行小学生行动追迹实验的同时记录小学生行动过程中伴随的停留行为,包含其行为特征、发生的地点和时间。从小学生的行动路径时长的角度分析(图6-20),凤小周边小学生的通行时间在15分钟以上的多于虹小周边小学生,说明后者的社区空间结构较为紧凑,道路空间尺度较小,而前者的空间结构及规模较大,小学生行动所消耗的时间较多。

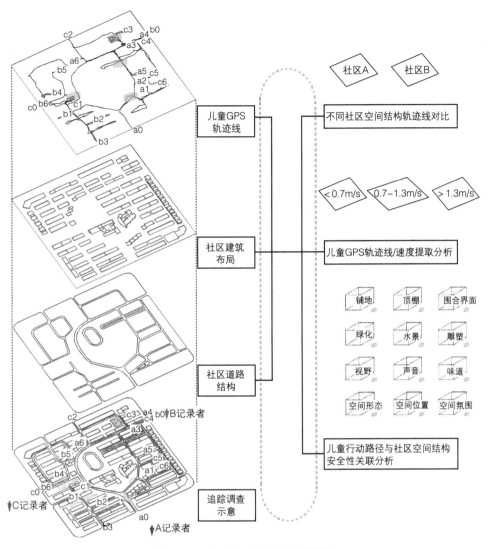

图 6-19　行动追踪调查及分析框架

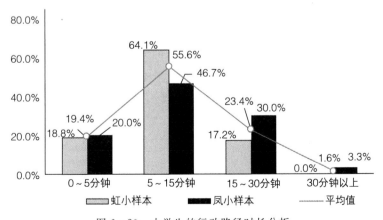

图 6-20　小学生的行动路径时长分析

小学生到家的时间点数据(图 6-21)显示,16:00—16:30 之间已经有较多小学生安全到家,之后到家的人数逐渐减少。而随着时间的推移,受建筑物、高大乔木等遮挡物的影响,时间越晚,其产生的重阴影区面积越大,构成了阴暗角落、视线死角等消极空间,成为小学生通行过程中极大的安全隐患。调查中还发现虹小周边的小学生在 17:00 以后回到家的比率大于凤小周边,说明虹小周边社区的空间环境更容易诱发逗留行为,而逗留时间越晚存在的安全隐患越大。

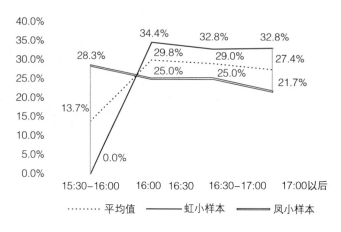

图 6-21 小学生到家的时间点调查及受影响分析

由以上小学生对于时间的把握和结伴方式的选择分析得出小学生的安全意识已经逐步加强,同时社区空间结构的类型也对小学生的通行安全产生影响。

2."街道型"社区——虹小周边小学生的行动特征

虹小位于合肥市北部,该片社区为典型的街道社区,建筑密度大,建筑层数多以六层商住为主,穿插少量标志性大体量建筑,路网分支较多且街巷的空间尺度适宜,人群之间的交流活动较为频繁,小学生在此类街道社区的通行较为复杂(图 6-22)。五河路东向路段商业氛围较为浓厚,人员构成方面较为错综复杂,小学生通行过程中的安全受人为因素影响较大。

从阜阳北路和双岗老街之间的轨迹线分布看,除了五河路上的轨迹线穿越,还有 16 条轨迹线穿越,即小学生选择了建筑底层通道进行穿越,构成走捷径行为,且通过速度较快。而通道环境不足以达到小学生心理安全空间的基本表达,因此设计符合小学生心理的此类通道空间也是小学生安全空间营造的基本考量。

在小学生的通行过程中伴随着许多行为的发生,例如奔跑、停留等。根据行为观察小学生在通行中产生的购买行为占大部分,包含了购买零食、饮料和玩具等。而沿途玩耍的行为发生频率仅次于购买商品。因此,社区空间结构中商业业态的分布对小学生的通行及安全也产生一定的影响。

综合小学生行动的轨迹线分布、行为的发生及场所特征,街道社区的空间结构为小学生的通行提供适宜的步行空间尺度的同时,也因其社区空间紧凑、业态布局集中和人员构成复杂而对小学生通行行为产生负面影响。

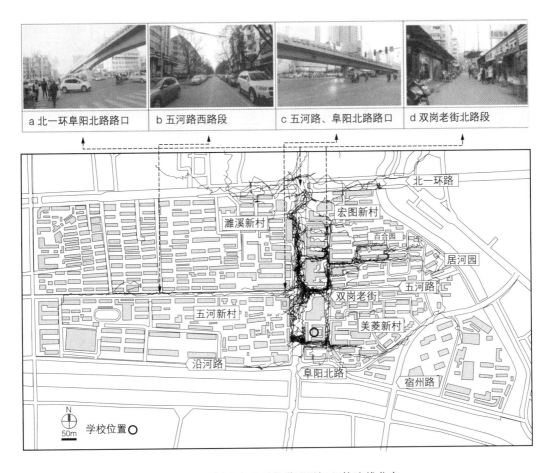

图 6-22　调查点 A("街道型"社区)轨迹线分布

3."住区型"社区——凤小周边小学生的行动特征

凤小位于合肥市西二环附近,周边社区的空间形态大都以住区社区模式为主,建筑密度适中,建筑层高以小高层为主,住区与住区之间的空间界定较为明晰。从整体轨迹线(图 6-23)分布看,小学生的行动特征沿城市道路分布为主,呈环绕式。部分小学生选择了穿越住区内的景观步行空间进入下一个住区,从而避开了繁忙的交通地段,达到了人车分流的效果。

金牛路和史河路交叉路口的轨迹线分布较密集且有迂回、曲折和环绕等现象,而该区间周边存在另一个学区的小学布点,因此小学生的活动轨迹受到了其他小学生的影响。与虹小周边小学生的行为特征相似,凤小周边小学生在通行过程中购买行为仍占多数。调查还发现小学生有围观推销、施工等行为,构成过多的停留现象。

综合凤小周边小学生行动的轨迹线分布、行为的发生及场所特征,其空间结构主要以城市道路空间作为小学生通行的载体,辅以住区内部的景观步行空间。因此,住区型社区模式下道路空间的安全结构体系和步行空间环境是小学生安全通行的重要保障。

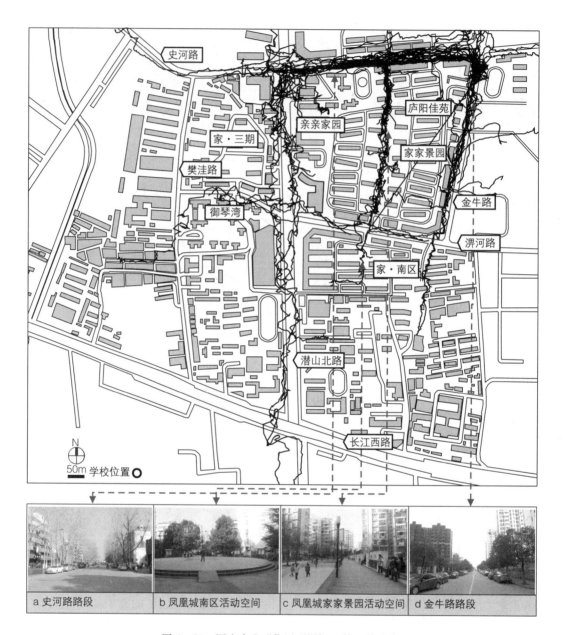

| a 史河路路段 | b 凤凰城南区活动空间 | c 凤凰城家家景园活动空间 | d 金牛路路段 |

图 6-23　调查点 B("住区型"社区)轨迹线分布

4."街道型"与"住区型"社区小学生行动轨迹比较

总结以上两个调查点的空间结构、道路结构以及小学生行动特征,再从学区范围与行动核心空间的比较、核心空间的道路结构、建筑肌理以及轨迹线分布进行对比分析(表6-13)。受道路结构和建筑肌理的影响,"街道型"社区和"住区型"社区小学生的轨迹线分布有很大不同:前者轨迹线分布集中,轨迹支线较多,整体上呈块状分布;后者轨迹线分布开阔,轨迹支线少,整体上呈线状分布。

表 6－13　不同社区空间结构的对比

调查点	区位关系	道路结构	建筑肌理	轨迹线分布
A（"街道型"社区）				
B（"住区型"社区）				

根据两种社区小学生轨迹的比较,首先从概率学角度来说,"街道型"社区的空间尺度较小,而"住区型"社区的空间结构及规模较大,小学生在通行时间上消耗更多的时间,其发生安全事故的概率也相对更大;其次,从空间结构上来说,"住区型"社区的城市肌理相对简单,而"街道型"社区的城市肌理复杂多变,街巷空间纵横交错,安全监控和管理较弱,易引发安全隐患;最后,从小学生的行为上来说,"住区型"社区与"街道型"社区中,小学生通行行为均受到社会因素和不同环境的影响,不利于小学生的安全通行。

6.3.5 小学生行动路径的核密度分布与空间安全分析

由前文的问卷调查结果得知路边与出入口空间为小学生行为心理反映的不安全空间,表现为交通复杂、人多混杂等。同时本研究将社区空间结构分为"街道型"和"住区型",其中前者正是以道路空间为主导的开放社区,后者以住区的空间界定为单元且多个住区互相关联的社区,即住区的出入口空间为"住区型"社区的重要组成。因此本节以小学生行动路径中道路空间和出入口空间的密度及安全分析为主,辅以小学生行动特征以速度为线索的场所空间的安全分析。

1. 道路空间的密度及安全分析

城市道路空间的研究通常将道路两侧的建筑高度设为 H,道路宽度设为 D。从人们对道路空间与沿街建筑或构筑物的心理感受而言,D 与 H 的数值变化直接影响人们感受的氛围,道路的空间体验也截然不同。不同空间结构下街道空间对于小学生安全通行有着不同程度的影响,不同社区环境下城市主干道一级道路的密度分布及空间分析如彩图 35 所示,其中阜阳北路路段和潜山北路路段分别是"街道型"和"住区型"空间结构下的主要干道,两者的空间尺度相当。

阜阳北路路段的密度分布呈现出两个密度波峰,从此路段三个特征性的道路剖断面来看,受高架桥的影响,道路的空间围合感由开放转变为适当,且剖断面 Fb~b 的左侧底层局部架空,诱发部分小学生的穿行行为。整体的道路空间氛围适当,且两侧的绿化有效地分隔出步行空间,保证了小学生单向通行。但由于道路过宽,车流量较大,因此,横跨道路的通行在此类一级道路中存在安全隐患。

相较于阜阳北路路段的密度分布而言,潜山北路路段的密度明显较小,而从道路剖断面上看,该路段的空间氛围相较于前者更为开放($D/H \geqslant 1$)。

究其两者明显差异的原因,一是小学位置的布点不同,道路的交通流量大对校门口小学生的通行会造成更大的压力;二是城市建设发展的短期影响,如施工等现象不利于小学生的安全通行;三是沿街商业对小学生通行的影响,丰富的业态造成了小学生的大量停留行为。因此两者密度的差异在一定程度上反映了小学生通行的状况。

对比"街道型"社区结构中的二级道路五河路路段和"住区型"社区的二级道路史河路路段发现(彩图 36),五河路路段的密度分布集中在双岗老街与阜阳北路路段,东西两侧均未有密度分布,究其原因,五河路西路段为学区的边界线,往西的人流量较小,而东侧路段街巷空间形态(彩图 36 Section Wc—c)已经置换为沿街菜场功能,其空间围合感强烈($D/H < 0.5$),且菜场摊位阻碍正常通行。史河路路段的密度分布较均衡,中段住区出入口(彩图 36 Section Sc—c)处出现波动,该区域空间围合感开放,两侧因出入口设置

空间放大,交通复杂;东侧与金牛路交叉口处出现密度最大的区域,该区域受到另一个学区小学内的小学生影响,小学生经过此处会与其他小学生产生聊天、玩耍、结伴而行等行为,从而速度减慢甚至停留。相较于五河路路段而言,史河路路段的小学生通行较为频繁,从道路空间的氛围分析,截取四个特征性的剖断面,空间氛围较为舒适、空间连续性较好,其中 Section Sd－d 处空间围合感开放,左侧为大型超市出入口广场,人员构成复杂,交通停车对小学生的安全通行造成干扰。

2. **出入口空间的密度及安全分析**

出入口空间的复杂性对于小学生的通行也存在一定的安全隐患,从出入口的空间形态、人流动向、车行方向以及空间特征等方面,并结合核密度分析其对小学生通行的影响(图 6－24)。

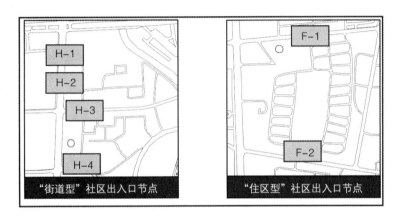

图 6-24　社区出入口空间节点分布

"街道型"社区中的出入口 H－1 与 H－2 均紧邻城市主干道,前者呈 T 字形,人流动向较为明晰,密度往西北向延展逐渐降低,左侧轨迹点较密;后者呈梳齿形,由于沿街建筑部分底层架空形成凹口,构成部分通过行为,小学生分散进入社区,出入口的南部密度最大,轨迹点分布较多(附表 6)。H－3 的空间形态呈准 T 字形,作为社区出入口兼作菜场入口,人流动向由东向北,西北侧轨迹点分布较多,交叉处密度小,表明小学生较快地通过该空间,较少发生停留行为。H－4 紧邻城市次干道沿河路,为社区的南次入口,其空间形态呈 Y 字形,轨迹点分布较少,入口附近的一处空地密集程度高,而该处的密集缘由并非来自南侧次入口的人流,实则空地对面建筑之间的通道。

F－1 与 F－2 为"住区型"社区的出入口,其空间形态呈十字形与鱼骨形,前者是两个住区出入口的交会处,密集程度高,南侧轨迹点分布较密;后者为住区的主入口,与景观步行空间直接相连,轨迹点稀疏,密度小且仅北侧景观广场处有。该住区存在北进南出的现象,即选择住区内部的景观步行空间作为通行路径,再进入下一个住区,直到家所在住区,表明住区步行空间对于小学生的通行尤为重要,可以避免沿城市主干道通行。

3. **行动路径的速度特征与空间安全分析**

研究主要分析速度特征与之对应的场所存在差异性的空间。将小学生慢速行为的轨迹点速度界定为小于 0.7 米/秒,快速行为的轨迹点速度为大于 1.3 米/秒,两者速度之间的轨迹点即为正常的步行速度数据点(表 6－14),将以上各类数据点通过 Arcmap 进行可视化图形转换并分析。

表 6－14　速度轨迹点属性

属性	A("街道型"社区)	B("住区型"社区)
轨迹点总数(个)	12722	17255
有效轨迹点数(个)	12497(100%)	17063(100%)
<0.7 m/s 的轨迹点数(个)	3716(29.7%)	5594(32.8%)
0.7～1.3 m/s 之间的轨迹点数(个)	3977(31.8%)	5316(31.2%)
>1.3 m/s 的轨迹点数(个)	4804(38.5%)	6153(36.0%)
平均速度(m/s)	1.120846313	1.097741969

从表 6－14 中发现小学生于"街道型"社区中大于 1.3 米/秒的轨迹点数占多数为 38.5%,而于"住区型"社区小于 0.7 米/秒的轨迹点数占多数为 32.8%,且平均速度前者大于后者,表明小学生在"街道型"社区中产生较多的快速通过行为,也间接说明了其路网对于小学生的通行较为通畅或者吸引小学生停留的空间场所较少。小学生于"住区型"社区内则多以慢速通过为主,表现为社区空间尺度较大,游憩设施较为丰富,吸引小学生停留玩耍。

"街道型"社区与"住区型"社区的以速度为依据生成的核密度分布如彩图 37 所示,"街道型"社区的慢速核密度分布较为零散,波峰地带与总体核密度分布一致,主要为校门口一层的底层通道空间和沿街的公交站台周边,这两者空间分别为家长等候和公交车等候造成小学生慢速通过,甚至停留。而快速轨迹点的核密度分布较为流畅,基本与总体核密度分布一致,也就是部分小学生未在途中停留,甚至有互相追逐、奔跑的行为。"住区型"社区慢速与快速的轨迹点核密度分布之间的差异基本与"街道型"一致,但西侧波峰处连接校门口与住区出入口,空间逐步放大,小学生行动速度加快,而东侧的波峰人流聚集导致部分小学生减速,甚至产生逗留、迂回等行为。

6.4　小学生放学路径与社区空间结构的关联性研究总结

从社会热点小学生安全事件频发的角度出发,提出小学生安全与社区空间环境之间存在的问题,并从小学生行为心理安全空间、社区空间结构对小学生通行安全的影响、社区空间环境对小学生行为安全的影响三个角度得出本章的研究结论。

构筑安全的行为心理空间,培养全面的安全防范意识。小学生于社区内的行为活动受空间环境的影响较大,而其安全的行为心理空间的建立与活动时间的规律性、家长的看护程度、场地设施的安全以及场所的可达性相关。通过家长与小学生之间的安全教育互动,把握规律性的活动时间,减少单独玩耍的时间,并不断地完善场地设施的小学生适宜性,设置专门的小学生活动区以及设定安全的步行空间。社区空间结构的差异性对小学生的通行安全产生影响,新城区的结构较为明晰,空间尺度较大,相较于旧城区,其通行环境较为安全舒适,但也存在通行路程远、时间长等问题,会引发安全事件。而不同年龄阶段小学生的差异性存在对安全防范意识的不同,对于较小年龄小学生需要更多的安全引导与看护,而较大年龄小学生的安全引导应更注重其内涵与方法。

"街道型"和"住区型"社区的空间结构存在较大差异,也是当前较为普遍的两种类型,其中"街道型"社区是未来开放社区的基本方式,具备宜人的街道尺度和密集的路网结构。社区道路空间的交通安全是小学生通行的基本需求,道路等级的合理划分、道路空间的氛围营造和路网结构的合理性调整都是构成小学生安全通行的因素。同时,小学生行动速度特征反映了社区空间结构中存在诱发小学生停留行为的场所,"街道型"社区小学生的停留行为多发生在沿街空间,而"住区型"社区则以商业广场和住区景观空间为主,道路空间层级转化关系的合理性以及步行空间的连贯性是小学生通行的安全引导,因此小学生的安全通行受社区空间结构多方面的影响。在"住区型"社区逐步转变为文明开放社区的发展趋势下,原有的封闭社区在逐步开放过程中应合理规划主次路网,通过设计手段维护小学生出行安全,包括人性化的交叉路口设计、保护步行和自行车路权的道路断面设计,减少机动交通对非机动交通的干扰,合理利用城市公园和绿地等公共空间中的道路并对步行交通开放,从而进一步维护小学生通学安全。原有的"街道型"社区,也应不断完善安全监控设施,完善安保巡逻和空间死角管理等以保证社区的安全稳定。

社区中的景观、街道空间和学校入口空间分别划分小学生游憩、步行和安全疏散空间,鉴于小学生识别能力有限,必须从小学生的视角设计更多适合小学生的基础设施,以确保小学生的安全。街道空间适宜的人行尺度、明确的车道划分、视线的渗透等都为小学生的安全提供了基础。交通设施应避免设施不完善导致小学生安全事件。小学学校入口空间尺度不足以提供高峰期家长等候、小学生安全疏散的范围,部分校门前区空间局促,且交通组织不合理,导致高峰期交通拥堵而影响入口空间的正常使用。游乐设施对于小学生而言是较为特殊的基础设施,因此必须从小学生的视角设计更多适合小学生玩耍的游乐设施并保证其安全性。

第7章 结论与展望

7.1 研究总结

本研究选取多个二、三线城市小学为对象,以营造安全、安心的小学生放学路径及相应的城市空间为目标,对小学生放学行动与其相应的城市空间展开分析,主要探讨以下几个方面内容:①小学生放学时疏散与学校门前区空间形态的关联性;②小学生放学路径及行动模式与城市空间结构的关联性;③小学生放学后游憩行为与滞留场所空间要素的关联性。研究运用 GNSS 技术对小学生放学从离校到归家的全程行动路径进行持续无间断的计测,运用系列定量化的方法进行解析,并在此基础上分别针对小学校门前区、放学路径、学区规划,以及活动场所提出设计与规划的指导意见和策略,最终建立小学生放学路径与城市空间结构的协同优化策略。研究的主要结论如下:

(1)对不同区域内小学门前区入口形式、空间特征及疏散现状把握的基础上,通过时间、空间与行动相对照的系列分析方法,对不同属性人群在小学门前区空间的行动特征及其与空间场所的关联性展开实地调查研究,对比分析家长与小学生行为特征核密度的差异性。

研究发现,引入型校门在疏散时对城市道路影响较小,直线型校门更具有标识性却往往因无缓冲区而安全性减弱。分时疏散可避免放学时段人流聚集的现象,分校门疏散则可有效地分流人群。

(2)通过对学区内城市空间结构与节点空间的分析,一方面宏观揭示了学区内城市空间结构的构成特征,另一方面微观解析了空间节点的构成特点。对小学生上下学的行动方式进行问卷调查,结合 GNSS 技术考察小学生的行动路径特征,最终运用 GIS 空间分析对行动数据进行分析,探讨小学生行动与空间的关联性。进一步通过小学生上下学行动的分析把握小学生日常出行的交通方式、停留场所、设施使用情况,以及家长与小学生出行的关注点。运用行动追踪实验,掌握小学生放学路径特征,结合 GIS 核密度,以可视化图像分析小学生放学途中的滞行特点,及其与城市空间结构的关联特征。

研究表明,被调查学区内小学生平均通学时间为 13 分钟,平均通学距离为 1110 米;低年级学生多在家长陪同下通学,而高年级则更倾向于结伴而行。道路沿途的景观空间、交通节点、施工及活动场地等易诱发小学生轨迹发生转折、穿行及迂回等变化。小学生停留行为多分布于城市游憩空间中,低速度行为的密度聚集点较多且呈离散状分布,而快速行为密度点则多聚集于沿途交通空间十字路口位置。小学生的滞留受到空间环境及功能属性、儿童行为心理等多要素的影响。

（3）对游憩空间内小学生的行为特征及行为心理安全分析，一方面主要通过行为观察与记录，对小学生的行为类型、行为频度等内容进行数据统计以及行为图示化解析；另一方面，以问卷调查和访谈的方式对社区小学生的行为心理安全展开调查，选取不同空间结构下的多个典型社区进行研究，并对放学后的小学生进行行动追迹实验。通过对小学生的户外活动及其安全调查，以及家长对小学生在户外活动的安全认知调查综合分析的基础上，把握小学生对活动场所的安全性需求，并归纳小学生的行为心理安全空间意象。

研究表明，在滞留空间中游憩和玩耍是小学生的典型行为，平整的铺地与游玩设施引发小学生的聚集行为，水景空间对其吸引程度最大。研究者提出良好的交通管理、合理的商业布局、科学的节点设置、优质的空间品质都可能成为小学生滞留游憩的影响因素。而平整的场地、可控的视野、安全的设施、秩序的交通、和谐的环境与易达的空间，则构成了针对小学生安全场所的表达。

本研究从校门前区到放学沿途空间，再到居住区外部与内部的滞留场所，通过 GNSS 技术对小学生放学行动及其相应的城市空间关联性展开调研，进而在城市设计、空间规划与区域管理等层面，提出与小学生放学行动相应的城市空间策划相关建议与策略（图 7-1）。

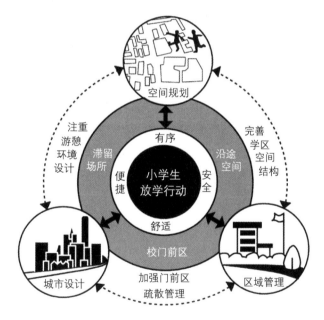

图 7-1　与小学生放学行动相应的城市空间策划示意

7.2　城市设计与空间策划相关建议

7.2.1　小学门前区空间规划建议

在全面调查国内小学门前区类型的基础上，选取 30 所小学门前区展开实地调研，对其空间形式进行图示化分析，归纳校门前区空间要素及功能特性。选取三所不同类型小学,对其放学时段正门前区的人流状况进行定点摄像,并统计小学生放学时段的疏散人数,制作放学时段疏散人流的时序列图及人流分布核密度图像,解析小学放学时段人群疏散、行动趋势及空间要素对人的密度分布的影响。研究者对部分小学进行疏散模式优化实验,在不同疏散模式时间、空间与行动的对照分析基础上,探讨人群疏散与门前区空间形式的关联性,进而提出小学门前区疏散模式的优化方案及放学时段疏散管理的相关建议。

在充分调研和深入分析的基础上,对不同类型学校门前区的疏散情况提出了相对应的优化策略。例如,在进行学校规划设计时,校园疏散口宜避开城市主干道,减小疏散对城市交通的影响。应充分考虑门前区的实际功能需求,按照学校的规模及接送家长的人数,预留出门前区广场,结合布置休憩座椅、遮阳棚等附属设施,在满足疏散需求的同时体现门前区空间的人性化。对于已建成小学,学校可根据自身现状,对影响疏散的建筑物适当拆除,整改场地。可增设人行天桥或地下通道,优化空间格局,提高疏散安全性,缓解拥堵现象。同时制定合理的疏散模式,可采用分时疏散、分校门疏散等方法,避免疏散人群同时聚集,影响疏散速率。家长等待区的划分应充分结合城市与校内空间考虑,在门前区空间有限的情况下,把家长等待区布置在周边较近的城市广场、城市绿地等区域,可以避免等待家长在门前区过于集中的现象。也可将校内的运动场地或广场作为放学时段的临时家长等待区,充分利用校内场地进行疏散。从学校管理角度应加强放学时段的门前区管理,对学校周边的商业设施及临时摊贩进行管制,避免商业活动对人的行为的影响,造成门前区拥堵。良好的交通管理措施(交通警察、红绿灯设置等)和学校管理政策有助于保障放学时段人群疏散的有序性、高效性和安全性,应本着疏堵结合、引导人流的思想指导小学门前区域的建设和管理。

7.2.2 放学路径与小学周边空间环境优化策略

通过对合肥市两所小学学生进行行动调研,把握放学时段小学生的行动特征与既有空间形态之间的内在关联性。图解分析学校门前区、商业空间、景观空间对于小学生放学行动的影响,进而提出优化小学周边空间环境的策略。

1. 加强门前区的疏散管理,完善校园周边规划

针对交通滞行现象,结合规划条件设置多个不同方向的校门、单独开辟小学生放学专用通道、校门前预留缓冲空间、适当拓宽局部道路等有助于人群的快速疏散。在校门附近设置家长等候区、安全岛或临时停车区并与小学生专用通道结合,将有助于小学生更为便捷地与家长会合,缩短在门前区的停留时间。

2. 规范商业空间的业态,控制其与校门的距离

既有学校附近的商业门店主要面向小学生出售文具、食品、玩具等商品,容易引起小学生的兴趣,使小学生在商业门店及其门前逗留。商业空间应与校门有一定距离,或者存在转折,避免与放学时段的人流产生直接的关联,起到避免人群滞留的作用。商业门前应考虑建设相对开敞的空间,为小学生的活动提供安全适宜的场所。应加强对流动摊点的管理,禁止餐饮、玩具等售卖以及广告宣传在小学生疏散通道上进行。

3. 优化景观环境设计,塑造安全健康的活动空间

景观要素相对丰富的空间容易激发小学生放学后停留和玩耍,在景观空间的建设中

应充分注重各类空间要素的组织,满足小学生多样的行为类型。注重场所的安全管理,增加警示牌和管理人员,以减少安全事故的发生。同时,校园周边的景观空间应兼具家长、学生等候区的功能,以减少校门前区的拥堵。

7.2.3　学区布点优化建议

在充分调研国内二、三线城市学区划分现状的基础上,以合肥市各学区为研究对象,运用泰森多边形法生成合肥市不同行政区的小学学区范围,分析该市四个老城区与两个新兴城区的小学布点与学区范围现状。对三所不同学区内的典型小学学生进行放学后行走实验,记测行动路径并将得到的数据绘制成行为轨迹图,运用图示化方法分析小学生放学后的行动分布,并与小学的学区范围相比较。针对相关分析与调研结果,对今后城市小学规划布点与学区服务半径设置等方面提出以下几点优化建议:

(1)新旧城区小学的资源配置应做到因地制宜。老城区可考虑合并以减少小学数量。发展成熟的新城区,可根据适龄入学人口的增加逐步增加学校数量。

(2)城市小学服务半径应根据不同区位等情况具体分析,根据调查验证的结果,宜设置在 500 米到 800 米范围内。

(3)大多出于城市发展的原因,旧城区教育设施集中,新城区布局稀疏,可考虑对服务半径较大的小学增设校车接送,保证小学生上下学的便利性与安全性。

(4)在城市快速发展时期,城市道路、用地性质等都在变化,新老城区人口变化也较大。因此,规划设计人员不能完全套用规范解决设施的布局问题,宜经过实地调研获得最新数据,并运用科学研究方法,优化城市小学学区布局规划。

7.2.4　小学生停留场所与活动空间的规划设计指导意见

选取典型小学的学生行动追迹调查数据,结合学区内重要的空间节点分析,把握小学生的滞留与行为状况,并对其停留空间进行类型化解析。随后通过对小学生在居住区外部和内部活动的观察,运用主成分分析、聚类分析等多变量方法,解析城市游憩空间和居住区景观环境中小学生放学后的行为活动,探讨其行为特征与场所空间要素的关联性,进而提出小学生停留空间与活动场所规划设计的指导意见。课题组在相关研究的基础上补充了对小学生行为安全的调研分析,从家长和儿童的视角剖析了小学生的行为安全要素,把握社区空间结构影响下小学生活动的安全认知及其行为心理,探讨如何营造安全安心的小学生放学后滞留活动空间,得到相关优化建议。

(1)不同的场所空间中有各自吸引小学生的兴趣点,在空间营造时应予以充分考虑。不同空间的组成形态或者同一空间中要素的不同组合方式,都影响着小学生的活动趋势,而不同年级小学生所关注的兴趣点、被吸引的程度也有所差异。因此,在学区内活动场所的营造时既要设置有利于中高年级交往成长的开敞空间,又要考虑保护低年级学生游憩的较为安全的场所。而在住区的空间营造时应避免住区景观过于封闭的现象,让小学生乃至每个住区居民能充分享受和利用住区内部景观。健身区和活动场地是提升住区空间活力的有效方式,通过合理的设置,可在单一空间结构的住区内,创造多个吸引人的空间场所。

（2）居住区内部活动场所的规划设计，可以考虑将具有不同程度开敞性、亲水性、可达性等的空间场所合理组织、灵活安排，尽量丰富空间类型，促使多种行为的发生；避免给人以枯燥乏味的场所感受，在对小学生吸引较大的开阔广场上通过设置游戏设施和健身器材等增加空间趣味性，尽可能为其创造游戏、玩耍等活动的场所和机会；同时适当与休息座椅等静态设施相结合，方便家长照看并与其他家长交流；此外不应忽视其活动的安全性，如亲水空间附近应采取一定的防护措施，高差较大的起伏地形处需以坡地形式平缓处理。

（3）良好的交通管理、合理的商业布局、科学的节点设置及优质的空间品质都可能成为小学生滞留游憩的影响因素。对于存在安全隐患或交通拥挤的空间场所，应当对其改造和整顿，以利于小学生的滞留活动。

7.3　结　语

研究者在历经数年的研究过程中，对小学生从离校到归家全过程中的行动轨迹、行为特征进行观察研究，并且对小学生放学行动路径与其相应的城市空间展开分析，系统探讨了学校门前区空间、学区城市空间、游憩空间、住区空间等与小学生行为的关联性，在长期的工作实践过程中得出了相应结论并且提出了相关的优化建议。研究成果对既有校园园区场所的评价、小学学区空间结构的优化、小学生滞留场所空间的建设具有一定的借鉴意义，对于小学周边环境规划等设计导则的完善，以及小学生放学时段的管理措施的建立具有科学的指导意义。同时，研究中 GNSS 及 GIS 技术的运用和定量化的分析方法，对于相关领域的研究具有一定的参考价值。

附　　录

附录 1　住宅小区外游憩空间分区的品质特征

空间分区		亲水性		开敞性			可达性			设施		绿化和铺地程度		
		临近水面	可直接接触水面	空间开敞	空间封闭	边界有高于1.5米物体围护	与校门距离>150米	与最近车行道距离>15米	步行道宽度>3米	地面景观设施	健身设施	草坪面积占区域面积比>0.5	树冠面积占区域面积比>0.5	硬质铺地占区域面积比>0.5
LX	LX-S1	0	0	1	0	0	0	0	0	1	0	0	0	1
	LX-F1	0	0	0	0	1	0	0	0	1	0	0	0	1
	LX-F2	0	0	0	0	1	0	0	0	1	0	0	0	1
	LX-G1	0	0	0	1	0	0	0	0	0	0	1	1	0
	LX-G2	0	0	1	0	0	0	0	0	0	0	1	0	0
	LX-G3	0	0	1	0	0	0	0	0	0	0	1	0	0
	LX-G4	0	0	0	1	0	0	0	0	0	0	1	1	0
	LX-G5	0	0	0	1	0	0	0	0	0	0	1	1	0
QX	QX-S1	0	0	1	0	0	0	0	1	0	0	0	0	1
	QX-S2	0	0	1	0	0	0	0	1	0	0	0	0	1
	QX-S3	1	0	1	0	0	0	0	1	0	0	0	0	1
	QX-S4	1	0	1	0	0	0	0	1	0	0	0	0	1
	QX-S5	0	0	1	0	0	0	0	1	0	0	0	0	1
	QX-S6	0	0	1	0	0	0	0	1	1	1	0	0	1
	QX-W1	1	1	1	0	0	0	1	1	0	0	0	0	1
	QX-W2	1	1	1	0	0	0	1	1	0	0	0	0	1
	QX-G1	0	0	0	1	0	0	0	0	0	0	1	1	0
	QX-G2	0	0	0	1	0	0	0	0	0	0	1	1	0
	QX-G3	0	0	0	1	0	0	0	0	1	1	1	1	0
	QX-G4	0	0	0	1	0	0	0	0	0	0	1	1	0

（续表）

空间分区		亲水性		开敞性			可达性			设施		绿化和铺地程度		
		临近水面	可直接接触水面	空间开敞	空间封闭	边界有高于1.5米物体围护	与校门距离>150米	与最近车行道距离>15米	步行道宽度>3米	地面景观设施	健身设施	草坪面积占区域面积比>0.5	树冠面积占区域面积比>0.5	硬质铺地占区域面积比>0.5
LG	LG－S1	1	0	1	0	0	1	1	1	0	0	0	0	1
	LG－S2	1	0	1	0	0	1	1	1	0	0	0	0	1
	LG－W1	1	1	1	0	0	1	1	1	0	0	0	0	1
	LG－W2	1	1	1	0	0	1	1	1	0	0	0	0	1
	LG－G1	0	0	0	1	0	1	0	1	0	0	1	1	0
	LG－G2	0	0	0	1	0	1	1	1	0	0	1	1	0
	LG－G3	0	0	0	1	0	1	1	1	0	0	1	0	0
	LG－G4	0	0	1	0	0	1	1	1	0	0	1	0	0
TG	TG－W1	1	1	1	0	0	0	1	1	0	0	0	0	1
	TG－W2	1	1	1	0	0	0	1	1	0	0	0	0	1
	TG－W3	1	1	1	0	0	0	1	1	0	0	0	0	1
	TG－W4	1	1	1	0	0	0	1	1	0	0	0	0	1
	TG－S1	0	0	1	0	0	0	0	1	1	0	0	0	1
	TG－S2	0	0	1	0	0	0	1	1	0	0	0	0	1
	TG－S3	0	0	1	0	0	0	1	1	1	1	0	0	1
	TG－S4	0	0	1	0	0	0	1	1	0	0	0	0	1
	TG－G1	0	0	1	0	0	0	0	1	0	0	1	0	0
	TG－G2	0	0	1	0	0	0	0	1	0	0	1	0	0
	TG－F1	0	0	0	0	1	0	0	1	1	0	0	0	1
	TG－F2	0	0	0	0	1	0	0	1	1	0	0	0	1

附录2　住宅小区内游憩空间分区的品质特征

空间分区		开敞性			可达性			设施		绿化和铺地程度		
		空间开敞	空间封闭	边界有高于1.5米物体围护	与最近小区出入口距离>200米	与最近建筑入口距离>100米	步行道宽度>3米	地面景观设施	健身设施	草坪面积占区域面积比>0.5	树冠面积占区域面积比>0.5	硬质铺地占区域面积比>0.5
AZ	AZ-S1	1	0	0	1	0	1	1	0	0	0	1
	AZ-S2	0	0	1	1	0	0	1	0	0	0	1
	AZ-S3	0	0	1	1	0	0	1	0	0	0	1
	AZ-S4	1	0	0	1	0	1	1	0	0	0	1
	AZ-S5	1	0	0	1	0	1	1	0	0	0	1
	AZ-S6	1	0	0	1	0	1	1	0	0	0	1
	AZ-S7	1	0	0	1	0	1	1	0	0	0	1
	AZ-S8	1	0	0	0	0	1	1	0	1	0	0	0
	AZ-S9	1	0	0	0	0	1	1	0	0	0	1
	AZ-S10	0	1	0	1	0	0	1	0	0	0	1
	AZ-S11	0	1	0	1	0	0	1	0	0	0	1
	AZ-G1	0	1	0	1	0	0	0	0	1	1	0
TZ	TZ-S1	1	0	0	0	0	1	1	0	0	0	1
	TZ-S2	1	0	0	0	0	1	0	0	0	0	1
	TZ-S3	1	0	0	0	0	1	1	0	0	0	1
	TZ-S4	1	0	0	0	0	1	1	0	0	0	1
	TZ-S5	1	0	0	0	0	1	0	0	0	0	1
	TZ-S6	1	0	0	0	0	1	1	0	0	0	1
	TZ-S7	1	0	0	0	0	1	0	0	0	0	1
	TZ-S8	1	0	0	0	0	1	1	0	0	0	1
	TZ-S9	1	0	0	0	0	1	1	0	0	0	1
	TZ-S10	1	0	0	0	0	0	1	0	0	0	1
	TZ-G1	1	0	0	0	0	0	0	0	1	0	0
	TZ-G2	1	0	0	0	0	0	0	0	1	0	0

（续表）

空间分区		开敞性			可达性			设施		绿化和铺地程度		
		空间开敞	空间封闭	边界有高于1.5米物体围护	与最近小区出入口距离＞200米	与最近建筑入口距离＞100米	步行道宽度＞3米	地面景观设施	健身设施	草坪面积占区域面积比＞0.5	树冠面积占区域面积比＞0.5	硬质铺地占区域面积比＞0.5
AL	AL－F1	0	0	1	0	0	1	1	0	0	0	1
	AL－S1	1	0	0	0	0	1	0	1	0	0	1
	AL－S2	1	0	0	0	0	1	0	0	0	0	1
	AL－G1	1	0	0	0	0	0	0	0	1	0	0
	AL－G2	1	0	0	0	0	0	0	0	1	0	0
	AL－G3	1	0	0	0	0	1	0	0	1	0	0
QL	QL－S1	1	0	0	0	0	0	0	0	0	0	1
	QL－S2	1	0	0	0	0	0	0	0	0	0	1
	QL－S3	1	0	0	0	0	0	0	1	0	0	1
	QL－S4	1	0	0	0	0	0	0	1	0	0	1
	QL－S5	1	0	0	0	0	1	0	0	0	0	1
	QL－F1	0	0	1	0	0	1	1	0	0	0	1
	QL－G1	0	1	0	0	0	0	0	0	1	1	0
	QL－G2	1	0	0	0	0	0	0	0	1	0	0

参考文献

[1] 尼采. 道德的谱系[M]. 三联书店,1992.

[2] 比尔·希利尔. 空间是机器:建筑组构理论[M]. 杨滔,张佶,王晓京,译. 北京:中国建筑工业出版社,2008.

[3] 凯文·林奇. 城市意象[M]. 方益萍,何晓军,译. 北京:华夏出版社,2001.

[4] 克里斯蒂安·诺伯格·舒尔兹. 存在·空间·建筑[M]. 尹培桐,译. 北京:中国建筑工业出版社,1990.

[5] 克里斯蒂安·诺伯格·舒尔兹. 场所精神——迈向建筑现象学[M]. 施植明,译. 武汉:华中科技大学出版社,2010.

[6] 马丁·海德格尔. 存在与时间:生活·读书·新知[M]. 陈嘉映、王庆节,译. 北京:三联书店,2006.

[7] 赵万民. 把山地校园建成富有特色的文化高地[J]. 重庆建筑,2008(7):57.

[8] 朱献,吴璟. 城市小学校入口空间调研及浅析[J]. 华中建筑,2011,29(10):33 - 35.

[9] 沈萍、邱灿红. 儿童友好型城市开放空间研究[J]. 中外建筑,2010(2):70 - 72.

[10] 王岚. 居住区儿童活动场地适应性设计探讨[J]. 中外建筑,2005(6):40 - 42.

[11] 姚鑫,杨玲,王龙海. 城市儿童活动空间调查研究——以天津市儿童活动空间为例[J]. 华中建筑,2007(6):85 - 88.

[12] 肖萌,季羿宇,于海漪. 北京鼓楼苑地区儿童户外活动空间研究[J]. 华中建筑,2011,29(2):86 - 92.

[13] 桂久男,青木恭介. 児童の遊び生活における遊び場の分布構造について[J]. 日本建築学会論文報告集,1984(9):110 - 120.

[14] 桂久男,青木恭介. 公園利用の児童の遊びと居住地環境との関連について[J]. 日本建築学会論文報告集,1982(1):111 - 118.

[15] 吉村彰. 児童の生活領域と学区の関係—教育施設の配置と学区計画に関す

る研究[J].日本建築学会論文報告集,1987(2):74－84.

[16] 河野泰治,青木正夫,北岡敏郎,等.居住地における公園整備と子どもの外遊び空間との関連[J].日本建築学会計画系論文報告集,1988(3):33－41.

[17] C. Hume. Children's perceptions of their home and neighborhood environments,and their association with objectively measured physical activity:A qualitative and quantitative study[J]. *Health Education Research*,2005(20):1－13.

[18] Smith,F. and Barker,J. :Commodifying the countryside:The impact of out-of-school care on rural landscapes of children's play[J]. *Area*,2001(33):169－176.

[19] Smith,F. and Barker,J. :England and Wales Contested Spaces:Children's Experiences of Out of School Care in England and Wales [J]. *Childhood*,2000(7):315－333.

[20] Paul J. Tranter,and John W. Doyle:Reclaiming the Residential Street as Play Space[J]. *International Play Journal*,1996(4):7.

[21] 刘艳虹,张毅.八省市中小学生上、下学安全状况调查分析[J].道路交通与安全,2008(4):1－5＋10.

[22] 陈坤良.小学放学高峰拥堵问题十解[J].中小学管理,2006(4):49.

[23] 孔敬.居住区儿童活动空间研究[D].西安:西安建筑科技大学,2005.

[24] Trudy Maria.成都市儿童留出玩乐空间[J].城市管理,2005(4):27－29.

[25] 扬·盖尔.交往与空间[M].何人可,译.北京:中国建筑工业出版社,2002.

[26] Sarah A. Keim. The National Children's Study of Children's Health and the Environment:An Overview[J]. *Children,Youth and Environments*,2005(1).

[27] 张莉.儿童户外活动空间规划设计及其未来发展研究[D].咸阳:西北农林科技大学,2009.

[28] 詹启东.陈鹤琴关于幼儿心理特点和幼儿智力开发思想述略[J].新余高专学报,2004(1):72－74.

[29] 中村攻.儿童易遭侵犯空间的分析及其对策[M].北京:中国建筑工业出版社,2006.

[30] 清永賢二,篠原惇理,田中賢,等.防犯環境設計の基礎:デザインは犯罪を防ぐ[M].彰国社,2010.

[31] 陈淑贞,孙自宜,萧景祥,等.南台湾某县市托儿所儿童游戏场安全因子现况分析[J].嘉南学报,2011(37):286－296.

[32] 李睿煊,李香会,张盼.从空间到场所——社区户外环境的社会维度[M].大

连理工大学出版社,2009.

　　[33] 马斯洛. 人的动机理论[M]. 北京:华夏出版社,1987.

　　[34] 简・雅各布. 美国大城市的生与死[M]. 金衡山,译. 南京:译林出版社,2005.

　　[35] 王建国、蒋凯臻. 安全城市设计——基于公共开放空间的理论与策略[M]. 南京:东南大学出版社,2013.

　　[36] 比尔・希利尔,克里斯・斯塔茨. 空间句法的新方法[J]. 世界建筑,2005(11):54-55.

　　[37] 张愚,王建国. 再论"空间句法"[J]. 建筑师,2004(6):33-43.

　　[38] 窦强. 北京住区规划设计演变的空间句法解析[J]. 建筑学报,2010(S1):28-32.

　　[39] 程昌秀,张文尝,陈洁,等. 基于空间句法的地铁可达性评价分析——以 2008 年北京地铁规划图为例[J]. 地球信息科学,2007(6):31-35.

　　[40] 王浩锋. 村落空间形态与步行运动——以婺源汪口村为例[J]. 华中建筑,2009(12):138-142.

　　[41] 胡彦学,盛强,郭彩萍. 基于大众点评数据对餐饮业分布的空间句法分析——以北京前门、东四、南锣鼓巷街区为例[J]. 南方建筑,2020(2):42-48.

　　[42] 李早. 中国の住宅団地の水景空間における人間行動に関する研究(中国居住区水景空間中人的行动的研究)[D]. 京都:日本京都大学,2009.

　　[43] 李早,宗本顺三,吉田哲. 水辺での居住者の移動・滞留行為の研究——中国の住宅団地における水景施設での行動観察——(中国居住区居民水边移动・停留行为的研究)[J]. 日本建築学会計画系論文集,2008(11):663.

　　[44] 小瀬博之,紀谷文樹:水景施設における人の行動と周辺環境の解析に関する研究——その2. 画像処理を用いた水景施設における人の行動と周辺環境の解析[J]. 日本建築学会計画系論文集,1998(7):65-70.

　　[45] 江水是仁,大原一興:屋外民家展示施設における来園者の観覧行動に関する研究:江戸東京たてもの園「八王子千人同心組頭の家」の事例より[J]. 日本建築学会計画系論文集,2006(11):33-39.

　　[46] 山本友里,屋代智之,重野寛,等. 歩行者用道路上におけるリアルタイムな混雑情報の取得・提供手法[R]. 情報処理学会研究報告,2004:37-42.

　　[47] 白川洋,歌川由香,福井良太郎. 無線情報端末を利用した歩行者ナビゲーションシステムの提案[R]. 情報処理学会第 46 回グループウェアとネットワークサービス研究会,2003:71-76.

[48] 野村幸子,岸本達也.GPS・GISを用いた鎌倉市における観光客の歩行行動調査とアクティビティの分析[J].日本建築学会総合論文誌,2006(2):72 – 77.

[49] 松下大輔,永田未奈美,宗本順三.GPS軌跡による児童の放課後の自宅を基点とした行動圏域分析[J].日本建築学会計画系論文集,2010(12):2809 – 2815.

[50] Shohei Sugihara,Daisuke Matsushita and Junzo Munemoto. Observations on Primary School Children's Behavior after School by Using the Global s Positioning System,2010(5):171 – 176.

[51] 余美义.GPS 技术在上海城市规划建设中的应用与展望[J].城市勘测,2005(1):10 – 14.

[52] 张惠军,张文科,张静,等.GPS 在城区岸线规划中的应用——以辽阳太子河城区段为例[J].科技创新导报,2009(5):19.

[53] 李早,宗本順三,吉田哲,等.GPSを用いた水辺で行動の研究——中国の住宅団地における水景施設での歩行実験——(利用 GPS 的中国居住区水边行动的研究)[J].日本建築学会計画系論文集,1998(1):135 – 156.

[54] 余良杰.实验对比法在大学体育教学中的应用[J].贵州体育科技,2004(4):93 – 94.

[55] 周浩澜.城市洪水模型在东莞城区洪水风险图编制中的应用[J].人民珠江,2013(4):13 – 16.

[56] 张冬,龚建华,李文航,等.人群群组虚实活动轨迹的对比分析[J].地理与地理信息科学,2019(3):21 – 27.

[57] 杨燊,高翔,李早.儿童放学后行动路径与社区空间结构的关联性研究[J].城市设计,2017(4):62 – 69.

[58] 李早,陈薇薇,李瑾.学校周边空间与小学生放学行为特征的关联性研究[J].建筑学报,2016(2):113 – 117.

[59] 朱怀中.学校门口的安全不可小视[J].江西教育,2005(19):48.

[60] 刘荣凤,李文武,周群.古朴智趣绿树繁花——云南师范大学附属小学入口景观设计[J].农业科技与信息(现代园林),2010(4):1 – 3.

[61] 2006 年全国中小学安全形势分析报告[J].人民教育,2007(8):9 – 11.

[62] 刘亚轩.国外小学安全教育及其启示[J].教学与管理,2010(26):55 – 58.

[63] 啸天.日本九成小学有"危险地图"[J].教书育人,2006(25):14.

[64] 周月芳,陆茜,罗春燕.上海社区中小学生步行安全状况分析[J].中国学校卫生,2011(12):1461 – 1464.

[65] 李瑾,朱慧,叶茂盛,等. 基于不同学年属性分析的小学生放学行动特征研究[J]. 建筑与文化,2015(12):121-122.

[66] 谭芬芝. 中小学校园空间的点、线、面[J]. 浙江建筑,2007(9):4-5+11.

[67] Nor Fadzila Aziz,Ismail Said. The Trends and Influential Factors of Children's Use of Outdoor Environments:A Review[J]. *Procedia-Social and Behavioral Sciences*,2012(38):204-212.

[68] Shuhana Shamsuddin,Khazainun Zaini,Ahmad Bashri Sulaiman. Effectiveness of Gated Communities in Providing Safe Environments for Children's Outdoor Use[J]. *Procedia-Social and Behavioral Sciences*,2014(140):77-85.

[69] 杨小军,梁玲琳,蔡晓霞. 空间·设施·要素——环境设施设计与运用(第二版)[M]. 北京:中国建筑工业出版社,2009.

[70] 王冬,韩西丽. 北京城中村儿童户外体力活动环境影响因子分析——以大有庄、骚子营邻里为例[J]. 北京大学学报(自然科学版),2012(5):841-847.

[71] 白丹,闫煜涛. 浅谈景观活动空间对儿童发展的影响及设计对策[J]. 华中建筑,2007(3):147-148+151.

[72] 黄紫艺,杨柳青. 浅析环境色彩设计在儿童活动区的应用[J]. 河南林业科技,2010(4):21-23+33.

[73] 于文波,孟海宁,王竹. 探寻符合社会原则的适宜性社区空间[J]. 建筑学报,2007(11):32-35.

[74] 梁燕. 中外儿童安全比较分析[J]. 科教文汇(中旬刊),2013(8):205-206.

[75] 戴菲,章俊华. 规划设计学中的调查方法2——动线观察法[J]. 中国园林,2008,24(12):83-86.

[76] 童明,戴晓辉,李晴,等. 社区的空间结构与职能组织——以上海市江宁路街道社区规划为例[J]. 城市规划学刊,2005(4):60-66.

[77] Sumaiyah Othman, Ismail Said. Affordances of Cul-de-sac in Urban Neighborhoods as Play Spaces for Middle Childhood Children[J]. *Procedia-Social and Behavioral Sciences*,2012(38):184-194.

[78] 高非非. 基于GPS的商业步行街环境行为研究[D]. 合肥:合肥工业大学,2012.

[79] 潘兆强. 我国高校校前空间及其设计研究[D]. 南昌:南昌大学,2012.

[80] 李瑾. 基于GPS技术的小学生放学路径调查与城市空间优化研究[D]. 合肥:合肥工业大学,2014.

[81] 魏琼. 基于 GPS 技术的小学生放学途中停留行为与城市空间的关联性研究[D]. 合肥:合肥工业大学,2015.

[82] 曾希. 基于校园周边空间解析的小学生"积极通学"影响因素研究[D]. 合肥:合肥工业大学,2015.

[83] 李早,叶茂盛,陈骏祎,等. 旧城区小学生放学疏散与交通空间关联性研究[J]. 工业建筑(增刊Ⅰ),2015(增刊):175－180＋164.

[84] LI Zao,ZENG Rui,YE Maosheng:Investigation of the Relationship between Place Characteristics and Child Behavior in Residential Landscape Spaces:A Case Study on the Century Sunshine Garden Residential Quarter in Hefei [J]. *Frontiers of Architectural Research*,2012(1):186－195.

[85] 水月昭道. 下校路に見られる子どもの道草遊びと道環境との関係[J]. 日本建築学会計画系論文集,2003,68(574):61－68.

[86] 佐藤将. 園児の社会性獲得と空間との相互関係に関する研究その1[J]. 日本建築学会計画系論文集,2002,67(562):151－156.

[87] 佐藤将. 園児の社会性獲得と空間との相互関係に関する研究その2[J]. 日本建築学会計画系論文集,2004,69(575):29－35.

[88] 野村幸子、岸本達也. GPS・GISを用いた鎌倉市における観光客の歩行行動調査とアクティビティの分析[J]. 日本建築学会総合論文誌,2006(4):72－77.

[89] 神田徳蔵. 児童公園等戸外遊び場の利用時間に関する考察[J]. 日本建築学会計画系論文集,1997,62(499):49－56.

[90] 松下大輔,田未奈美,宗本順三. GPS軌跡による児童の放課後の自宅を基点とした行動圏域分析[J]. 日本建築学会計画系論文集,2010(12):2809－2815.

[91] 吉村彰. 児童の生活領域と学区の関係——教育施設の配置と学区計画に関する研究[J]. 日本建築学会論文報告集,1987(372):74－84.

[92] 神田徳蔵. 戸外遊び場施設の地域的整備に関する公園利用形態の研究その1[J]. 日本建築学会計画系論文集,1997,62(493):125－133.

[93] 神田徳蔵. 戸外遊び場施設の地域的整備に関する公園利用形態の研究その2[J]. 日本建築学会計画系論文集,1997,63(505):97－104.

[94] 野村幸子,岸本達也. GPS・GISを用いた鎌倉市における観光客の歩行行動調査とアクティビティの分析[J]. 日本建築学会総合論文誌,2006(2):72－77.

[95] 松下大輔,永田未奈美,宗本順三. GPS軌跡による児童の放課後の自宅を基点とした行動圏域分析[J]. 日本建築学会計画系論文集,2010,658(12):2809－2815.

［96］SUN Xia，LI Zao，LI Jin，YE Maosheng. Investigation on the Primary School District using Thiessen Polygon［A］. Proceedings of the 2015 4th International Conference on Information Technology and Management Innovation［C］. The 2015 International Forum on Energy，Environment Science and Materials（IFEESM 2015），2015(9):18－25.

［97］Maosheng Ye，Zao Li，Rui Zeng. A Study of the Relationship between the Urban Space of School District and Pupil's Paths after School Using GPS Technology ［A］. Proceedings of the 2015 4th International Conference on Information Technology and Management Innovation［C］. The 2015 International Forum on Energy，Environment Science and Materials（IFEESM 2015），2015(9):58－63.

［98］長尾光悦，川村秀憲，山本雅人，等．観光動態情報の獲得を意図したGPSログデータマイニング［R］. 情報処理学会研究報告，2004.

［99］刘伟，孙蔚，邢燕．基于GIS网络分析的老城区教育设施服务区划分及规模核定［J］. 规划师，2012(1):82－85.

［100］李早，陈骏祎，汪强．疏散模式影响下小学门前区放学后人群行动特征解析——以合肥市小学为例［J］. 建筑与文化，2015(11):83－85.

［101］Maosheng Ye，Zao Li，Rui Zeng. Investigation on Relationship between Urban Space and Pupil's Paths after School Based on GPS Technology［A］. Proceedings of the 9th International Symposium on City Planning and Environmental Management in Asian Countries［C］. 2014:165－170.

［102］张哲姝．城市小学校园公共空间的设计生衍方向［D］. 北京:中央美术学院，2013.

［103］余晓敏．小学生行为问题及影响因素研究［D］. 武汉:华中科技大学，2010.

［104］杨贵庆．城市社会心理学［M］. 上海:同济大学出版社，2005.

［105］李曙婷．适应素质教育的小学校建筑空间及环境模式研究［D］. 西安:西安建筑科技大学，2008.

［106］沈锐．社区规划的理论分析与探索［D］. 西安:西北大学，2004.

［107］蔡雪娇，吴志峰，程炯．基于核密度估算的路网格局与景观破碎化分析［J］. 生态学，2012(1):158－164.

［108］宋小冬，陈晨，周静，等．城市中小学布局规划方法的探讨与改进［J］. 规划方法，2014(8):48－56.

［109］芦原义信．街道的美学［M］. 天津:百花文艺出版社，2006.

[110] 魏善勇. 校园门前交通混乱问题需解决[J]. 道路交通管理,2012(6):55.

[111] 永恒的希望——各地少年儿童交通安全工作纪实[J]. 道路交通管理,2009 (6):20－21.

[112] 吴良镛. 人居环境科学导论[M]. 北京:中国建筑工业出版社,2001.

[113] 崔文,蒋园园,高庆. 青岛城市小学门前区临时停车规划的调查研究[J]. 山西建筑,2010(26):13－14.

[114] Rui Zeng,Zao Li,Jian ming Su,Maosheng Ye. Investigation on Children's Behaviors in Chinese Residential Landscape Space［A］. Proceedings of the 9th International Symposium on City Planning and Environmental Management in Asian Countries[C]. 2014:295－300.

[115] 杨燊. 基于儿童通学安全的社区空间环境调查研究[D]. 合肥:合肥工业大学,2016.

[116] 严志宏. 应用 AHP 在安全住区指标评估——以台东县为例[D]."国立"台东大学,2009.

[117] 叶茂盛. 小学生放学后行动特征与城市空间场所的关联性研究[D]. 合肥:合肥工业大学,2013.

[118] Wang Qiang,Li Zao,Yu Xiao. Evacuation Modes in Front of the Primary School and Optimization Experiment Analysis［A］. Proc. 10th Int. Sympo. on City Planning and Environment. Management in Asian Countries[C]. 2016:327－332.

[119] 杨建华. 城市公共空间景观设施的现状问题及对策研究[C]. IFLA 亚太区、中国风景园林学会、上海市绿化和市容管理局. 2012 国际风景园林师联合会(IFLA)亚太区会议暨中国风景园林学会 2012 年会论文集(下册). IFLA 亚太区、中国风景园林学会、上海市绿化和市容管理局:中国风景园林学会,2012:121－126.

[120] 陈晨. 城市小学生户外活动空间设计研究[D]. 重庆:重庆大学,2014.

[121] 毕凌寰. 交流与联系——小学校入口空间调研分析[J]. 四川建筑,2012(5):76－78.

[122] 汪强. 基于空间行为关联分析的小学门前区优化策略研究[D]. 合肥:合肥工业大学,2014.

[123] 李娜. 高校校园入口空间的调查与分析[D]. 西安:西安建筑科技大学,2008.

[124] 崔文. 城市小学门前区规划设计指标的量化研究[D]. 青岛:青岛理工大学,2010.

[125] 魏琼,贾宇枝子,李早,等. 基于 GIS 的小学生放学行动路径与城市空间关联

性研究——以合肥市小学生放学行动调查为例[J]. 南方建筑,2017(1):108-113.

[126] Rui Zeng & Zao Li. Analysis of the Relationship between Landsape and Childdren's Behaviour in Chinese Residential Quarters[J]. *Journal of Asian Architecure and Building Engineering*,2018,17(1):47-54.

[127] 長尾光悦,川村秀憲,山本雅人,等. GPSログからの周遊型観光行動情報の抽出[R]. 情報処理学会研究報告,2005.

[128] 孙霞,李早,李瑾,等. 基于GPS技术的小学生放学路径调查与学区服务半径研究[J]. 南方建筑,2016(2):80-85.

[129] 雷思明. 学生接送安全管理[J]. 中小学管理,2012(1):31-33.

[130] 魏琼,李早,胡文君. 小学生放学后停留行为与游憩空间的关联性研究[J]. 中国园林,2017(1):100-105.

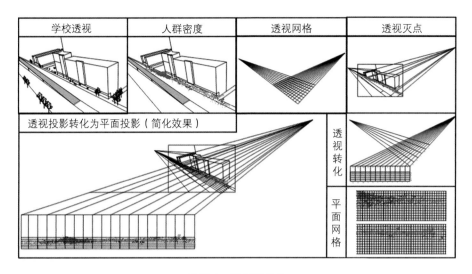

彩图 1　透视转化法

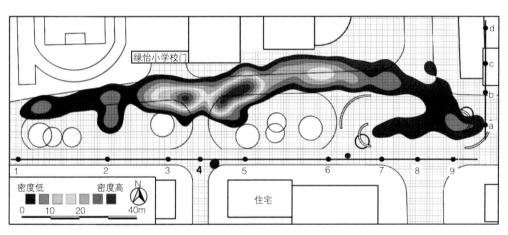

彩图 2　绿怡小学门前区家长核密度

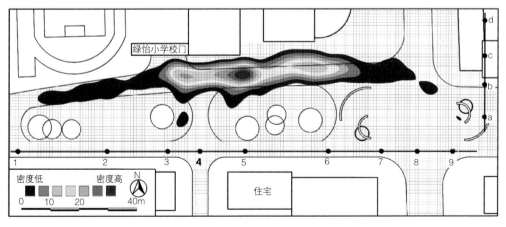

彩图 3　绿怡小学门前区学生核密度

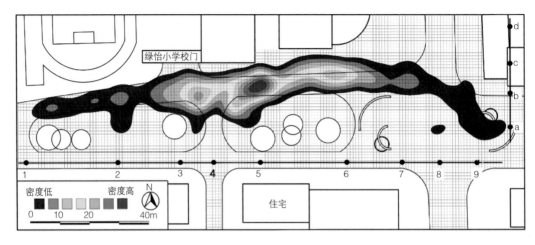

彩图 4　绿怡小学门前区总人群核密度

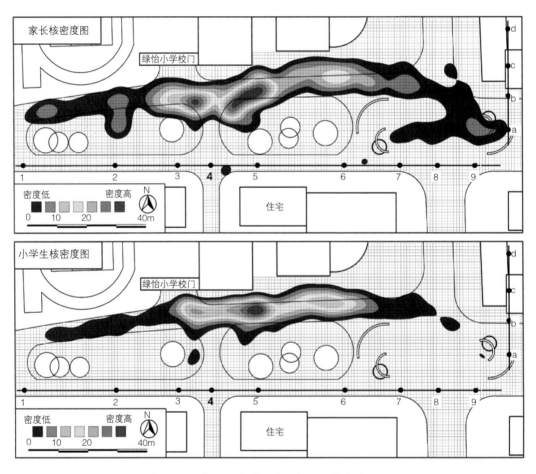

彩图 5　绿怡小学门前区家长与学生核密度对比

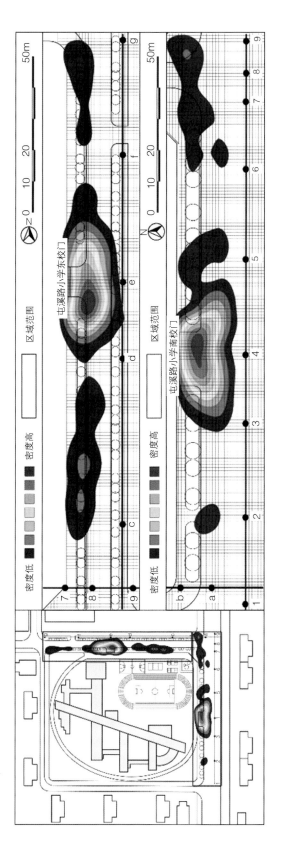

彩图6　屯滨小学门前区家长核密度

密度低　密度高　区域范围

屯溪路小学东校门

密度低　密度高　区域范围

屯溪路小学南校门

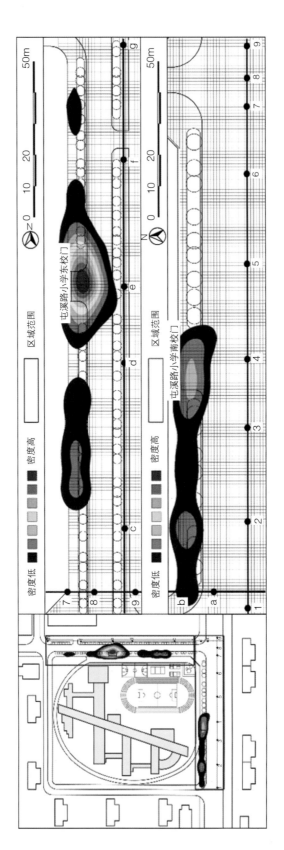

彩图7　屯溪路小学门前区学生核密度

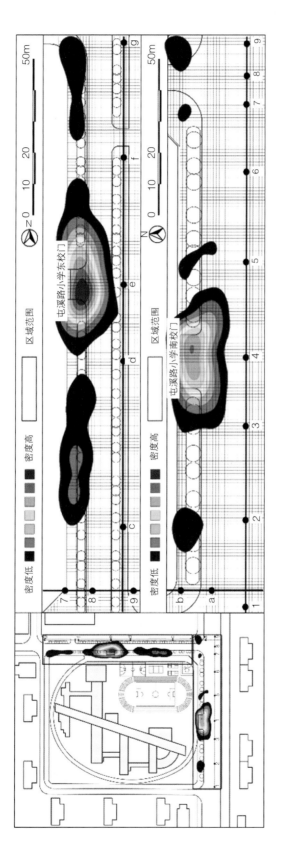

彩图 8　屯溪路小学门前区人群核密度

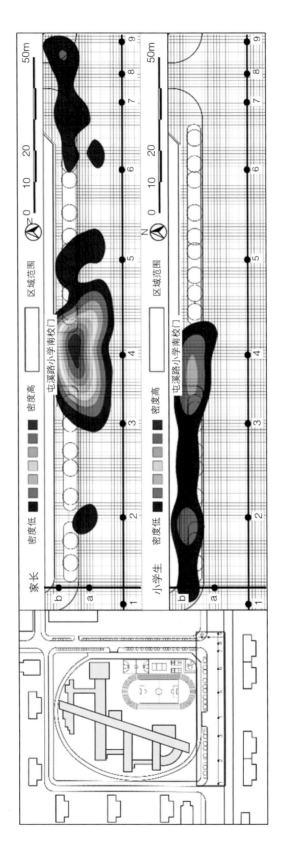

彩图9　屯溪小学南门家长与学生核密度对比

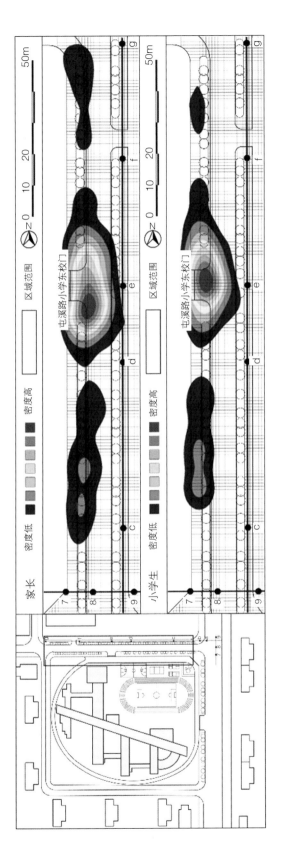

彩图10　屯溪小学东门家长与学生核密度密度对比

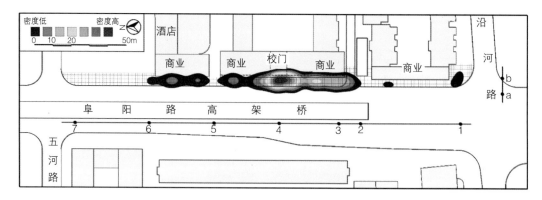

彩图 11　虹桥小学实验前门前区家长核密度

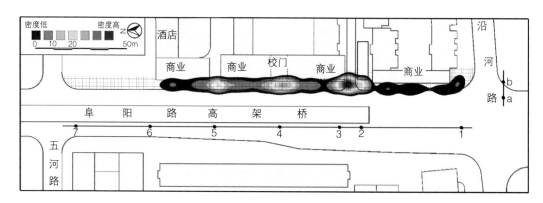

彩图 12　虹桥小学实验前门前区学生核密度

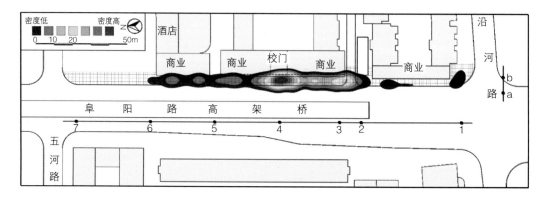

彩图 13　虹桥小学实验前门前区人群核密度

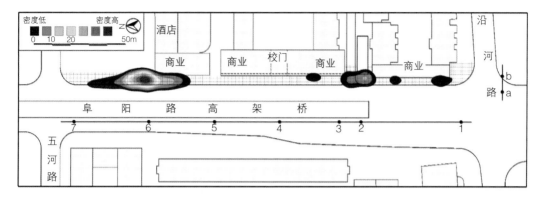

彩图 14　虹桥小学实验后门前区家长核密度

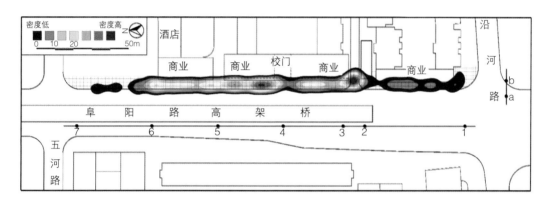

彩图 15　虹桥小学实验后门前区学生核密度

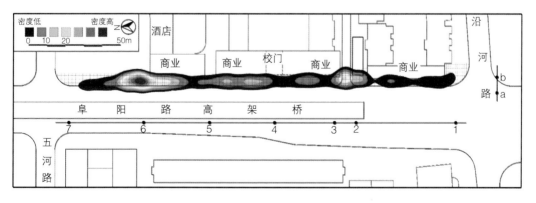

彩图 16　虹桥小学实验后门前区人群核密度

附表 1 虹桥小学门前区局部空间核密度对比

		6b	特征	4b	特征	3b～2b	特征
实验前	家长		1. 核密度峰值低 2. 人流较少 3. 空间利用率较低 4. 对交通影响较小		1. 核密度峰值高 2. 人流聚集 3. 空间利用率高 4. 对疏散速率影响较大		1. 核密度峰值较低 2. 人流较少 3. 空间利用率较低 4. 对交通影响较小
	小学生		1. 核密度峰值低 2. 人流较少 3. 空间利用率较低 4. 对交通影响较小	校门	1. 核密度峰值较高 2. 人流聚集 3. 空间利用率较高 4. 受等待家长滞留影响加大		1. 核密度峰值高 2. 人流聚集 3. 空间利用率高 4. 受商业等待区影响较大
实验后	家长		1. 核密度峰值高 2. 人流聚集 3. 空间利用率高 4. 对交通有一定影响	校门	1. 核密度峰值低 2. 人流较少 3. 空间利用率低 4. 为小学生疏散让出通道		1. 核密度峰值较低 2. 人流聚集 3. 空间利用率较低 4. 受家长等待区影响较大
	小学生		1. 核密度峰值较高 2. 人流较多 3. 空间利用率较高 4. 对交通有一定影响	校门	1. 核密度峰值较高 2. 人流较多 3. 空间利用率较高 4. 疏散路径具有方向性		1. 核密度峰值高 2. 人流聚集 3. 空间利用率高 4. 受家长等待区及商业影响较大

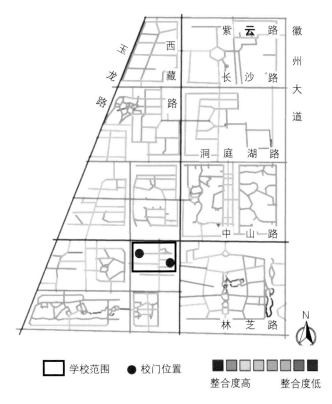

紫 云 路

徽州大道

玉龙路

西藏路

长沙路

洞庭湖路

中 山 路

林 芝 路

N

学校范围　●校门位置　整合度高　整合度低

彩图 17　师范小学整合度分析

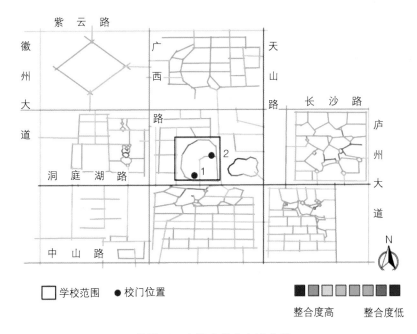

紫 云 路

徽州大道

广西路

天山路

长 沙 路

庐州大道

洞庭湖路

中 山 路

1　2

N

学校范围　●校门位置　整合度高　整合度低

彩图 18　屯滨小学整合度分析

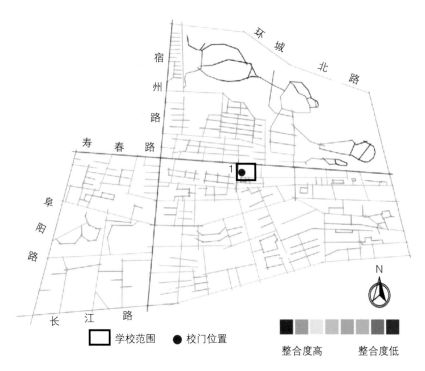

彩图 19　逍遥津小学整合度分析

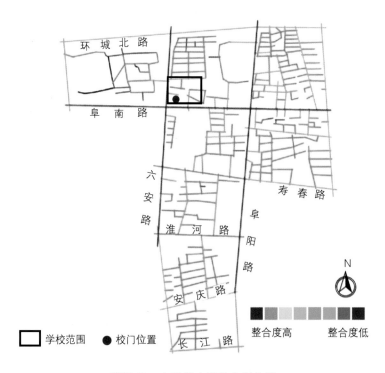

彩图 20　六安路小学整合度分析

整合度高　　　　整合度低

N

2500 m

学校范围　●　校门位置

彩图 21　合工大子弟小学学区城市空间全局整合度分析

深度大　　　　深度小

N

2500 m

□ 学校范围　● 校门位置

彩图 22　合工大子弟小学校门前区为基点的学区空间拓扑深度分析

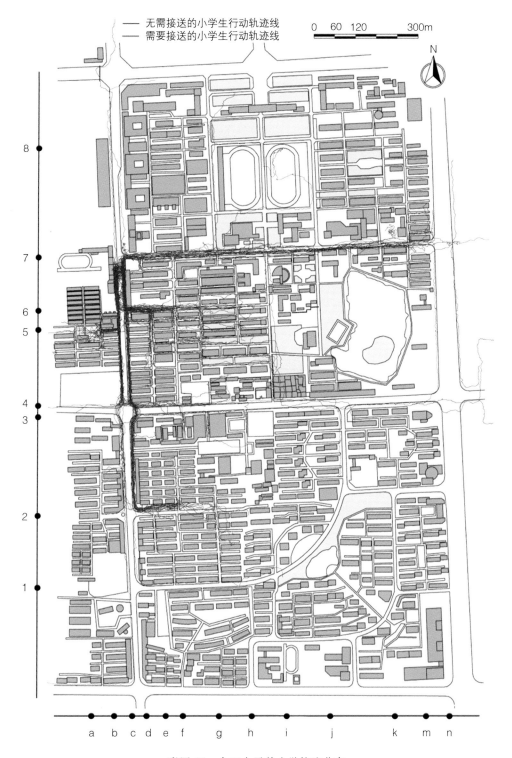

彩图 23　合工大子弟小学轨迹分布

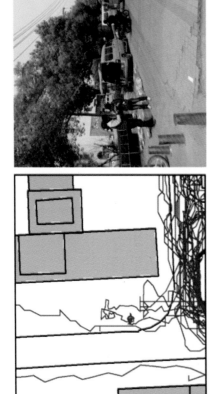

彩图24 校门附近开敞空间迂回效应

0 ——— 30m

—— 无须接送的小学生行动轨迹线
—— 需要接送的小学生行动轨迹线

彩图25 景观空间迂回效应

0   30m

—— 无须接送的小学生行动轨迹线
—— 需要接送的小学生行动轨迹线

彩图26　道路两侧转折现象的不同

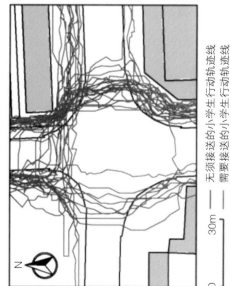

0   30m

—— 无须接送的小学生行动轨迹线
—— 需要接送的小学生行动轨迹线

彩图27　道路交叉口路径的选择

附表 2　校门前区节点轨迹特征

节点	轨迹线	轨迹点分布	核密度	特征分析
A-Ⅰ 校门前区	线多直线前行型	点散布较为均匀	密度较大区域	调控人流吸引力较大通过性一般
L-Ⅱ 校门前区	迂回型动线为主	点疏密较不均匀	密度较大区域	调控作用弱聚集程度高通过性较差
Q-Ⅲ 校门前区	线往复现象明显	点疏密不均	两处高密度核心	吸引力大两侧聚集程度差异大
T-Ⅳ 校门前区	线多转折、迂回	点散布均匀	密度较低分布均匀	调控人流作用显著
T-Ⅴ 校门前区	迂回动线为主	点散布均匀	密度最大区之一	聚集程度高密度中心波动大
图例	年级（轨迹线）：一、二年级 ——— 三、四年级 ——— 五、六年级 ———　　比例尺 0　　　30m　　N　　密度高　密度低			

附表 3 道路空间节点轨迹特征

节点	轨迹线	轨迹点分布	核密度	特征分析
A-1 校门 前区	 转折线为主	 点数量一般较密集	 密度较低有波动	疏散快速 道路通过 性良好
A-2 丁字 路口	 迂回现象显著	 点最稀疏区域	 密度较低波动微小	通过性高 调控作用强 速度较均衡
L-3 丁字 路口	 绕行现象明显	 点分布均匀	 密度最低区域	通过性高 密度值 无波动
L-4 十字 路口	 线密集程度最高	 点密集区域最广	 密度最大区域	疏散较慢 通过性低 调控作用弱
Q-5 直线 道路	 线多转折、迂回	 点较密集分散均匀	 密度较高波动较大	疏散性一般 通过性较好
Q-6 直线 道路	 线多穿行、转折	 点内密外疏	 两个最高密度核心	疏散较慢 通过性低

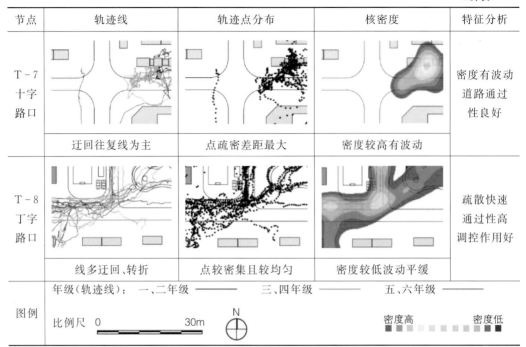

节点	轨迹线	轨迹点分布	核密度	特征分析
T-7 十字路口	迂回往复线为主	点疏密差距最大	密度较高有波动	密度有波动 道路通过性良好
T-8 丁字路口	线多迂回、转折	点较密集且较均匀	密度较低波动平缓	疏散快速 通过性高 调控作用好
图例	年级（轨迹线）：一、二年级 ——— 三、四年级 ——— 五、六年级 ———	比例尺 0 30m N		密度高 密度低

附表4 游憩空间节点轨迹特征

节点	轨迹线	轨迹点分布	核密度	特征分析
A-a 住区绿地	线多迂回、穿行	数量最少最分散	密度较低有波动	吸引力一般 内部通过现象大于逗留行为
A-b 中心景观	穿行动线为主	数量较多较为密集	密度最高区域之一	引人进入 吸引力大 逗留时间久
L-c 小公园	绕行动线为主	轨迹点较少较分散	密度最低区域	外围通过率大于内部吸引力

节点	轨迹线	轨迹点分布	核密度	特征分析
L-d 城市绿地	 线多往复、迂回	 数量最多最密集区	 密度较高区域	调控人流吸引力较大
Q-e 住区绿地	 穿行线、迂回线多	 数量较多较分散	 密度较低有波动	空间引人进入有一定吸引力
Q-f 城市广场	 线多穿行、迂回	 轨迹点多且密集	 两个最高密度核心	密度最大通过率较大内部较为引人进入
T-g 中心景观	 直线型动线为主	 数量少较为分散	 密度较低有波动	调控人流有一定的吸引力
T-h 小公园	 直线、穿行线为主	 数量一般较为分散	 密度较高分布均匀	调控人流吸引力较大
图例	年级（轨迹线）：一、二年级 ——— 三、四年级 ——— 五、六年级 ——— 比例尺 0 ———— 30m　　N ⊕　　密度高 ■■■■ 密度低			

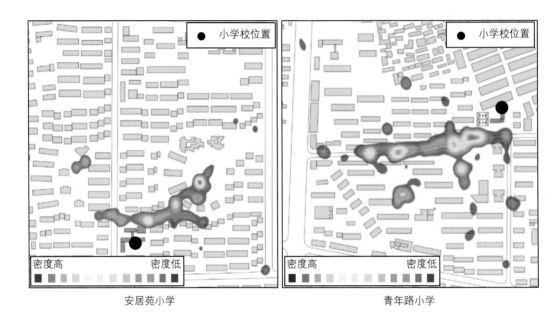

密度高　　　密度低

安居苑小学

密度高　　　密度低

青年路小学

彩图 28　速度 0.7 米/秒之下轨迹点核密度

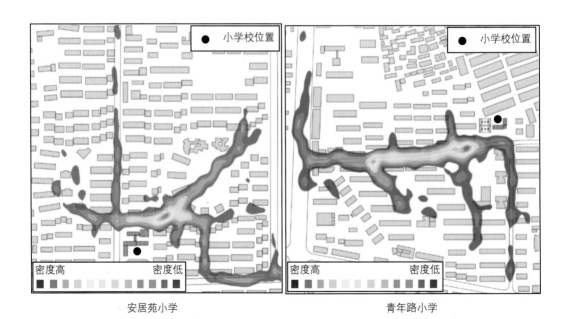

密度高　　　密度低

安居苑小学

密度高　　　密度低

青年路小学

彩图 29　速度 1.3 米/秒之上轨迹点核密度

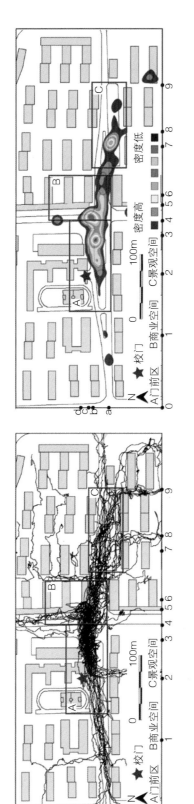

彩图30　绿怡小学小学生行动空间轨迹线与核密度关联示意

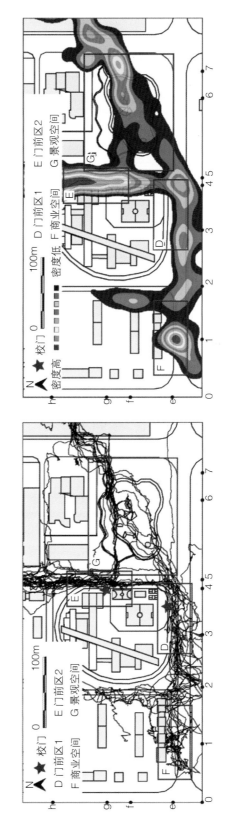

彩图31　屯滨小学小学生行动空间轨迹线与核密度关联示意

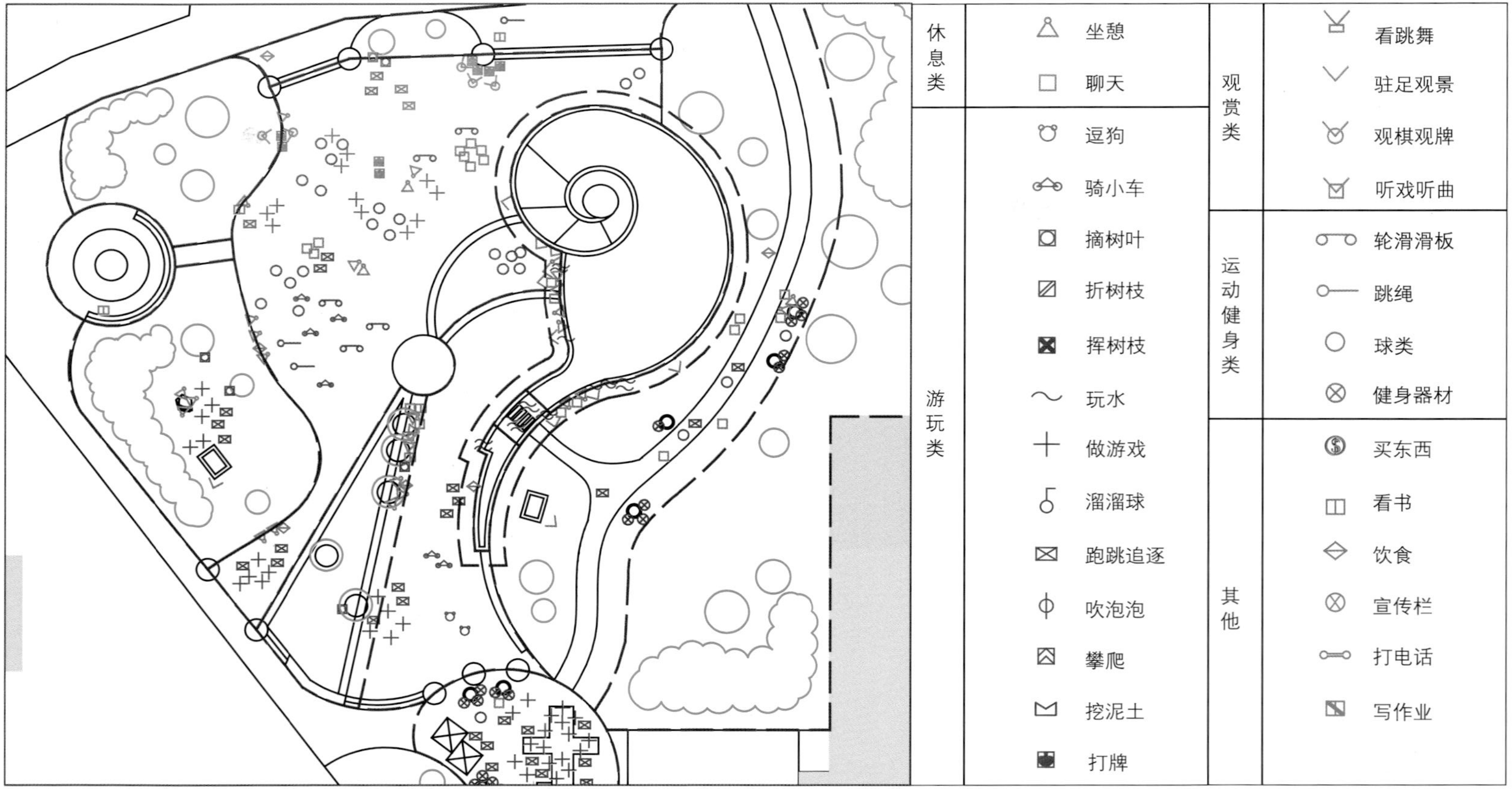

休息类	坐憩	△
	聊天	□
游玩类	逗狗	ᓂ
	骑小车	᠊ᢦ
	摘树叶	⊡
	折树枝	⊠
	挥树枝	⊠
	玩水	〜
	做游戏	╪
	溜溜球	᠘
	跑跳追逐	⊠
	吹泡泡	φ
	攀爬	⊠
	挖泥土	⊠
	打牌	⊡

观赏类	看跳舞	☒
	驻足观景	∨
	观棋观牌	⊗
	听戏听曲	⊠
运动健身类	轮滑滑板	ᢦᠣ
	跳绳	᠊ᢦ
	球类	○
	健身器材	⊗
其他	买东西	Ⓢ
	看书	□
	饮食	◇
	宣传栏	⊗
	打电话	᠊ᢦ
	写作业	⊠

彩图32 计算机辅助设计行为分布示意

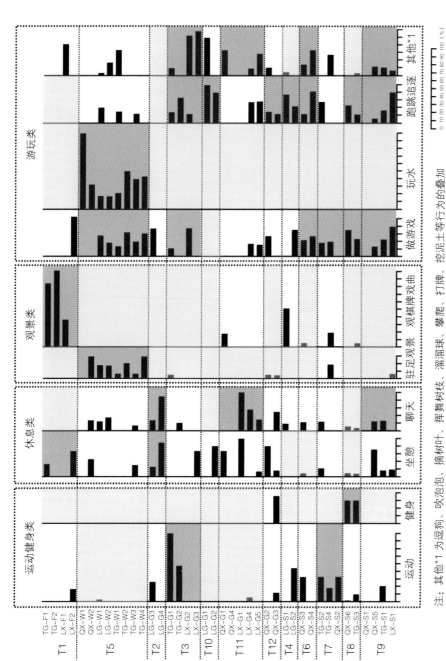

彩图33　住区外学生行为分布

注：其他*1为逗狗、吹泡泡、摘树叶、挥舞树枝、溜溜球、攀爬、打牌、挖泥土等行为的叠加

▨ 同一空间类型中有半数及以上空间分区中某类行为发生率高于10%

▤ 同一空间类型所有空间分区类某类行为发生频率低于10%

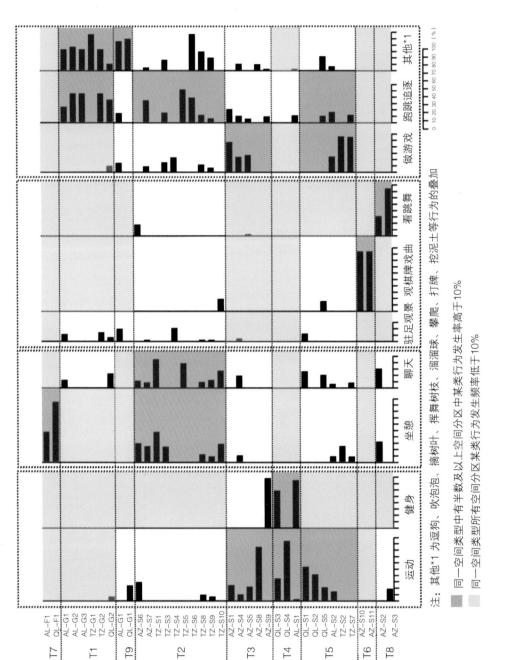

彩图34 住区内学生行为分布

注: 其他*1 为逗狗、吹泡泡、摘树叶、挥舞树枝、溜溜球、攀爬、打牌、挖泥土等行为的叠加

同一空间类型中有半数及以上空间分区中某类行为发生率高于10%

同一空间类型所有空间分区某类行为发生频率低于10%

附表 5　空间特征与行为统计

		示意图	轨迹线	核密度图	规划策略	管理策略
门前区	绿怡小学	绿化　门前区　校门　学校建筑			1. 设置多方向的校门 2. 单独开辟小学生放学专用通道 3. 校门前预留缓冲空间 4. 适当拓宽门前区局部道路 5. 设置家长等候区、安全岛 6. 增设临时停车区	1. 加强交通指示管理 2. 加强机动车管制 3. 错峰放学 4. 排队放学
	屯溪小学	城市道路　校门　学校建筑 人行道　门前区　学校建筑 校门　城市道路　人行道 学校建筑　人行道				

（续表）

		示意图	轨迹线	核密度图	规划策略	管理策略
商业空间	绿怡小学	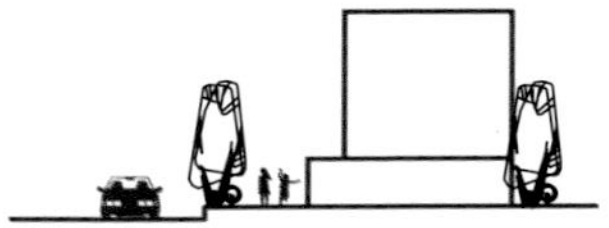住区道路 人行道 底层商业门店	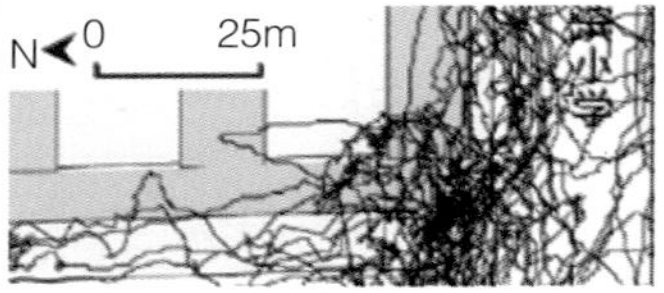N 0 25m	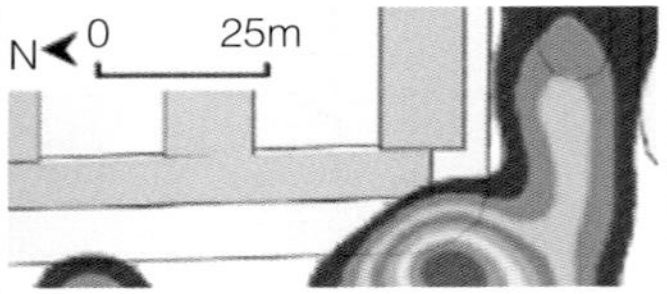N 0 25m	商业空间规划建设时应与校门有一定距离，或者置于与校门非同方向	注重对流动摊点的管理，规范业态，禁止流动摊点在小学生疏散通道上售卖
	屯滨小学	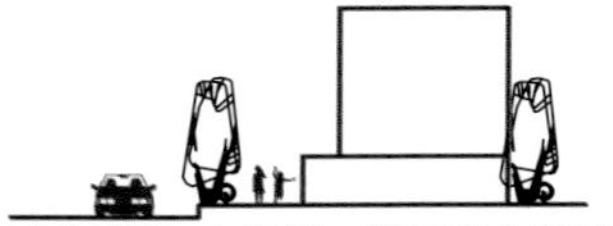城市道路 人行道 底层商业门店	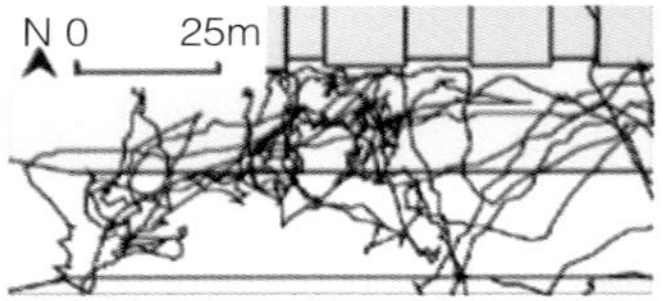N 0 25m	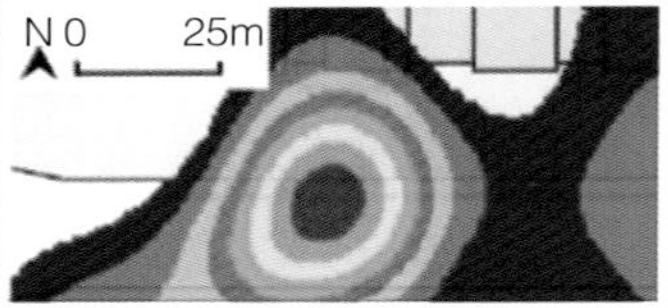N 0 25m		
景观空间	绿怡小学	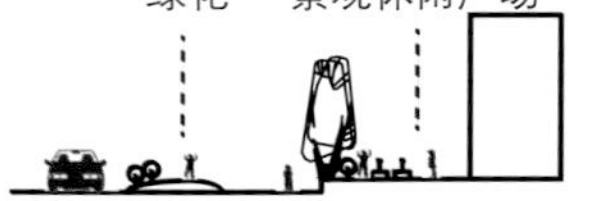绿化 景观休闲广场 住区道路 住区道路 商业建筑	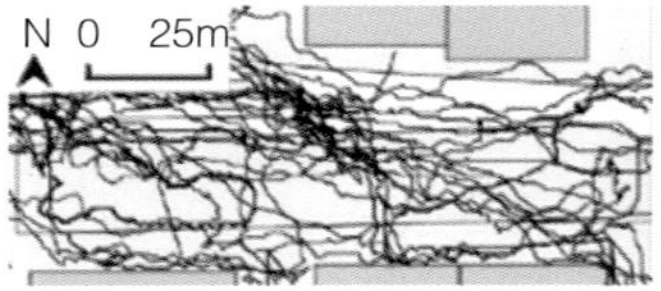N 0 25m	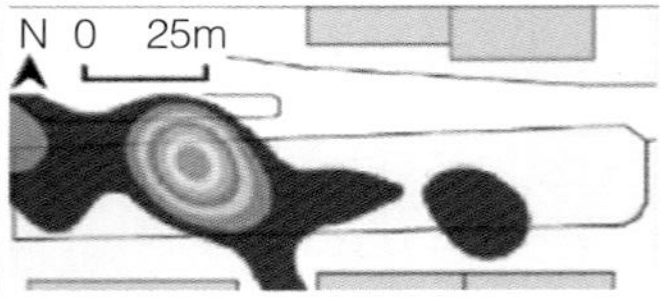N 0 25m	1. 注重景观空间中水岸的设计，丰富景观空间 2. 注重亭、廊、座椅等休憩等候空间的布设 3. 注重健身器材等景观要素的建设 4. 注重各类空间要素的组织，满足小学生多样的行为类型 5. 注重景观空间的开放性	1. 注重场所的安全管理 2. 增加警示牌和管理人员
	屯滨小学	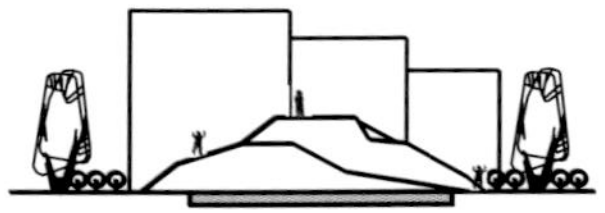城市假山景观空间广场	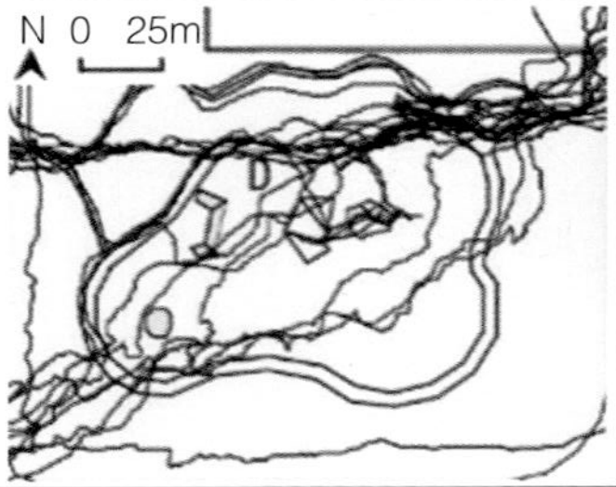N 0 25m	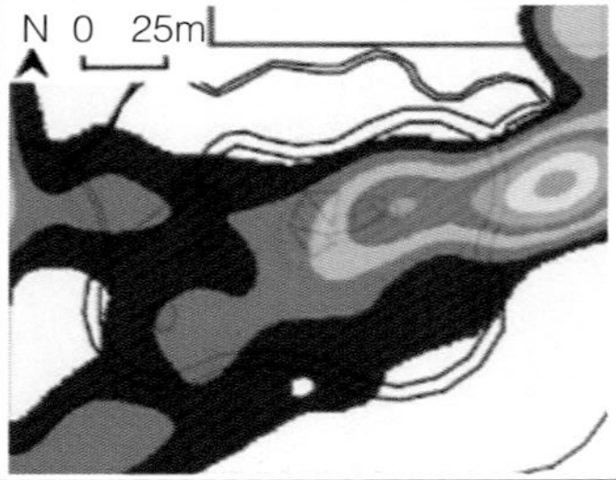N 0 25m		
图例		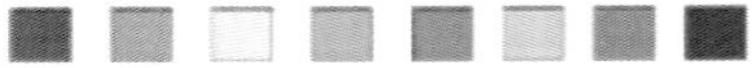密度高 密度低				

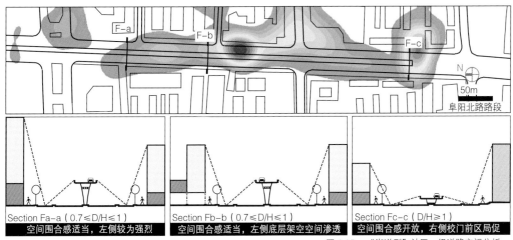

Section Fa-a（0.7≤D/H≤1）
空间围合感适当，左侧较为强烈

Section Fb-b（0.7≤D/H≤1）
空间围合感适当，左侧底层架空空间渗透

Section Fc-c（D/H≥1）
空间围合感开放，右侧校门前区局促

阜阳北路路段

图 6.25-a "街道型"社区一级道路空间分析

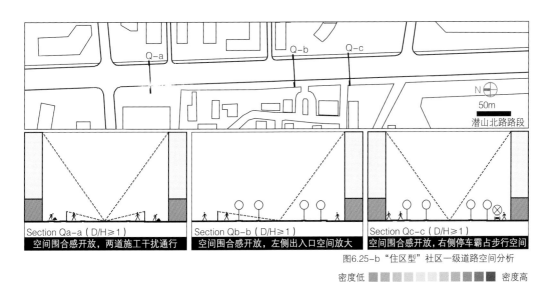

Section Qa-a（D/H≥1）
空间围合感开放，两道施工干扰通行

Section Qb-b（D/H≥1）
空间围合感开放，左侧出入口空间放大

Section Qc-c（D/H≥1）
空间围合感开放，右侧停车霸占步行空间

潜山北路路段

图6.25-b "住区型"社区一级道路空间分析

密度低 ▨▨▨▨▨▨▨ 密度高
■ 商业　□ 学校　□ 住宅

彩图 35　城市主干道（一级）密度及空间分析

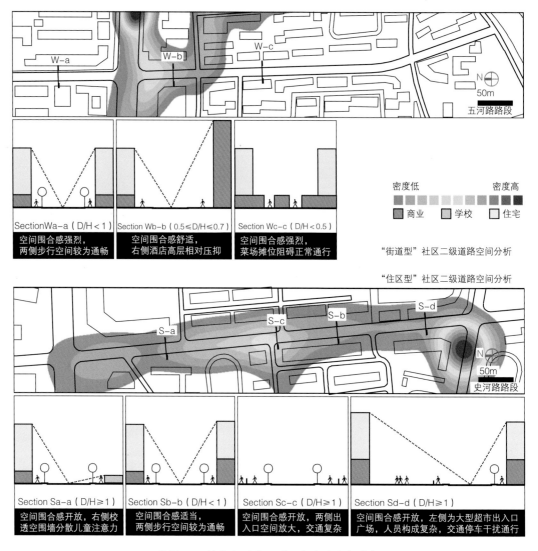

彩图 36 城市主干道(二级)密度及空间分析

附表 6 出入口空间节点分析

出入口空间	轨迹点分布	核密度	空间形态与人流动向	实景照片与空间特征
H-1				出入口位于北侧,与双岗老街相连,人流量较小,以通过行为为主
	道口处数量少	密度趋向往北延展	T 字形(紧邻主干道)	

出入口空间	轨迹点分布	核密度	空间形态与人流动向	实景照片与空间特征
H-2	道口南部数量多	道口南部密度最高	梳齿形（紧邻主干道）	出入口南部存在人员聚集现象，沿街底层通道时常会伴随着通过行为
H-3	西北向轨迹点集中	西北向密度连贯且大	准 T 字形（菜场入口）	社区主入口兼作菜场入口，人员复杂，由西进入后北向通行行为较多
H-4	道口内凹处数量增多	内凹处密度较高	Y 字形（紧邻次干道）	南侧干道通过率小于建筑之间的灰色通道，内凹的空间吸引力较大
F-1	轨迹点密集	南侧入口密度较高	十字形（住区次入口）	两个出入口相对而立，南侧出入口通过率高于北侧且人员较密集
F-2	轨迹点稀疏	密度低且仅北侧有	鱼骨形（住区主入口）	景观步行空间与出入口相连，存在北进南出的现象，通过率低
图例	密度低 ▨▨▨▨▨▨▨ 密度高		N	

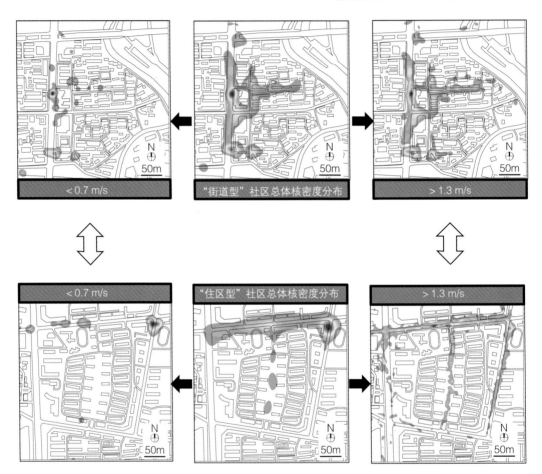

密度低 ▩▩▩▩▩▩▩▩▩▩ 密度高

| <0.7 m/s | "街道型"社区总体核密度分布 | >1.3 m/s |
| <0.7 m/s | "住区型"社区总体核密度分布 | >1.3 m/s |

彩图 37 不同速度下的核密度分布对比